D1997684

Ihre Arbeitshilfen zum Download:

Die folgenden Arbeitshilfen stehen für Sie zum Download bereit:

- Checklisten

Den Link sowie Ihren Zugangscode finden Sie am Buchanfang.

Projektportfolio-Management

Jörg Rietsch

Projektportfolio-Management

Strategische Ausrichtung und Steuerung von Projektlandschaften

Jörg Rietsch

1. Auflage

Haufe Gruppe
Freiburg · München

Bibliografische Information der Deutschen Nationalbibliothek
Die Deutsche Nationalbibliothek verzeichnet diese Publikation in der Deutschen Nationalbibliografie; detaillierte bibliografische Daten sind im Internet über http://dnb.dnb.de abrufbar.

Print ISBN: 978-3-648-05742-1 Bestell-Nr. 10106-0001
EPUB ISBN: 978-3-648-05743-8 Bestell-Nr. 10106-0100
EPDF ISBN: 978-3-648-05744-5 Bestell-Nr. 10106-0150

Jörg Rietsch
Projektportfolio-Management
1. Auflage 2015

© 2015 Haufe-Lexware GmbH & Co. KG, Freiburg
www.haufe.de
info@haufe.de
Produktmanagement: Anne Lennartz

Lektorat: Helmut Haunreiter
Satz: kühn & weyh Software GmbH, Satz und Medien, 79110 Freiburg
Umschlag: RED GmbH, 82152 Krailling
Druck: BELTZ Bad Langensalza GmbH, 99947 Bad Langensalza

Alle Angaben/Daten nach bestem Wissen, jedoch ohne Gewähr für Vollständigkeit und Richtigkeit. Alle Rechte, auch die des auszugsweisen Nachdrucks, der fotomechanischen Wiedergabe (einschließlich Mikrokopie) sowie der Auswertung durch Datenbanken oder ähnliche Einrichtungen, vorbehalten.

Inhaltsverzeichnis

Vorwort **13**

1 Was Portfolio-Management mit Investitionen zu tun hat **19**

1.1 Portfolio-Management sollte sich auf (fast) alle Investitionen erstrecken 19
1.2 Was sind Projektinvestitionen? 20
1.3 Das Gebot der Stunde – schnell und flexibel über Investitionen entscheiden 22

2 Portfolio-Management – Kernaufgaben und Kompetenzmodell **23**

2.1 Das Portfolio-Management-Kompetenzmodell 23
2.2 Interaktion auf vier Ebenen 25

3 Die wichtigen Phasen im Portfolio-Management **29**

3.1 Die Phasen im Detail 29
3.2 Die Phasen des Portfolio-Managements zu einem Prozess verknüpfen 32

4 Wie funktioniert Portfolio-Management? **35**

4.1 Das Projektportfolio zusammenstellen 35
4.2 Was ist Projektportfolio-Management? 41
4.3 Die Rolle des Projekt-Managements 42
4.4 Ist Portfolio-Management heute in den Unternehmen angekommen? 44
4.5 Portfolio-Management läuft in zwei Richtungen – Top-Down und Bottom-Up 46
4.5.1 Bottom-Up-Portfolio-Management 47
4.5.2 Top-Down-Portfolio-Management 47

5 Was möchten Sie erreichen – das Portfolio-Management-Zielkreuz **51**

6 Prozesse im Portfolio-Management **53**

6.1 Die Strategie-, Planungs- und Projektprozesse (5-Ebenen) einbinden 53
6.2 Der Gesamtlebenszyklus eines Projektes 56
6.2.1 Beschreibung der Quality Gates 58
6.2.2 Ausnahmen/Schnellläufer 64
6.3 Unterjährige Planung/Repriorisierung 66

7 Organisationsstrukturen im Portfolio-Management 73

7.1 Welche Aufgaben auf der Ebene Unternehmensleitung/Business bzw. Development/Strategie zu erfüllen sind 75

7.2 Welche Aufgaben auf der Ebene Portfolio-Management zu erfüllen sind 75

7.3 Welche Aufgaben auf der Ebene des PMO (Projekt-Management-Office) zu erfüllen sind 76

7.4 Wohin gehört die Projektportfolio-Management-Abteilung organisatorisch? 77

7.5 Unternehmen mit Informatikschwerpunkten 78

7.6 Das Projektportfolio-Gremium (PPG) 80

7.7 Praxisbeispiel aus einer länderübergreifenden Portfolio-Management-Organisation 80

7.7.1 Internationale Projektportfolio-Management-Organisation 80

7.7.2 Internationale Projektportfolio-Gremium-Organisation 81

7.7.3 Umgang mit der Verantwortung in großen Projektportfolio-Management-Organisationen 82

7.8 Risiken bei der Einführung und Etablierung einer Projektportfolio-Management-Organisation 83

7.8.1 Das Projekt-Management-Office ist durch das projektbezogene Tagesgeschäft ausgelastet 83

7.8.2 Ein typischer Bottom-Up-Ansatz 84

7.9 Ein möglicher Lösungsansatz – Trennung von Portfolio-Management und PMO 85

7.10 PMO und Portfolio-Management unter einer Governance 88

8 Der „Faktor“ Mensch im Portfolio-Management 93

8.1 Wie man sicher das Portfolio-Management zerstört – ein Beispiel 93

8.2 Von Beispielen einer mangelhaften Portfolioplanung lernen 97

8.3 Dos und Don’ts 98

8.4 Die Menschen aktiv einbinden 101

8.5 Auswirkungen eines erfolgreichen Portfolio-Managements auf die Unternehmenssteuerung 101

8.6 Change Management (Exkurs) 102

8.6.1 Wichtige Aktivitäten für einen erfolgreichen Veränderungsprozess 104

8.6.2 Veränderungsprozesse modellieren und begleiten 105

8.7 Der Mensch im Spannungsfeld 106

8.8 Die Unternehmenskultur 108

8.8.1 Was genau bedeutet Unternehmenskultur? 109

8.8.2 Die Bedeutung der Projektkultur oder Projektportfolio-Managementkultur 110

8.9 Rollenverständnis und Persönlichkeitsprofil des Portfoliomanagers 112

9 Befähigung im Projekt- und Portfolio-Management – Erfahrungen, Lösungsansätze, Erfolgsfaktoren 117
Ein Praxisbeitrag von Johannes Felchlin
9.1 Wer muss befähigt werden? 117
9.2 Befähigung der Projektportfolio-/PMO-Mitarbeiter 119
9.3 Befähigung von Projektleitern 120
9.4 Befähigung von Projektmitarbeitern 120
9.5 Befähigung von Bereichs-/Teamleitern 121
9.6 Befähigung von Auftraggebern 121
9.7 Gemeinsame Befähigung von Auftraggebern und Projektleitern 123
9.8 Befähigung von allen weiteren Stakeholdern 123
9.9 Fazit 124

10 Und dann war da noch der Mensch 125
Ein Praxisbeitrag von Uwe Degel
10.1 Sie sind nicht alleine … 126
10.2 Das richtige Maß finden ist ein Muss 127
10.3 Jemand muss die Dinge tun 127
10.4 Geschwindigkeit anpassen 128
10.5 Leben Sie die neuen Prozesse vor – Leading by Example 129

11 Kennzahlen und Informationen für optimale Entscheidungen 131
11.1 Die Wahrheit über Kennzahlen 131
11.1.1 Die „ultimative" Kennzahl gibt es nicht 131
11.1.2 Informationen und Kennzahlen standardisieren – ein Muss 132
11.2 Projekte nach ihrem Wertschöpfungsbeitrag klassifizieren 133
11.3 Mögliche Kennzahlen – zuerst beschreiben und dokumentieren 135
11.4 Was Informationen und Kennzahlen im laufenden Prozess leisten müssen 137
11.4.1 Informationen und Kennzahlen für die Projekteinsteuerung/-selektion 138
11.4.2 Kennzahlen für die Projekteinsteuerung im Detail 142
11.4.3 Die drei Ebenen des Risikomanagements im Projektportfolio 155
11.4.4 Portfoliorisiken 157
11.4.5 Einzelprojektrisiken bewerten und auf Portfolioebene summieren 161
11.4.6 Detaillierte Projektrisiken 162
11.4.7 Projektportfolio Risikomanagement – Ein Beitrag von Johannes Felchlin 163
11.4.8 Informationen und Kennzahlen für die Umsetzungsphase 168
11.4.9 Beispiele für die Interpretation von Informationen zur Umsetzung des Projektportfolios 172
11.5 Finanzkennzahlen im Prozess 177

12 Key Performance Indikatoren im Projektportfolio-Management 181
Ein Praxisbeitrag von Max Zuber
12.1 Einführung 181
12.1.1 Projektportfolio-Management – im Spannungsfeld von Strategie und operativer Umsetzung 182
12.1.2 Strategy Management 182
12.1.3 Das Tandem Projektportfolio-Management & Projekt-Management 183
12.1.4 Portfolio Lifecycle 184
12.1.5 Portfolioaufbau (build) 184
12.2 Wie KPIs für das Projektportfolio-Management aufgebaut sind 186
12.2.1 Rahmenbedingungen für den erfolgreichen Aufbau von KPIs 186
12.2.2 Projekt-Management-Prozesse 187
12.2.3 Welche Prozesse auf Portfolioebene ablaufen 188
12.2.4 Strategische KPIs für den Portfolioaufbau 190
12.2.5 Portfoliokontrolle und Steuerung: Operative KPIs 200
12.2.6 Nutzenrealisierung: Benefit KPIs 206
12.2.7 Voraussetzungen für das Messen der Nutzenrealisierung 207
12.2.8 Den Projektnutzen auf Portfolioebene abschließend beurteilen 208
12.3 Gute Tools alleine sind keine Erfolgsgaranten 209

13 Reifegradanalyse „Light“ 211
13.1 Ihre Reifegradeinschätzung 212
13.2 Ihr Projektportfolio-Management anhand des Reifegradmodells richtig einordnen 218
13.3 Lernen, lernen, lernen – Erfolg durch einen kontinuierlichen Verbesserungsprozess (KvP) 220

14 Das Projekt- und Portfolio-Management erfolgreich implementieren 223
14.1 Welche Fragen sind vor einer Implementierung zu beantworten? 224
14.2 Grundlagen und Rahmenbedingungen für erfolgreiches Portfolio-Management 227
14.3 Methode 1: Bottom-Up-Implementierung 229
14.4 Methode 2: Top-Down-Implementierung 229
14.5 Stufenweise Implementierung des Projektportfolio-Managements 231
14.5.1 Vorgehen bei der Implementierung 232
14.5.2 Stufen/Iterationen der Implementierung 233

15 Optimierungsmöglichkeiten durch Softwareeinsatz 235
15.1 Grundlegendes zum Softwareeinsatz im Portfolio-Management 242
15.2 Pflichtenheft „Light“ für Portfolio-Management-Software 244

16 Erfolgsfaktoren für ein erfolgreiches Portfolio-Management 251
16.1 Erfolgsfaktor Menschen 251
16.2 Erfolgsfaktor Methoden 253
16.3 Erfolgsfaktor Prozesse 253
16.4 Erfolgsfaktor Technologie 254

17 Wertschöpfung des Portfolio-Managements 259
17.1 Ausgangssituation/Fakten 259
17.2 Wertschöpfung und Nutzenfaktoren im Portfolio-Management 260
17.2.1 Wertschöpfungspotenziale im Detail 260
17.2.2 Nutzenkriterien für das Portfolio-Management im Überblick 264

18 Wertschöpfung von zentralen Projekt-Management-Organisationen 267
Praxisbeitrag von Johannes Felchlin
18.1 Ausgangslage 267
18.2 Generelle, übergeordnete Aufgaben einer zentralen Projekt-Management-Organisation 268
18.3 Generelle, übergeordnete Ziele einer zentralen Projekt-Management-Organisation 268
18.4 Wertorientierung 270
18.5 Wertrealisierung 270
18.6 Strategische Planung 271
18.7 Systemunterstützung 272
18.8 Auswahl von Erfolgsfaktoren für zentrale PMO 275

19 Fallstudie: Strategische Investitionsprojekte – Implementierung eines Projektportfolio-Managements 277
Praxisbeitrag von Moritz Schumacher
19.1 Das Referenzunternehmen 277
19.2 Herausforderung 278
19.3 Die Lösung 279
19.4 Pilotierung 280
19.5 Aufbau klarer Entscheidungswege 281
19.6 Projektplanung 281
19.7 Referenzprozess 282
19.8 Transparenz, Risiken und Projektkalkulation 285
19.9 Risiken von Projektabweichungen besser voraussehen 285
19.10 Vor- und Nachteile eines Projektportfolio-Managements 286
19.11 Fazit 286

20 Projektbegriffe innerhalb der Normen und Standards interpretiert 287
Beitrag von Christoph Jelitto
20.1 „Projekt“, ein beliebtes Präfix 287
20.2 Projekt 288
20.3 Projekt-Management 288
20.4 Multiprojekt-Management 289
20.5 (Projekt-)Programm-Management 290
20.6 Projektportfolio-Management 290
20.7 (Multi-)Projekt-Controlling 292
20.8 Projekt-Management-Office 293

21 Portfolio-Management – Gesamtfazit 295

22 Glossar 297

Die Autoren 303

Abbildungsverzeichnis 305

Literaturverzeichnis 309

Stichwortverzeichnis 311

Vorwort

Während ich dieses Buch zum Thema Projektportfolio-Management geschrieben habe, bin ich konsequent einer Prämisse gefolgt: Grundlage des Buchs sollten meine umfassenden Praxiserfahrungen sein. Es gibt eine Reihe von Empfehlungen und Normen, die z. B. von den Projekt-Management-Verbänden IPMA, PMI oder von Prince2 aufgestellt wurden. Dort aber, wo die Praxis eine andere Sprache spricht, bin ich gemäß meiner Prämisse durchaus von solchen Normen abgewichen.

Um es vorweg zu nehmen: Anstelle des Begriffs **Projekt**portfolio-Management verwende ich oftmals den Ausdruck Portfolio-Management. Das kommt daher, dass in der Praxis strategische Investitionen nicht zwingend als Projekte abgewickelt werden müssen. Damit aber die Gesamtsicht sowohl auf die Ressourcen als auch auf das Budget stimmt, ist es sinnvoll, diese Investitionen im Portfolio abzubilden. Aus den gleichen Gründen ist es für die Gesamtportfoliobetrachtung wichtig, auch die kleineren Vorhaben zumindest in der Summe einzubeziehen – obwohl es sich bei solchen Vorhaben ebenfalls nicht um Projekte handelt.

„Können wir es uns leisten, die falschen Projekte richtig umzusetzen?“

Dieser Satz begleitet mich seit vielen Jahren und fasst mit wenigen Worten zusammen, was für mich der Kern des Portfolio-Managements ist. Der in dem zitierten Satz verwendete Begriff „falsch“ steht für eine Projektlandschaft, die nicht auf den aus strategischer und wirtschaftlicher Sicht optimalen Portfoliomix abzielt. Insofern wendet er sich gegen die vielen Bestrebungen, die das „Heil“ der Projektorganisation überwiegend in der Durchführungsqualität der Projekte und der damit verbundenen Ausbildung von Projektleitern und Projektmitarbeitern suchen.

Aber: Ohne eine exzellente Durchführungsqualität hat das Portfolio-Management ebenfalls nur einen geringen Wert. Der vorherige Satz muss also ergänzt werden:

„Können wir es uns leisten, die richtigen Projekte falsch umzusetzen?“

Der Begriff „falsch“ bedeutet in diesem Zusammenhang: Die Zusammensetzung des Projektteams ist falsch, es stehen zu wenige Ressourcen bzw. Kapazitäten für die Projektleitung zur Verfügung, die Projekte erfahren zu wenig Unterstützung durch die Geschäftsleitung, es wird ihnen eine zu geringe Priorität innerhalb der Gesamtorganisation eingeräumt etc.

Aussage	Interpretation
„Können wir es uns leisten, die falschen Projekte richtig umzusetzen?“	Diese Aussage geht davon aus, dass wir ein gutes Projekt-Management betreiben. Das hilft aber dann nichts, wenn wir, aus strategischer und/oder wirtschaftlicher Sicht, die falschen Projekte umsetzen.
„Können wir es uns leisten, die richtigen Projekte falsch umzusetzen?“	Diese Aussage geht davon aus, dass es beim Projekt-Management noch Optimierungspotenzial gibt. Wir selektieren und initiieren die für das Unternehmen richtigen Projekte, schaffen es aber nicht (aus welchen Gründen auch immer), sie erfolgreich umzusetzen.

Dieses Buch möchte Ihnen zunächst einen Überblick über das Thema Portfolio-Management geben. Ferner möchte es die in diesem Kontext typischerweise verwendeten Begriffe erklären und gegeneinander abgrenzen, um Ihnen schließlich praxisrelevante Impulse, Ideen und konkrete Lösungsansätze für Ihren unternehmerischen Alltag anzubieten.

Es gibt unzählige Möglichkeiten der konkreten Ausgestaltung des Projektportfolio-Managements — beginnend mit der Kombination von Methoden, Prozessen, Organisationseinheiten bis hin zur Verteilung der Verantwortlichkeiten. Alle denkbaren Varianten im Buch zu erläutern, ist weder zielführend noch dem Rahmen angemessen.

Ich möchte Ihnen stattdessen folgenden generellen Hinweis geben: Eine gute Projektportfolio-Management-Kultur berücksichtigt individuell die unternehmensinternen Besonderheiten und Erfordernisse. Dazu gehören Aspekte der Unternehmenskultur, wie z. B. die Art der Zusammenarbeit oder die Streitkultur, im Besonderen aber auch die Verantwortlichkeiten innerhalb der Gesamtorganisation eines Unternehmens.

Für die Praxis bedeutet dies: Nicht alles, was in diesem Buch beschrieben wird, sollten Sie einfach 1:1 für Ihr Unternehmen übernehmen. Gehen Sie vielmehr auf die Besonderheiten Ihres Unternehmens ein und passen Sie Prozesse, Methoden und Kennzahlen, Ausbildungskonzepte und Softwarewerkzeuge an Ihre Bedürfnisse an.

Wie ist die Idee zu diesem Buch entstanden?

Seit dem Jahr 2000 beschäftige ich mich intensiv mit den Themen Projekt- und Multiprojekt-Management; seit 2003 sehr intensiv mit dem Thema Portfolio-Management. Dabei habe ich die Erfahrung gemacht, dass bis heute noch nicht in allen Unternehmen geklärt ist, was Portfolio-Management bedeutet und vor allem, welcher Nutzen daraus für das Unternehmen gewonnen werden kann. Aus diesem Grund — so habe ich festgestellt — wird zu oft an den falschen Stellschrauben gedreht.

Wir zertifizieren unsere Projektleiter, bilden sie aus, etablieren ein Projekt-Management-Office (PMO), das alle Projekte überwacht. Und trotzdem werden wir nicht unbedingt erfolgreicher. Woran liegt das? Das Buch wird diese Frage beantworten.

Hinzu kommt, dass ich immer wieder auf Unternehmen treffe, die gute Methoden, Prozesse sowie Organisationsstrukturen aufbauen und etablieren. Aufgrund von Umorganisationen, Wechseln in der Unternehmensführung oder auch von Sparmaßnahmen werden diese guten Ansätze in einigen Fällen aber häufig wieder zurückgefahren.

Daraus ergibt sich die Frage:

Ist es sinnvoll, gerade an dieser Organisationseinheit zu sparen, die uns genau und qualifiziert mitteilen kann, wo man sparen kann und — noch viel wichtiger — wo genau man aus strategischer und wirtschaftlicher Sicht investieren sollte?

Man spürt z. B. die Notwendigkeit, Softwarelösungen einzuführen und auf die eigenen Bedürfnisse anzupassen, gleichzeitig lässt man aber zu, dass sie nicht umfassend genug etabliert werden und führt somit das Ganze ad absurdum.

Und trotzdem sind sich eigentlich alle einig, dass die Themen Portfolio-Management und Projekt-Management sehr wichtig sind und im Unternehmen unterstützt werden müssen.

Diesem Themenkomplex möchte ich mich hier annehmen und ihn durchaus auch konträr — d. h. stellenweise abweichend von den oben beschriebenen Normen — diskutieren.

Danksagung

Seit einigen Jahren trage ich den Gedanken mit mir herum, die Erfahrungen, Ideen und nicht zuletzt die mit Kunden und Partnern erarbeiteten Lösungsansätze im Portfolio-Management zu Papier zu bringen.

Mein Dank gilt all denen, die mich dazu motiviert und auf diesem Weg begleitet haben.

Mein großer Dank gilt den Co-Autoren, die in diesem Buch ihre unterschiedlichen Praxiserfahrungen schildern und es damit auf sehr wertvolle Weise bereichern.

Mit Max Zuber verbindet mich zwischenzeitlich eine Freundschaft. Sie ist aus einer anfänglichen Geschäftsbeziehung entstanden, die immer anspruchsvoll, herausfordernd und sportlich war. In ihm finde ich einen langjährigen Wegbegleiter, Diskussions- und Gesprächspartner und ich verdanke ihm viele Ansätze, die sich in teilweise weiterentwickelter oder abgewandelter Form auch in diesem Buch widerspiegeln. Er ist für mich schon 2005 ein Visionär im Bereich Portfolio-Management gewesen.

Ein weiterer Dank gilt Uwe Degel, mit dem ich auch schon sehr früh einen Visionär und durchsetzungsstarken Kunden im Bereich IT Projektportfolio-Management gefunden habe. Ich erinnere mich noch immer an einen seiner ersten Sätze nach der Erstimplementierung der Portfolio-Management-Software inkl. neuer Einsteuerungsprozesse und Kennzahlen: „Noch nie ist die Portfoliobildung-, -priorisierung und -entscheidung bei uns im Unternehmen so gut vorbereitet, so transparent und somit ohne komplexe Diskussionen durchgelaufen. Erstaunlicherweise wurden Projekte genehmigt, von denen vorher keiner geglaubt hatte, dass sie durchkommen und andererseits wurden Projekte nicht genehmigt, von denen sich jeder sicher war, dass sie durchgeführt werden".

Wir hatten uns ein paar Jahre (beruflich) aus den Augen verloren und arbeiten nun seit 2 Jahren wieder intensiv zusammen. Die Zusammenarbeit ist geprägt von großem Vertrauen und beiderseitiger Unterstützung, die gerne auch einmal auf unkonventionellen Wegen zum Ziel führt.

Hannes Felchlin ist ein ebenfalls langjähriger Wegbegleiter, mit dem ich bereits im Jahr 2001 das erste Projekt im Bereich Multiprojekt-Management durchführen durfte. Wir halten losen Kontakt und treffen uns immer wieder auf Veranstaltungen zum Thema Projektportfolio-Management. Sein letzter Vortrag, den ich hören durfte, hat mich dazu motiviert, ihn ebenfalls von diesem Buchprojekt zu überzeugen. Er zählt zu dem Personenkreis, der es seit vielen Jahren beständig und mit viel Durchhaltekraft schafft, das eigene Unternehmen im Hinblick auf diesen Bereich voran zu treiben. Er beschäftigt sich auch auf wissenschaftlicher Ebene mit dem Thema.

Moritz Schumacher kenne ich erst seit einem Jahr. Wir hatten aber von Anfang an eine hohe Übereinstimmung hinsichtlich des Themas Portfolio-Management und ich freue mich ganz besonders, dass auch er einen Beitrag zu diesem Buch geschrieben hat. In ihm sehe ich ebenfalls einen beständigen Visionär, der mit kleinen, überschaubaren, aber sehr durchdachten Schritten seine Ideen im Sinne des Unternehmens stets vorantreibt.

Bei Christoph Jelitto, einem langjährigen Geschäftspartner, fasziniert mich seine analytische Fähigkeit, seine Beharrlichkeit, an Themen heranzugehen, und — für dieses Buch ganz wichtig — sich wissenschaftlich und strukturiert mit Themen wie Standards und Normen auseinanderzusetzen. Damit schafft er es, eine Lücke zu füllen, zu deren Darstellung ich so nicht in der Lage war.

Ein weiterer Dank gilt allen Kunden und Geschäftspartnern, ohne die ich viele der hier beschriebenen Ansätze und Ideen nicht ausprobieren oder gar kennenlernen hätte dürfen. Ich freue mich über ihre große Offenheit, über Stärken aber auch über auftretende Probleme zu sprechen und diese zu analysieren. An dieser Stelle möchte ich Daniel Schläpfer erwähnen, mit dem ich ebenfalls viele Jahre beständig, auf innovative Weise zusammenarbeiten und einige wertvolle Ansätze ausprobieren und implementierten durfte.

Ganz besonders möchte ich mich bei meiner Frau und meiner Tochter bedanken. Sie durften schon erleben, wie die ersten Konzepte bei uns im Wohnzimmer entstanden.

Angetrieben durch meine Lektorin Vera Schneidereit und ihren „kleinen" Hund — immer noch erstaunlich, dass ein Dobermann glaubt, er sei ein Schoßhund — waren die ersten Schritte bald getan.

Meine Frau war auch ein Motor, wenn es um die Frage ging, wann es denn nun endlich weitergeht. Und letztendlich waren sie und meine Tochter auch die Leidtragenden, da sich ein Buchprojekt nicht ohne kräftigen Einfluss auf die sowieso immer zu wenig zur Verfügung stehende Zeit für die Familie realisieren lässt. Danke, dass ihr mich auch im letzten Urlaub kurz vor Abgabe des Buches unterstützt und motiviert habt.

Ein vorletzter Dank an Vera Schneidereit die es als Lektorin in der ersten Konzeptphase verstanden hat, meine Gedanken und Ideen in eine verständliche Struktur zu bringen. Aus meiner Sicht war das der entscheidende Beitrag, der dafür gesorgt hat, dass der Haufe-Verlag sich schon nach kurzer Sichtung und wenigen Gespräche vom Konzept des Buches überzeugen ließ.

Zu guter Letzt durfte als Lektor Herr Helmut Haunreiter vom Haufe-Verlag Hand anlegen. Vielen Dank für die konstruktiv kritische, wertvolle und angenehme Zusammenarbeit.

Vielen Dank also an den Haufe-Verlag und alle Verantwortlichen die das Vertrauen in dieses Projekt haben.

1 Was Portfolio-Management mit Investitionen zu tun hat

Portfolio-Management ist eine wesentliche Methode zur Unternehmenssteuerung. Es geht dabei darum, die für das Unternehmen richtigen und wichtigen Investitionen und Projekte zu identifizieren, zu bewerten und zu priorisieren. Während der Durchführungsphase werden die Projekte dann laufend am gewünschten Portfolioerfolg gemessen. Bei Bedarf werden neue Projekte beantragt oder Veränderungen der Rahmenbedingungen vorgenommen. Manche Projekte werden neu priorisiert, andere werden sogar komplett gestoppt. All diese Aktivitäten beanspruchen Ressourcen — und sind insofern Investitionen.

1.1 Portfolio-Management sollte sich auf (fast) alle Investitionen erstrecken

Vermutlich wird Ihnen im Laufe des Buchs auffallen, dass ich häufig den Begriff „Projektinvestition“ und nicht nur „Projekt“ verwende. Grundsätzlich bin ich der Überzeugung, dass Portfolio-Management auf alle Investitionen im Unternehmen anwendbar ist. Das bedeutet, dass der ganzheitliche Mehrwert des Portfolio-Managements nur entsteht, wenn wir nicht nur das, was explizit als „Projekt“ deklariert wird, sondern alle relevanten Investitionen, die sowohl Ressourcen benötigen als auch Auswirkungen auf den Unternehmenserfolg haben, erfassen und steuern.

Ein IT-Portfolio umfasst beispielsweise nicht nur alle IT-Projekte, sondern auch die geplanten und laufenden Kosten für Personal, Applikationen, Schnittstellen und Infrastruktur. Was spricht dagegen, all diese Investitionen mit einer (annähernd) gleichen Methode zu bewerten und zu priorisieren und sie vor allem im Gesamtkontext eines Unternehmens zu betrachten?

Und ich spreche aus einem weiteren Grund bewusst von einer Projekt**investition**: Allen Beteiligten sollte klar sein, dass ein Projekt eine Investition ist, von der wir auch einen wirtschaftlichen oder strategischen Ergebnisbeitrag erwarten. Damit schaffen wir sehr früh die aus meiner Sicht fundamental wichtige Verbindung des Portfolio-Managements zur Unternehmenssteuerung und zum Controlling.

Es gibt aber auch Investitionen, für die zu prüfen ist, ob sie in den „Zuständigkeitsbereich" des Portfolio-Managements gehören: Ich benutze den Begriff **Projekt**investition, um eine Abgrenzung zu den allgemeinen (strategisch wichtigen) Investitionen wie z. B. den Bau einer neuen Produktionshalle, die Entwicklung neuer Fertigungstechnologien oder die Expansion in ein neues Land zu schaffen. Solche Investitionen sollten nicht als **eine** „Projektinvestition" Gegenstand des Portfolio-Managements sein. Meist werden sie aber in mehrere Teilinvestitionen untergliedert und können dann im Rahmen des Portfolio-Managements als Programm auftauchen, das jedoch aus einer Reihe von einzelnen, aufeinander abzustimmenden Teilschritten bzw. -investitionen besteht

Es ist also wichtig, abgesehen von den genannten Abgrenzungen, alle Investitionen, die Ressourcen und Budget beanspruchen und somit Auswirkungen auf unsere Projektlandschaft und deren Begrenzungen (Mitarbeiterressourcen und finanzielle Ressourcen) haben, in die Portfoliobetrachtung aufzunehmen — unabhängig davon, ob sie explizit als „Projekt" bezeichnet werden oder nicht. Damit vermeidet man auch sogenannte U-Boot-Projekte, die das Ziel verfolgen, nicht in der Projektorganisation dargestellt und abgewickelt zu werden.

1.2 Was sind Projektinvestitionen?

Wir können uns dem Begriff Projektinvestitionen noch auf eine andere Weise annähern — nämlich indem wir die Investitionsarten genauer betrachten. Welche Arten von Investitionen gibt es im Unternehmen? Werden diese alle als Projekte angesehen, in der gleichen Art und Weise wie Projekte eingesteuert und als solche abgewickelt?

Beispiele für Investitionsarten:

Investitions- bzw. Projektarten	
Projektart	**Kurzbeschreibung**
Produktentwicklung	Alle Investitionen/Projekte, deren Ziel es ist, ein neues Produkt zu entwickeln oder bestehende Produkte weiterzuentwickeln. Es ist zu berücksichtigen: Bei vielen Unternehmensarten berühren Produktentwicklungsprojekte unmittelbar die IT-Abteilung und sind deshalb oftmals ein verstecktes IT-Projekt.
Forschung	Synonym für klassische Forschungs- aber auch Innovationsprojekte in einem Unternehmen
Marketing/Vertrieb	Alle Investitionen/Projekte, die für Marketing und Vertrieb durchgeführt werden. Auch diese Projekte berühren oftmals direkt die IT-Abteilung
Organisation	Alle Investitionen/Projekte, die einen Einfluss auf die Organisation haben und ein ausgereiftes Change Management benötigen.
Informatik	Alle Investitionen/Projekte, die aus der IT heraus eingesteuert und durchgeführt werden.
Geschäftsinitiativen	Alle Initiativen, die aus der Geschäftsführung heraus eingesteuert werden. Hierzu zählen strategische aber auch geschäftspolitisch notwendige Initiativen.

Es gibt weitere Kriterien, die typischerweise herangezogen werden, um eine Investition/ein Projekt zu klassifizieren und es in die Projektportfolio Landschaft aufzunehmen:

- Investitionssumme
- Projektkomplexität (z. B. Anzahl betroffener Organisationeinheiten)
- Benötigte Anzahl von Mitarbeitern
- Länge eines Projektes
- Strategische Bedeutung der Investition

Ziel ist es, klare Spielregeln im Unternehmen dahin gehend zu definieren, welche Investitionen/Projekte in der künftigen Projektportfolio Organisation dargestellt und den zugehörigen Prozessen und Controllingmethoden unterworfen werden.

1.3 Das Gebot der Stunde – schnell und flexibel über Investitionen entscheiden

Unternehmen stehen heute vor einer besonderen Herausforderung. Sie sind in einer globalisierten und komplett vernetzten Welt einer stärkeren Dynamik unterworfen als bisher. Zudem steigt automatisch die Zahl der Konkurrenten. Das bedeutet, dass zwei wesentliche Achsen im Unternehmen zu betrachten sind: Zum einen ist jederzeit dafür zu sorgen, dass die Wirtschaftlichkeit des Unternehmens sichergestellt ist. Zum anderen gilt es, das Unternehmen langfristig so auszurichten, dass die Wettbewerbsfähigkeit und somit der Bestand am Markt gesichert ist.

In diesem Zusammenhang spielt heute der Begriff „Resilienz" eine wichtige Rolle. „Resilienz ist die Fähigkeit eines Systems, mit Veränderungen umgehen zu können". Und wir sind immer stärker gezwungen, uns schneller auf Veränderungen einzustellen. Das funktioniert besser, wenn wir alle notwendigen Informationen jederzeit zur Verfügung haben. Portfolio-Management ist eine Methode, die uns hilft, über alle Projektinvestitionen hinweg die Transparenz zu generieren, die es uns erlaubt unser Geld zielgerichtet zu investieren bzw., wenn es notwendig ist, anders zu verteilen. Wir sehen genau, welche Auswirkungen neue Projekte bzw. Investitionen oder auch deren Stopp haben und können sie somit besser einschätzen und in unsere Überlegungen einbeziehen.

2 Portfolio-Management – Kernaufgaben und Kompetenzmodell

Das Portfolio-Management ist für mich eine eigenständige Methode, die aber gleichzeitig die Unternehmensplanung für die strategische, wirtschaftliche Ausrichtung und Steuerung des Unternehmens ergänzt — unter Berücksichtigung der zur Verfügung stehenden Ressourcen und der damit verbundenen Risiken. Es werden hierfür alle Projektinvestitionen in einen „Topf" geworfen, unter neutralen Gesichtspunkten bewertet und so in die Planungs- und Entscheidungsprozesse einbezogen.

Eine wesentliche Aufgabe ist es, die laufenden Projekte im Sinne des Portfolioerfolgs zu überwachen, notleidende Projekte zu unterstützen oder auch endgültig zu stoppen. Veränderungen von Rahmenbedingungen, zu denen rechtliche Vorgaben oder marktwirtschaftliche Veränderungen ebenso gehören wie z. B. Wettbewerber, Umweltschutz, Kaufverhalten etc., machen es erforderlich, dass das Portfolio-Management zeitnah alle wichtigen Kennzahlen und Informationen vorlegt. Aufgrund der damit entstehenden Transparenz kann man schon frühzeitig abwägen, welche Konsequenzen unsere Entscheidungen auf die Projektlandschaft haben und welche finanziellen Auswirkungen daraus resultieren werden.

Das Portfolio-Management ist eine der wichtigen Schnittstellen in einem Unternehmen um die Transparenz zu erhöhen und damit die Kompetenz in einer projektorientierten Organisation zu steigern und aufrechtzuerhalten.

Insofern ist sinnvoll, ein Kompetenzmodell aufzubauen, damit alle Ebenen im Rahmen der Projektorganisation optimal zusammenarbeiten und allen bewusst ist, welche Aufgaben und Kompetenzen sie haben und wer für entsprechende Entscheidungen bzw. die Aufbereitung von Entscheidungsvorlagen verantwortlich ist.

2.1 Das Portfolio-Management-Kompetenzmodell

Es ist von zentraler Bedeutung, die Unternehmensleitung von Anfang an in das Portfolio-Management mit einzubinden. Sie muss die Unternehmensstrategien klar definieren und daraus strategische Initiativen ableiten. Und sie muss Entscheidungen hinsichtlich der Portfoliopriorisierung treffen.

Die folgende Grafik veranschaulicht das Kompetenzmodell des Portfolio-Managements:

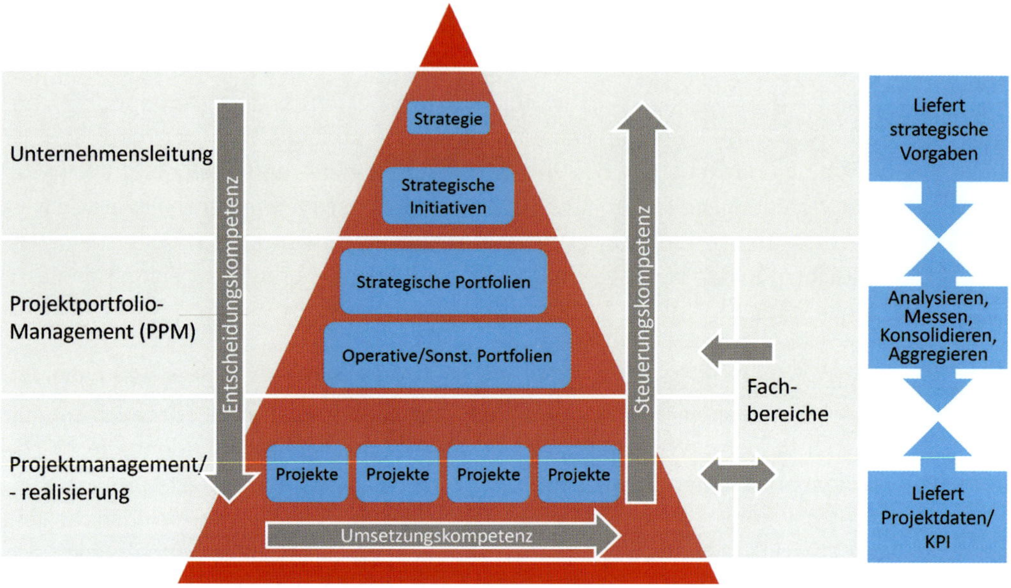

Abb. 1: Entscheidungs-, Umsetzungs- und Steuerungskompetenz

Diese vereinfachte Abbildung zeigt die Grundidee des Portfolio-Managements: Die Unternehmensleitung wird mit der realisierenden Ebene prozessual verbunden. Damit wird der oftmals vorhandenen „Bruch" zwischen der Unternehmensleitung und der Projektorganisation vermieden. Einher mit diesem „Bruch" geht oft, dass das Portfolio-Management als bloße „Verwaltungseinheit" wahrgenommen wird und nicht als strategisch wichtige Einheit zur Unternehmenssteuerung.

Das Portfolio-Management sorgt aber gerade dafür, dass aus Strategien und deren Initiativen Projekte entwickelt werden, die ihrerseits wiederum die Strategien unterstützen.

Selbstverständlich darf Portfolio-Management keine „Einbahnstraße" sein, die nur von oben nach unten führt. Der Weg muss auch in die umgekehrte Richtung gegangen werden: Bottom Up fließen Informationen aus der Projektumsetzung zurück zur Entscheiderebene, wodurch deren Steuerungskompetenz erhöht wird. Statusinformationen aus den Projekten können auf Portfolioebene verdichtet und ausgewertet werden. Im Rahmen des Portfolio-Managements kann genau aufgezeigt werden, welche Projekte dafür sorgen, dass Strategien erfolgreich oder auch nicht erfolgreich umgesetzt werden. Notleidende Projekte können frühzeitig erkannt werden und man kann somit steuernd eingreifen, bevor der Schaden größer wird. Letztendlich veranschaulicht die Grafik einen Kreislauf, der sicherstellt, dass der optimale Mix aus strategisch initiierten und operativ notwendigen Projekten im Unternehmen zur Verfügung gestellt werden kann.

Bereits hier zeigt sich, wie wichtig es ist, die Projektlandschaft aufgrund ihrer Komplexität transparent darzustellen. Damit das Portfolio-Management seinen Gesamtnutzen ausspielen kann, müssen die strategischen Ziele eines Unternehmens auf messbare Weise formuliert werden.

Es kann beispielsweise über Gremienstrukturen und periodische Entscheidersitzungen dafür gesorgt werden, dass sich die Geschäftsleitung regelmäßig mit der Projektportfolio-Management-Organisation bzw. den Projektleitern unterhält. Wie das funktioniert werde ich später noch genauer erläutern.

2.2 Interaktion auf vier Ebenen

In diesem Kapitel werde ich Ihnen die Planungsebenen und Rollen vorstellen, die in der Portfolioorganisation wichtig sind. Entscheidend ist, die Begrifflichkeiten für alle Beteiligten zu klären. Jedem muss klar sein, auf welcher Ebene er sich bewegt und für welchen Teil innerhalb der Projektorganisation er verantwortlich ist.

Es gibt vier wesentliche Managementebenen, die über Prozesse, Gremienstrukturen und Besprechungen miteinander verbunden werden.

Ebene der Unternehmensplanung

Auf der Ebene der Unternehmensplanung werden die Unternehmensstrategien entwickelt und festgelegt. Um Strategien umzusetzen, werden strategische Initiativen abgeleitet. Anschließend ist es notwendig, Projekte zu starten, die diese strategischen Initiativen zum Erfolg führen. Eine wesentliche Rolle spielt hierbei die Geschäftsführung und in mittelständischen und großen Organisationen das Business Development bzw. die Strategieabteilung.

Um den Zielerreichungsgrad, aber auch auftretende Risiken für strategische Initiativen erkennen zu können, bedarf es einer Schnittstelle, die sowohl mit der Ebene der Unternehmensplanung als auch direkt mit den Projekten verknüpft ist. Dafür tritt die Ebene des Portfolio-Managements auf den Plan.

Ebene des Portfolio-Managements

Das Portfolio-Management erarbeitet Kennzahlen und Methoden zur Priorisierung der Projektinvestitionen. Es definiert und überwacht die Prozesse zur Projekteinsteuerung, Freigabe und Umsetzung.

Die Ebene des Portfolio-Managements ist für die Zusammenführung der Informationen aus der Unternehmensplanung und der Projektorganisation zuständig, sie bereitet Entscheidungsinformationen auf und legt diese der Unternehmensleitung zur Entscheidungsfindung vor.

Ebene des Multiprojekt-Managements

Das Multiprojekt-Management ist für die parallele Abwicklung der freigegebenen Projekte zuständig, koordiniert den Personalbedarf und stellt sicher, dass die Projekte im gewünschten Zeitrahmen und unter den gegebenen personellen Rahmenbedingungen abgewickelt werden. Das Multiprojekt-Management ist zusätzlich für das Projektcontrolling zuständig und ein wichtiger Lieferant von Informationen für die Portfolio-Management-Ebene. Auf dieser Ebene bewegen sich die Lenkungsausschüsse, die zum einen überwachen, ob die angestrebten Projektergebnisse erarbeitet wurden, und zum anderen die Projektleiter mit aller Kraft unterstützen.

Ebene des Projekt-Managements

Hier bewegen wir uns auf der Ebene der Projektleiter. Der Fokus liegt auf der optimalen Projekt-Management-Methode und der Umsetzung der jeweiligen Einzelprojekte gemäß Zeitplan, Budgetrahmen, Umfang und der gewünschten Qualität.

Die dargestellten Ebenen bzw. Rollen sind Beispiele. Sie müssen nicht genauso ausgestaltet werden, wie eben beschrieben wurde. Gerade bei kleineren Organisationen sollten einige dieser Rollen zusammengeführt werden.

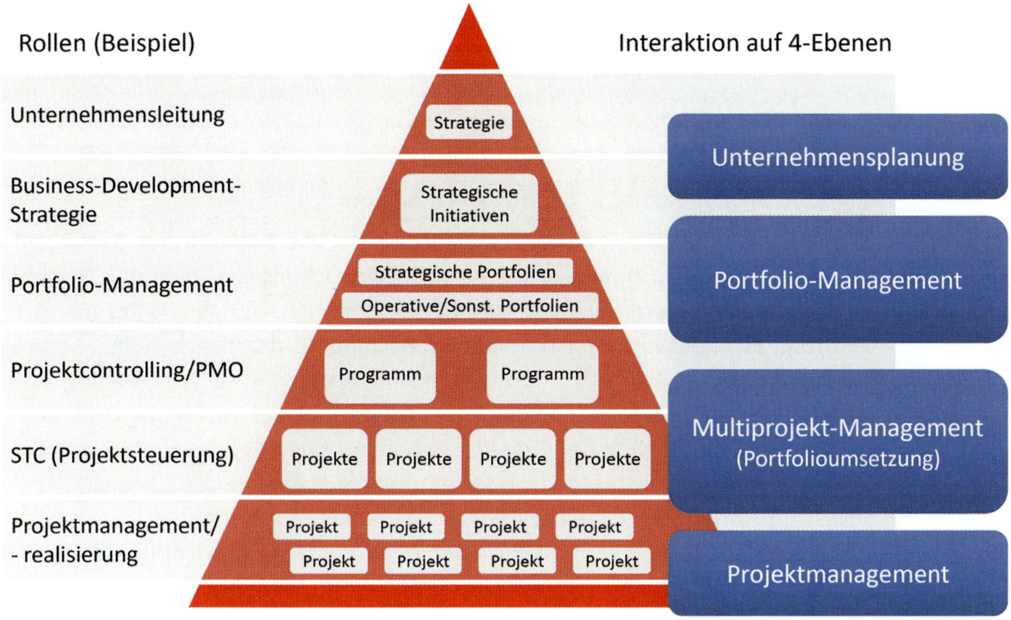

Abb. 2: Interaktion auf 4 Ebenen

Ich trenne mit Absicht Portfolio-Management und Multiprojekt-Management. Das Portfolio-Management repräsentiert für mich die Ebene der Entscheidungs- und Steuerungskompetenz. Beim Multiprojekt-Management hingegen geht es um die Umsetzungskompetenz.

Die Aufgaben des Multiprojekt-Managements sind im Hinblick auf das Projektcontrolling und das Ressourcen Management so komplex, dass ich diesen Bereich von der Portfolio-Management-Ebene inhaltlich trennen möchte. Für das Multiprojekt-Management habe ich zudem – wie Sie auf der Grafik erkennen können – zwei verschiedene Rollen vorgesehen. Ob diese später von einer gemeinsamen Organisationseinheit, z. B. dem PMO, bekleidet werden oder nicht, möchte ich nicht endgültig festlegen.

Mir geht es vor allem darum, dass die Inhalte und Aufgaben sowie die Zielgruppen optimal auseinandergehalten werden können. So ist es z. B. ein großer Unterschied, ob man die Unternehmensleitung mit entscheidungsrelevanten Informationen versorgt oder ob man den für die Projektumsetzung zuständigen Beteiligten (Lenkungsausschuss, Projektleiter, Fachbereiche etc.) Informationen zum Projektstatus zur Verfügung stellt bzw. diese in der Projektumsetzung auch fachlich unterstützt oder von Controllingaufgaben entlastet.

Die „Sprachen“, die in Leitungs- bzw. Entscheidungssitzungen gesprochen werden müssen, sind oftmals komplett unterschiedlich. Die Unternehmensleitung will nicht mit detaillierten Informationen über den Projektverlauf, einzelne Arbeitspakete und Ressourcenengpässe konfrontiert werden. Der Lenkungsausschuss möchte im Gegensatz dazu auf solche Informationen keinesfalls verzichten.

Management Summary — Portfolio-Management

Das Portfolio-Management konzentriert sich auf die Auswahl der „richtigen“ Projekte bzw. Investitionen sowie auf die Überwachung der „richtigen“ Durchführung der Projekte im Sinne des Gesamtportfolios für das Unternehmen. Portfolio-Management ist ein wichtiger Bestandteil der strategischen Unternehmensführung. Es stellt Methoden und Kennzahlen zur Priorisierung von Projektinvestitionen innerhalb der Projektlandschaft zur Verfügung und überwacht die Durchführung der Projekte. In regelmäßigen Repriorisierungsrunden ist es ein wichtiger Bestandteil zur Steigerung der Transparenz für projekt- bzw. investitionsorientierte Entscheidungen. In einigen Unternehmen überwacht das Portfolio-Management überwiegend die strategisch wichtigen Projekte und kann somit auch als strategisches Projektcontrolling bezeichnet werden.

3 Die wichtigen Phasen im Portfolio-Management

Projekte werden nicht an einem Tag abgewickelt. Sie werden geplant, dann zu einem bestimmten Zeitpunkt gestartet, in Fahrt gebracht, über einen längeren Zeitraum abgewickelt und schließlich beendet — sie durchlaufen also verschiedene Phasen. Was für Projekte gilt, trifft auch auf das Portfolio-Management zu. Es läuft ebenso in Phasen ab: In enger Abstimmung mit der Unternehmensstrategie und den operativen Notwendigkeiten müssen mögliche Projekte identifiziert und nach verschiedenen Kriterien priorisiert bzw. ausgewählt werden. Wenn die einzelnen Projekte dann zu laufen beginnen, muss das gesamte „Projektpaket" koordiniert und überwacht werden. Schließlich gilt es, den Erfolg des Projektportfolios auszuwerten.

Die Phasen des Portfolio-Managements laufen in regelmäßigen Zyklen ab. Ein Portfolio entsteht nicht nur ein einziges Mal, sondern mindestens einmal im Jahr und es wird drei bis viermal bedarfsgerecht umpriorisiert. Zudem können neue Projekte ins Portfolio aufgenommen und als Folge davon evtl. andere Projekte verschoben oder gestoppt werden.

3.1 Die Phasen im Detail

Dieser Abschnitt gibt Ihnen einen Überblick über die vier Phasen, in denen das Portfolio-Management abläuft.

Phase 1: Propose — Projekteinsteuerung

In der ersten Phase geht es darum, überhaupt zu identifizieren, welche Projekte sinnvoll sind und sich zu einem wirkungsvollen Portfolio schnüren lassen. Daher ist es notwendig, schon früh gute und fundierte Informationen, die für den Entscheidungsprozess relevant sind, zur Verfügung zu haben. Wichtig ist es zudem, die Informationen stetig im Hinblick auf Veränderung der Rahmenbedingungen (wirtschaftliche Engpässe, strategisch notwendige Kurswechsel des Unternehmens oder marktwirtschaftliche Einflüsse etc.) zu aktualisieren. Das eröffnet die Möglichkeit, die Mittel noch zielgerichteter einzusetzen, aber auch zu erkennen, welche Projektinvestitionen aufgrund von veränderten Rahmenbedingungen verschoben oder gar gestoppt werden sollten — und welche Auswirkungen das hat bzw. welche Risiken damit verbunden sind.

Phase 2: Plan — Die Priorisierung, Planung und Entscheidung für ein Portfolio

Haben alle Projekte die Hürde der Einsteuerung überwunden, geht es nun darum, das Portfolio als „Ganzes" zu planen. Die Projektanträge werden miteinander verglichen, priorisiert und letztendlich wird das Gesamtportfolio freigegeben. Für alle Projekte gibt es Budgets und Vorgaben, sodass ein reibungsloser Übergang in die Control Phase gewährleistet ist.

Phase 3: Control — Überwachen

In der „Control Phase" richtet sich der Blick des Portfolio-Managements nicht in erster Linie auf die Einzelprojekte, es betrachtet stattdessen vor allem das gesamte Portfolio. Was genau heißt das?

Angenommen, für ein einzelnes Projekt sind Änderungen (Zeit, Budget, Inhalt) geplant. Alle Änderungsanträge wurden zur Genehmigung eingereicht und der Steuerungsausschuss hat die Freigaben für die Änderungen erteilt. Somit bewegt sich das Projekt noch immer innerhalb des „grünen Bereichs". Was aber bedeutet solch eine Veränderung für das gesamte Portfolio? Kann es sein, dass sich aufgrund der Veränderungen die Strategien nicht mehr wie geplant umsetzen lassen? Lässt sich eventuell der Terminplan nicht mehr einhalten, mit der Folge, dass Mitbewerber ein Produkt nun vor uns auf den Markt bringen? Verändert sich dadurch evtl. der komplette Business Case etc.?

!

ACHTUNG

Eine der wesentlichen Herausforderungen für das Portfolio-Management ist es, den Fokus auch auf das gesamte Portfolio zu legen. Viel zu oft verlieren wir uns in den Details auf der Einzelprojektebene.

Dazu zunächst der allgemeine Hinweis: Das Buch richtet sein Augenmerk nicht nur auf die Ebene der einzelnen Projekte, sondern vor allem auf die Ebene des gesamten Portfolios. Details dazu erfahren Sie an anderer Stelle.

Phase 4: Benefit — Nachverfolgen

Das Benefit-Tracking oder auch das Nutzeninkasso bzw. die Nutzenrealisierung ist die Phase, in der wir den versprochenen Nutzen aus der Projektinvestition verfolgen und somit für die Zukunft lernen, bei welcher Art von Investitionen wir eine hohe Trefferquote hinsichtlich ihres Nutzens haben und wo die Abweichungen liegen. Idealerweise lässt sich ableiten, wie man starke Abweichungen zukünftig vermeiden oder wenigstens reduzieren kann.

!

WICHTIG: Vergessen Sie nicht:

Ein Projekt ist ein Projekt. Wir gehen bewusst Risiken ein und führen Projekte unter der Rahmenbedingung der „Einmaligkeit" für unsere Organisation durch. Abweichungen und Veränderungen gehören dazu.
Wir müssen aber lernen, besser zu planen, stärker zu unterstützen und frühzeitig steuernd einzugreifen. Mit steigendem Reifegrad der Projekt- und Portfolio-Management-Kultur wächst auch die Kompetenz, Projektinvestitionen und deren Chancen sowie Risiken realistisch einzuschätzen und keine falschen oder zu hohen Versprechungen zu machen.

Zusammenfassung der wichtigen Phasen im Portfolio-Management

1. Propose = Vorschlags- und Auswahlverfahren
2. Plan = Planungsphase (Portfolio gem. der Strategien und Ziele zusammenstellen)
3. Control = Portfolio überwachen und steuern
4. Benefit = Nutzenrealisierung

3.2 Die Phasen des Portfolio-Managements zu einem Prozess verknüpfen

Die folgende Grafik veranschaulicht den Prozess des Portfolio-Managements:

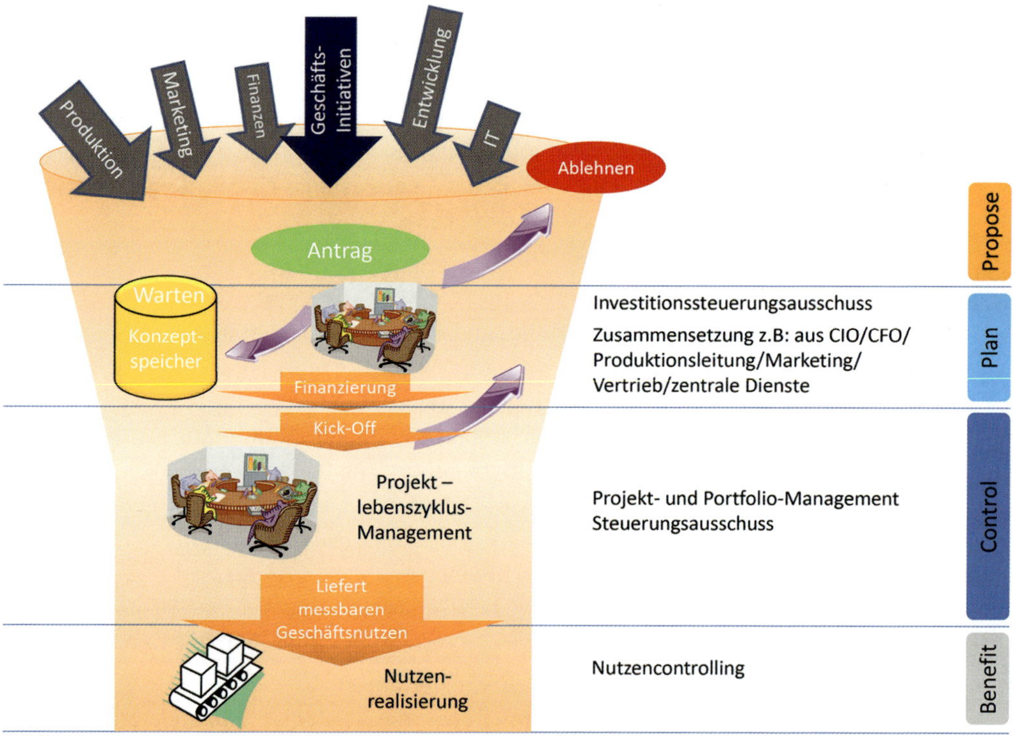

Abb. 3: Übersicht Portfolio-Management-Prozess

Wer hier eine detaillierte Beschreibung des Themas „Realisierung“ bzw. „Umsetzung“ der Projekte vermisst, hat natürlich Recht. Etwas später erläutere ich einen sogenannten Quality-Gate-Prozess, der diese vier Phasen vertieft. Grundsätzlich sind die Umsetzungsphasen und die Informationen, die wir aus den laufenden Projekten erhalten, essenziell für ein gutes Portfolio-Management. Allerdings sehe ich die operative Umsetzungsphase nicht als dessen primäre Aufgabe. Diese Brücke zwischen strategischem bzw. steuerndem Projektportfolio-Management und operativem Projekt-Management zu schlagen, gehört zu den wichtigsten Aufgaben des Portfolio-Managements, das daraus zudem eine plausible Argumentationskette gegenüber der Unternehmensführung ableiten kann. Wir diskutieren später noch die möglichen Kombinationen von Organisationseinheiten und Verantwortlichen, die sich dieser Aufgabe widmen.

An dieser Stelle weiche ich das erste Mal etwas von den Normen der Projekt-Management-Verbände (IPMA/PMI) ab, gemäß denen für alle projektbezogenen Aufgaben eine einzige Organisationseinheit, das PMO (Projekt-Management-Office), zuständig ist.

Management Summary — die wichtigen Phasen im Portfolio-Management

Das Portfolio-Management besteht aus vier wichtigen Phasen:

1. Die Projekteinsteuerung (Propose). In dieser Phase wird klar definiert, wie ein Projekt eingesteuert werden kann, welchen Qualitätskriterien und Kennzahlen es unterliegt, bevor es überhaupt zur Portfolio Planung zugelassen wird.
2. Die Planungsphase (Plan). In dieser Phase wird das Gesamtportfolio geplant (im Gegensatz zur detaillierten Einzelprojektplanung). Hier wird — ausgerichtet auf die Unternehmensziele, gesetzlichen Vorgaben, die Begrenzungen und Realisierbarkeiten (Budget, Personalressourcen und zeitliche Rahmenbedingungen) — der optimale Projektemix (Portfolio) zusammengestellt.
3. Die Überwachungsphase (Control). In dieser Phase wird das Portfolio überwacht. Hierbei werden die einzelnen Projekte unter dem Gesamtaspekt der Projektbündel (Portfolios) betrachtet. In diesem Kontext werden nicht nur Einzelprojekte unterstützt bzw. eskaliert (in Krisensituationen also die notwendigen Personen informiert und Entscheidungen eingefordert), es werden vielmehr immer auch die Fortschritte und Abweichung des gesamten Portfolios von den Vorgaben und die damit verbundenen Auswirkungen auf die Unternehmensziele/Strategien betrachtet.
4. Die Nutzen-Erstellungsphase (Benefit). In dieser Phase wird der von den Projekten versprochene Nutzen gemessen. Unter Umständen kann den einzelnen Projekten eine Gewinn-/Umsatzsteigerung oder ein ähnlicher Nutzen nicht unmittelbar zugeordnet werden. Deshalb ist es wichtig, die Zielrichtung des Begriffs Nutzen im Vorfeld auf diverse Messgrößen wie Unternehmensbereiche, Produktsegmente etc. zu konsolidieren.

4 Wie funktioniert Portfolio-Management?

Im Rahmen des Portfolio-Managements ist es notwendig, die Projektinvestitionen nach bestimmten Typen zu unterscheiden und zu klassifizieren. Nur so erkennen Sie genau, ob Sie die richtigen Schwerpunkte für Ihre Projektinvestitionen setzen bzw. welche Gesamtrisiken Sie eingehen.

Daraus können Sie dann einen Status-Quo erheben und ableiten, was Sie erreichen möchten. Oftmals ist es erschreckend, zu sehen, wo ein Großteil unseres Geldes ausgegeben wird, obwohl wir mit den Ausgaben eigentlich ganz andere Ziele verfolgen.

4.1 Das Projektportfolio zusammenstellen

Eine einfache, aber klassische Aufteilung kann nach operativen und strategischen Investitionen erfolgen. Operative Investitionen werden meist getätigt, um Geld zu verdienen und den Betrieb aufrecht zu halten. Bei strategischen Investitionen geht es letztendlich darum, die Marktposition zu stärken oder zu verändern.

Die folgende Grafik veranschaulicht beispielhaft, wie aus dem Status quo abgeleitet wird, in welche Richtung sich die Investitionsschwerpunkte entwickeln sollen:

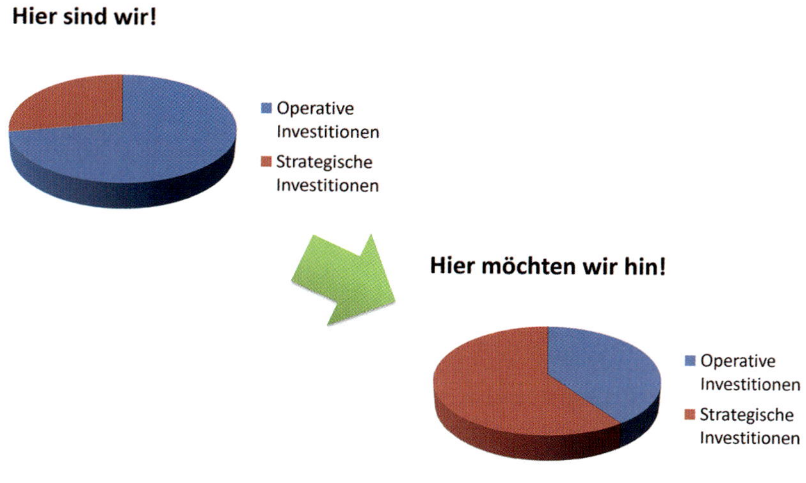

Abb. 4: Veränderung des Investitions-Portfolios

Ich möchte Ihnen nochmals im Detail den Unterschied zwischen operativen und strategischen Investitionen erläutern:

Operative Investitionen sind Investitionen in Projekte, die überwiegend darauf abzielen, den Betrieb am Laufen zu halten. Im IT-Bereich wären dies z. B. Updates von Software-Applikationen oder Erneuerungen der Infrastruktur. In produzierenden Bereichen könnten es Projekte zur Modernisierung bestehender Produktionsanlagen sein. Es handelt sich bei den operativen Investitionen oftmals um klassische Bottom-Line-Projekte, die der Kostenreduktion oder dem Erhalt von Kostenstrukturen dienen.

Strategische Investitionen sind Investitionen in Projekte, die z. B. neue Produktionsverfahren entwickeln, um den Stand der Innovationsführerschaft am Markt zu halten oder zu erreichen. Sie können aber auch auf die Entwicklung neuer Produkte abzielen, die so noch nicht am Markt zu finden sind. Auch Investitionen in neue Märkte und Länder gehören in die Kategorie der strategischen Investitionen. Hierbei handelt es sich meist um Top-Line Projekte, deren Ziel es ist, mehr Umsatz, Gewinn oder neue Marktanteile zu erwirtschaften.

Lassen Sie mich anhand eines Beispiels erklären, worauf es beim Zusammenstellen eines Portfolios ankommt: Denken Sie doch einmal an ein Aktienpaket. Je nach Situation, in der Sie sich befinden, werden Sie den Mix Ihrer Aktien unterschiedlich zusammenstellen. Haben Sie sich schon einmal ein Aktienportfolio zusammengestellt? Wie setzt sich Ihr Aktienportfolio zusammen bzw. welche Zusammensetzung würden Sie wählen? Welche Strategie verfolgen Sie damit? Haben Sie eine Kurz-, Mittel- und Langfriststrategie? Ja? Dann sind Sie gut aufgestellt.

- Sind Sie der Risiko-Typ, der nur auf neue Technologien setzt und somit das Maximum aus seiner Investition herausholen möchte? Beobachten Sie aber auch aktiv die Veränderungen am Markt, sind Sie in der Lage, rechtzeitig zu reagieren?
- Sind Sie eher der Sicherheits-Investor, der auf konservative, aber langfristig stabile Wertsteigerungen setzt?
- Versuchen Sie eine Mischung aus risikoreichen Anlagen mit letztendlich hohen Gewinnchancen und aus stabilen und vertrauenerweckenden Projektinvestitionen zu finden?

Welchen Kennzahlen haben Sie für Ihre Aktienstrategie gewählt? Welchen Gewinn möchten Sie in den nächsten drei Jahren mit welcher Investition erzielen? Wo sind Ihre Ausstiegsschwellen? Wie reagieren Sie auf Marktveränderungen? Kennen Sie jederzeit den Zustand der Unternehmen, deren Aktien Sie besitzen? Haben Sie genügend Informationen, um Ihre „Investition“ in diese Unternehmen zu einem klugen Zeitpunkt zu stoppen, weiter auszuweiten oder auf einen anderen Zeitpunkt zu verschieben?

Nein, Sie haben sich nicht im Buch vergriffen. Es geht genau um solche Themen. Dieses Beispiel veranschaulicht lediglich, dass man sich genau überlegt sollte, was man für „sein Geld“, also für seine Investition, eigentlich bekommen möchte.

Eine der wichtigen Planungsaufgaben des Portfolio-Managements ist es, sich genau zu überlegen, wie das Portfolio zusammengesetzt sein muss, damit die Unternehmensziele erreicht werden.

Ein gutes Portfolio berücksichtigt gleichermaßen die strategische Ausrichtung des Unternehmens sowie die wirtschaftlichen und technologischen Notwendigkeiten (heute einer der wichtigsten Faktoren in fast allen Branchen) wie die Bedürfnisse der Basis (operative Investitionen).

Ein Beispiel zur Strukturierung des Portfolios zeigt die folgende Abbildung:

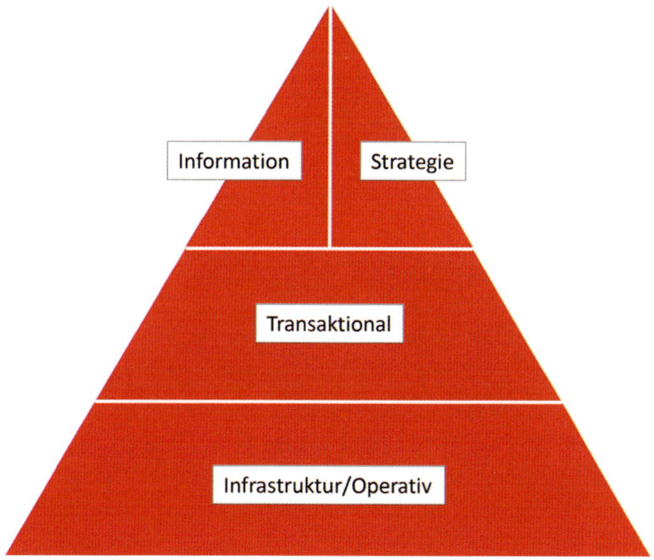

Abb. 5: Beispiel für die Zusammenstellung des Projektportfolios

Infrastruktur/Operativ:

Wie bereits oben erläutert, geht es dabei um solche Investitionen, die aus der Basis heraus notwendig sind, um ein Unternehmen bzw. seinen Betrieb am Laufen zu halten bzw. den technischen Neuerungen anzupassen. Diese Projekte sind aufgrund ihrer typischerweise überschaubaren technischen, prozessualen oder logistischen Anforderungen im Unternehmen mit einem moderaten Risiko behaftet.

Transaktional:

Diese Investitionen dienen dazu, die Kern- und Unterstützungsprozesse eines Unternehmens zu optimieren. Meist sind das Investitionen in Prozessoptimierungen, Produktivitätssteigerungen, Kostenreduktionen. Ziel ist es immer, den internen ROI (rate of return) zu optimieren. Sie tragen, verglichen mit den anderen drei Investitionsarten, meist den niedrigsten Risikofaktor.

Information:

Investitionen aus diesem Bereich dienen dazu, alle Informationen zur Steuerung des Unternehmens zusammenzutragen. Dazu gehören sowohl Organisationsprojekte als auch IT-Projekte, die Softwarelösungen (ERP — Enterprise Resource Planning mit Produktionsplanung, Materialwirtschaft, Vertrieb, Finanzen und Controlling/Projektportfolio-Management-Softwarelösungen) einführen bzw. optimieren und/oder den Auf- und Ausbau von Management-Informationssystemen betreffen. Weiterhin zählen hierzu Investitionen, die getätigt werden, um Markt- und Wettbewerbsinformationen verfügbar zu machen.

Strategisch:

Hierbei handelt es sich, wie bereits oben erwähnt, um strategische Investitionen, die meist zum Ziel haben, Marktanteile z. B. als Qualitätsführer oder Technologieführer zu erhalten, auszubauen oder neue Marktsegmente zu erarbeiten. Hintergrund ist die Anpassung des Unternehmens an die Erfordernisse des Markts und die Erhaltung oder Steigerung der Wettbewerbsfähigkeit. Diese Projekte sind meist sehr risikobehaftet und im Schnitt kann man davon ausgehen, dass (abhängig von der Branche) zwischen 30 % bis 70 % scheitern oder aus technologischen bzw. kostenabhängigen Gründen nicht weiter geführt werden.

Machen Sie sich also Gedanken, welche Anforderungen für Ihr Unternehmen gelten und wie das Portfolio zusammengestellt werden kann.

Die folgende Grafik zeigt drei Beispiele für die Ausrichtung eines Unternehmens und die Darstellung im Portfolio:

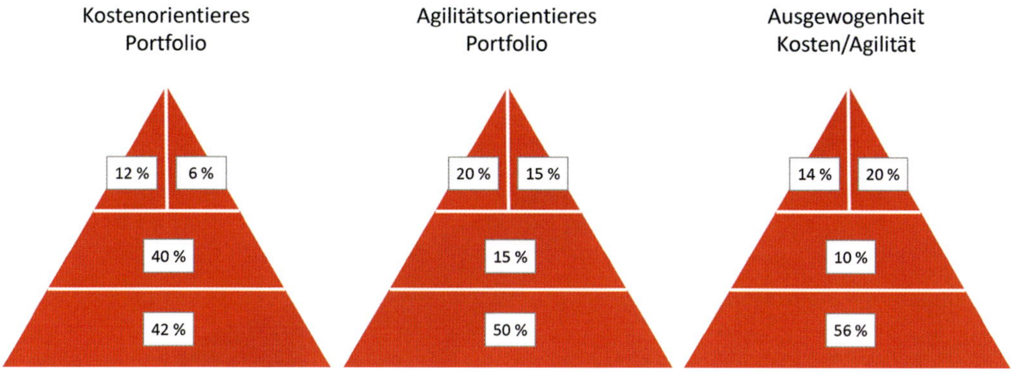

Abb. 6: Kosten- und agilitätsorientierte Portfoliozusammenstellung

Wenn solche Informationen nicht vorliegen, ist es zwingend notwendig, eine Investitions- bzw. Projektinventarisierung durchzuführen und die aktuelle Verteilung der Investitionen auf die verschiedenen Projekte zu ermitteln.

Viele, vor allem mittelständische Unternehmen haben nach meiner Erfahrung ein recht gutes Verteilungsverhältnis hinsichtlich der Projektinvestitionen. Hier mangelt es oftmals lediglich an der Umsetzungsqualität bzw. am Verständnis dafür, dass nicht alles sofort umgesetzt werden kann.

Die folgende Grafik zeigt beispielhaft eine typische Verteilung von IT-Investitionen (alle anderen Investitionen sind hier außer Acht gelassen):

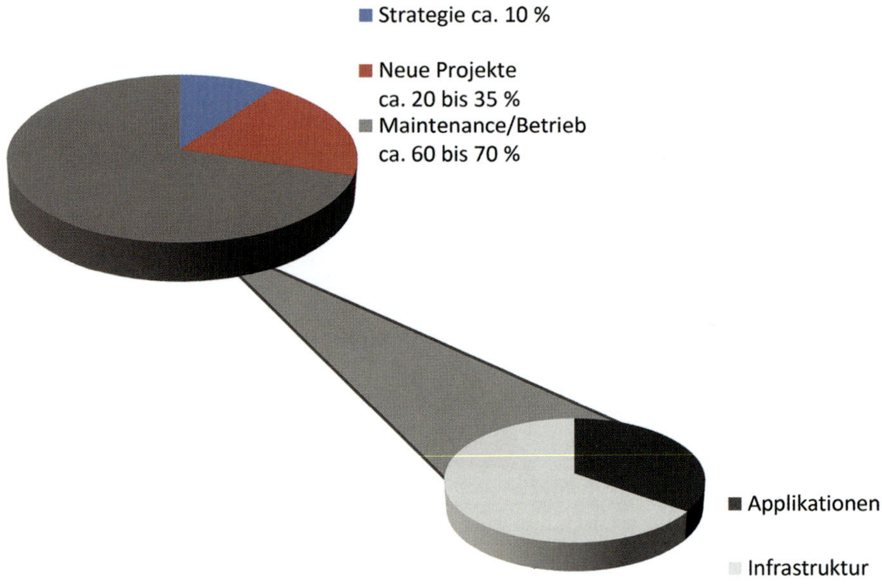

Abb. 7: Typische Verteilung von IT-Investitionen

Zu bestimmten Zeiten wie z. B. während der SEPA-Umstellung, wenn sich rechtliche Rahmenbedingungen etc. ändern, liegt der Schwerpunkt des Gesamtportfolios oftmals auf reinen IT-Themen. Dann verändert sich das oben gezeigte Portfolio dahin, dass für strategische Investitionen nichts mehr übrig bleibt. Die neuen Projekte sind von den regulatorischen Anforderungen geprägt. Es beginnt eine Zeit, in der für Innovationen, technologisch notwendige Anpassungen aber auch für Produktivitätssteigerungen des IT-Bereichs kein Geld mehr übrig bleibt. Das ist ein Teufelskreis, den es zu durchbrechen gilt. Was für das IT-Beispiel zutrifft, gilt genauso für alle anderen Investitionen/Projektinvestitionen im Unternehmen. Stellen Sie unbedingt sicher, dass auch in schwierigen Zeiten für Prozessoptimierungen, Produktivitätssteigerungen etc. Budget zur Verfügung steht.

Das Beispiel zeigt, dass das Portfolio nicht nur Projekte, sondern auch Investitionen in Betrieb und Wartung (Maintenance) berücksichtigt und das Budget optimal verteilt werden muss.

Weiterhin haben die Zuständigkeits- bzw. Machtverhältnisse in einem Unternehmen (die sich in der Organisationsstruktur und deren Verantwortlichkeiten wiederspiegeln) oftmals einen starken Einfluss auf die Zusammenstellung des Portfolios. Handeln die Organisationseinheiten und deren Verantwortliche sehr eigenständig, zeigt das Portfolio meist ein starkes Ungleichgewicht zwischen strategischen und operativen Investitionen auf.

4.2 Was ist Projektportfolio-Management?

Um möglichen Missverständnissen vorzubeugen, möchte ich Sie an dieser Stelle nochmals an einen Hinweis, den ich bereits im Vorwort gegeben habe, erinnern: Eine wesentliche Aufgabe des (Projekt-)Portfolio-Managements besteht darin, die zur Verfügung stehenden Ressourcen und das geplante Budget eines Unternehmens in einer Gesamtsicht abzubilden. Da aber manche strategische Aktivitäten ebenso wie kleinere Vorhaben nicht zwingend als Projekte abgewickelt werden, würden sie bei einer reinen Projektbetrachtung aus dieser Gesamtsicht fallen. Ich plädiere dafür, auch solche Aktivitäten, die nicht unter dem Namen „Projekt" laufen, in das Portfolio-Management einzubeziehen. Insofern verwende ich die Begriffe Portfolio-Management und **Projekt**portfolio-Management synonym.

Es ist die wesentliche Aufgabe des Projektportfolio-Managements, aus einer Vielzahl von Investitionsmöglichkeiten die für das Unternehmen richtigen (wertvollen) Projektinvestitionen herauszufiltern und sicherzustellen, dass sie erfolgreich umgesetzt werden. Zudem sollte mit Blick auf das gesamte Portfolio regelmäßig geprüft und hinterfragt werden, ob die jeweiligen Investitionen stärker unterstützt, evtl. verschoben oder sogar komplett gestoppt werden sollten. Das Portfolio-Management liefert mehrere Perspektiven auf die Investitionslandschaft, und stellt einheitliche und damit vergleichbare Informationen zur Portfoliobewertung zur Verfügung, damit bei wichtigen Ereignissen zeitnah agiert werden kann.

Alle Interessen im Unternehmen sind in Einklang zu bringen. Das bedeutet, dass sowohl bereichsspezifische als auch unternehmensübergreifende Interessen zu berücksichtigen sind.

Dies bedeutet für alle Projektinvestitionen gleichermaßen: Sie müssen im Detail beleuchtet, mit gleichem Maßstab bewertet, priorisiert und mit allen notwendigen Ressourcen (finanziell und personell) unterstützt werden. Zudem muss allen Beteiligten der notwenige Freiraum, aber auch die entsprechende Akzeptanz vonseiten des Managements zugestanden werden. Dies gilt insbesondere für die Phase der Projektdurchführung.

! **ACHTUNG**

Hier spreche ich bereits über das erste Konfliktpotenzial im Portfolio-Management. Konflikte können insbesondere dann entstehen, wenn es um die persönlichen Interessen von „Managern“ bzw. Verantwortlichen, die auf unterschiedlichen Hierarchieebenen agieren, geht. Nicht selten werden diese Interessen von persönlichen Zielvorgaben und deren Koppelung an Gehaltmodelle, aber auch von persönlichen Karriereplänen getrieben.

4.3 Die Rolle des Projekt-Managements

Projekt-Management wurde lange Zeit und wird oftmals immer noch als einziger „Heilbringer“ in den Unternehmen gesehen. Auch deshalb gibt es zu Recht viele Ausbildungsmöglichkeiten und Zertifizierungen im Bereich Projekt-Management.

Aber weshalb sind viele Projekte noch immer nicht so erfolgreich, wie wir uns das vorstellen bzw. wünschen? Ist Projekt-Management eigentlich ein wichtiger Bestandteil des Portfolio-Managements oder bringt es uns überhaupt nicht weiter?

Bevor jetzt ein „Aufschrei“ durch die Leserschaft geht ...

Selbstverständlich ist Projekt-Management ein wichtiger Bestandteil der Projektorganisation. Das Thema wird nie ruhen. Ganz im Gegenteil. Wie bereits oben erwähnt, setzen immer mehr Unternehmen Ihre Investitionen in Form von Projekten um. Das resultiert schlichtweg aus der Erkenntnis, dass eine professionelle Umsetzung von Aufgaben die Ergebnisqualität erhöht und die Einhaltung des Budgets sowie des verfügbaren Zeitrahmens wahrscheinlicher macht.

Wenn ich aber auf meine beruflichen Aktivitäten zurückblicke (ich darf auch noch einige Zeit in die Zukunft schauen) stelle ich fest, dass das Projekt-Management noch immer nicht ausreichend gewürdigt und in vielen Unternehmen noch immer nicht professionell genug aufgesetzt ist bzw. nicht intensiv genug gelebt und überwacht wird.

1990: Mehr als 66 % aller Projekte scheitern:
Schon in den 1990er Jahren verkündete beispielsweise einer der „Erfinder" des Business Process Reengineering – einer heute weitgehend vergessenen Managementmode –, dass über zwei Drittel aller Reengineeringprojekte, gemessen an den hochgesteckten Zielen, scheitern.[1]
2000: 72 % der Projekte nicht erfolgreich
2002: 66 % der Projekte nicht erfolgreich
2004: 61 % der Projekte nicht erfolgreich
2006: 65 % der Projekte nicht erfolgreich
2008: 68 % der Projekte nicht erfolgreich
Ergebnisse der Chaos Summary 2000 bis 2008.[2]
2009: Mindestens 66 % scheitern
Mindestens zwei Drittel aller Change Management Projekte vermelden keine Erfolge.[3]
2012: Mindestens 75 % der Projekte nicht erfolgreich[4]

Die Forrester Studie 2012 sagt z. B.: „Drei Viertel der Projekte scheitern".

Das Image firmeninterner Projekt-Management-Büros (PMOs) ist lausig. Durchaus zu recht, wie eine aktuelle Studie von Forrester Research zeigt. Die Hälfte der Projekte scheitere innerhalb von zwei Jahren, binnen drei Jahren seien es sogar drei Viertel, berichtet Analystin Margo Visitacion. Die Gründe dafür lägen sowohl innerhalb als auch außerhalb der PMOs, so Forrester weiter: Es fehle einerseits an Business-Support, andererseits an werthaltigen Ergebnissen.

Bei der Forrester Studie wird recht hart ausgedrückt, dass das Problem oftmals in der Projektorganisation bzw. der Projektkultur und nicht beim Projektleiter liegt. Für das Portfolio-Management ist klar zu sagen, dass ein hoher Projekt-Management Reifegrad automatisch die Qualität des Portfolio-Managements erhöht.

Trotzdem bleibt festzuhalten, dass Projekt-Management nicht direkt etwas mit Portfolio-Management zu tun hat. Beide Themen verfolgen zum Teil sogar extrem konträre Interessen. Sobald das Projekt-Management einmal beauftragt ist, versucht es mit allen zur Verfügung stehenden Mitteln das definierte Ziel zu erreichen. Aus Portfolio-Management-Sicht kann es hingegen jederzeit sinnvoll sein, ein vermeintlich gut laufendes Projekt zu stoppen.

---

1 Vgl.Champy 1995.

2 Quelle: The Standish Group International Inc. 2009.

3 Vgl. als Überblick Moldaschl, 2009.

4 Vgl. Forrester Studie 2012.

! ACHTUNG

Der beschriebene Zielkonflikt kann automatisch zu einem Konflikt innerhalb der Organisation führen. Bereits oben habe ich Interessenskonflikte erwähnt. In der eben geschilderten Konstellation resultiert der Konflikt aus den unterschiedlichen Blickwinkeln zweier Ebenen:

1. Ein Projekt-Management-Office soll die optimale Abwicklung aller laufenden Projekte sicherstellen, was unter anderem bedeuten kann, dass aus unternehmerischer/strategischer Sicht einzelne oder mehrere Projekte gestoppt werden müssen.
2. Werden Projekte aus solchen strategischen Gründen verschoben, gestoppt oder werden deren Ressourcen gekürzt, kollidieren mit solchen Entscheidungen Bereichs- oder persönliche Ziele – woraus ein Konflikt resultieren kann.

Das Portfolio-Management kann ein Qualitätstreiber und Unterstützer für das Projekt-Management sein, wenn die Aufgaben, Rollen und Zuständigkeiten geklärt sind.

4.4 Ist Portfolio-Management heute in den Unternehmen angekommen?

Portfolio-Management ist zwar in aller Munde und es gibt entsprechende Abteilungen bzw. Stabsstellen im Unternehmen bzw. Projekt-Management-Offices (PMO), in denen Projektportfolio-Management betrieben wird.

Aus meiner Sicht sind viele Unternehmen aber noch nicht dort angekommen, wo Portfolio-Management seinen Nutzen vor allem auf der Entscheiderebene ausspielt. Ganz im Gegenteil: Ich habe das Gefühl, dass sich viele dieser Organisationseinheiten zu sehr mit der operativen Umsetzung beschäftigen und noch keinen Zugang zur Geschäftsführung haben. Damit werden sie als Verwaltungsabteilungen angesehen, die die Multiprojektlandschaft verwalten und am Laufen halten. Das ist wie bereits erwähnt zwar elementar wichtig für ein Unternehmen, aber nur ein Teil der Kernidee des Portfolio-Managements.

Wie komme ich zu dieser kritischen Aussage, die sicherlich nicht pauschal für alle Unternehmen gilt, aber aus meiner Sicht noch immer viel zu oft zutrifft?

Portfolio-Management funktioniert nur, wenn es auf allen Ebenen etabliert und gelebt wird. Das bedeutet, dass sowohl das Topmanagement als auch alle betroffenen Organisationseinheiten und Mitarbeiter mit den Methoden vertraut sein müssen und auf Basis der gelieferten Informationen Entscheidungen treffen bzw. vorbereiten und unterstützen.

Es gibt vermutlich eine Reihe von Gründen, weshalb Portfolio-Management in vielen Unternehmen noch nicht wirklich „angekommen“ ist: Eine konsequente Implementierung des Portfolio-Managements erfordert häufig tiefgreifende Veränderungen innerhalb der Unternehmenslandschaft. Etablierte Hierarchiestrukturen werden aufgebrochen, Verantwortlichkeiten verschieben sich, gewohnte Abläufe müssen geändert werden, die „obere Etage“ des Unternehmens ist gezwungen, sich neue Player an den Tisch zu holen, Zielkonflikte zwischen den einzelnen Ebenen können entstehen. Diese Liste ließe sich noch weiter fortsetzen.

Bloße Lippenbekenntnisse führen in die Sackgasse. Nur wenn der Mut und Wille zur Veränderung vorhanden ist, wird Portfolio Mangement seine wahre Stärke ausspielen können. Und daran scheitern häufig die Versuche, ein umfängliches Portfolio-Management in die Organisation zu integrieren.

Die folgende Grafik fasst noch einmal zusammen, wie umfassend die Aufgaben des Portfolio-Managements sind:

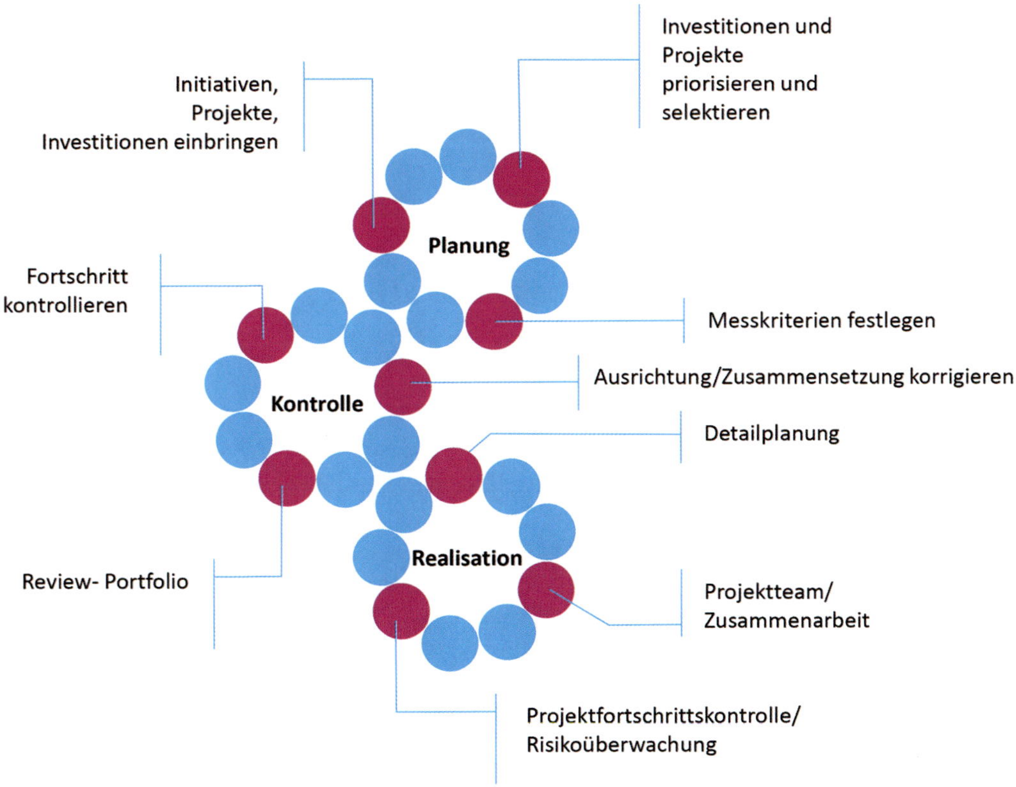

Abb. 8: Planung, Kontrolle, Realisation (Quelle: adensio/Oracle Primavera)

Trotz der eben beschriebenen Hürden, finden wir heute sehr oft eine gute Projekt-Management-Organisation vor. Die ersten Schritte, Portfolio-Management umzusetzen, sind getan und oftmals ist es sogar in das Projekt-Management-Office integriert. Ob das nun richtig oder falsch ist, kann man nicht pauschal sagen. Gut daran ist auf jeden Fall, dass beide Welten miteinander kommunizieren.

Da aus meiner Sicht aber leider oftmals der so wichtige direkte Draht zum Topmanagement fehlt, mangelt es zwangsläufig an der Akzeptanz von dieser Seite. Portfolio-Management wird somit sehr schnell zum Datenfriedhof. Aufgrund des Bemühens, das Management zu überzeugen und es bei seinen Entscheidungen zu unterstützen, werden immer mehr Daten erhoben und zusammengeführt, was die gesamte Organisation belastet. Zudem lassen sich mit immer mehr und detaillierteren Daten nicht automatisch Entscheidungen treffen, die besser sind als solche, die auf einem schlanken, klar überschaubaren und in der Organisation gut verankerten Prozess- und Kennzahlenmodell basieren.

Grundsätzlich ist es nicht schlecht, viele Informationen zu haben. Wer aber beschäftigt sich mit ihnen und wer kann sie interpretieren?

Es ist also eine wesentliche Herausforderung für das Portfolio-Management, Informationen zusammenzutragen, die für die jeweilige Ebene und Entscheidung relevant sind.

4.5 Portfolio-Management läuft in zwei Richtungen – Top-Down und Bottom-Up

Wird Portfolio-Management vollumfänglich betrieben, läuft es über zwei Richtungen: Zum einen über die Geschäftsführungsebene (inkl. Strategie und Business Development) und zum anderen über die operativen Fachbereiche des Unternehmens. Beide Welten treffen im Portfolio-Management aufeinander und ihre Impulse sind aus dem Blickwinkel des Gesamtinteresses eines Unternehmens zu bewerten. Diese umfassende Perspektive ist dann die Grundlage dafür, den „optimalen" Portfoliomix herauszuarbeiten. Dabei ist das Portfolio-Management die „neutrale" Stelle, die immer das Gesamtziel bzw. Gesamtinteresse des Unternehmens im Blick hat: Es erkennt und vertritt die Interessen der Geschäftsführung, erfasst aber gleichzeitig genau, welche Bedürfnisse aus den Fachbereichen wichtig sind, damit weiterhin die betriebswirtschaftlichen und qualitativen Unternehmensziele erreicht werden.

Über seine feste Einbindung und die damit verbundene regelmäßige Kommunikation mit der Führungsebene erhält das Portfolio-Management die notwendige Aufmerksamkeit und trägt einen großen Teil zur Unternehmenssteuerung bei.

Die im Folgenden erläuterten Begriffe „Bottom-up“ und „Top-down“ stehen für die Ausrichtung des Portfolio-Managements in die beschriebenen zwei Richtungen.

4.5.1 Bottom-Up-Portfolio-Management

Bottom-Up-Portfolio-Management bedeutet, dass alle Anforderungen aus den Organisationseinheiten gesammelt, unter Berücksichtigung des zur Verfügung stehenden Budgets priorisiert und in die Wege geleitet werden. Die Fachbereiche beantragen dabei die Projekte meist in engem Bezug zu den operativen Notwendigkeiten. Das können Produktweiterentwicklungen, Prozessoptimierungen, IT-Projekte, Marketing- und Vertriebsprojekte etc. sein. Einige davon werden im Bereich der Unternehmensstrategie anzusiedeln sein, die meisten aber dienen dem Erhalt bzw. der Optimierung des operativen Betriebs der jeweiligen Abteilungen.

Das Portfolio bzw. Teil-Portfolio oder nach meiner Terminologie operative Portfolio entsteht also Bottom-Up. Die Ressourcen werden üblicherweise über die Organisationseinheiten/Unternehmensbereiche vergeben.

4.5.2 Top-Down-Portfolio-Management

Top-Down bedeutet, dass wir aus Strategien auch strategische Initiativen ableiten. Wir verteilen unsere Ressourcen nicht nur über die Organisationseinheiten/Unternehmensbereiche, sondern überlegen uns ganz klar, wie viel wir in Strategien oder Themenbereiche (Baskets, Produktgruppen, Kundengruppen, Marktsegmente, Technologien, Mergers & Akquisition etc.) investieren möchten.

Wir planen also Top-Down und bringen diese Planung mit der Bottom-Up Planung aus den Organisationseinheiten/Unternehmensbereichen in Einklang.

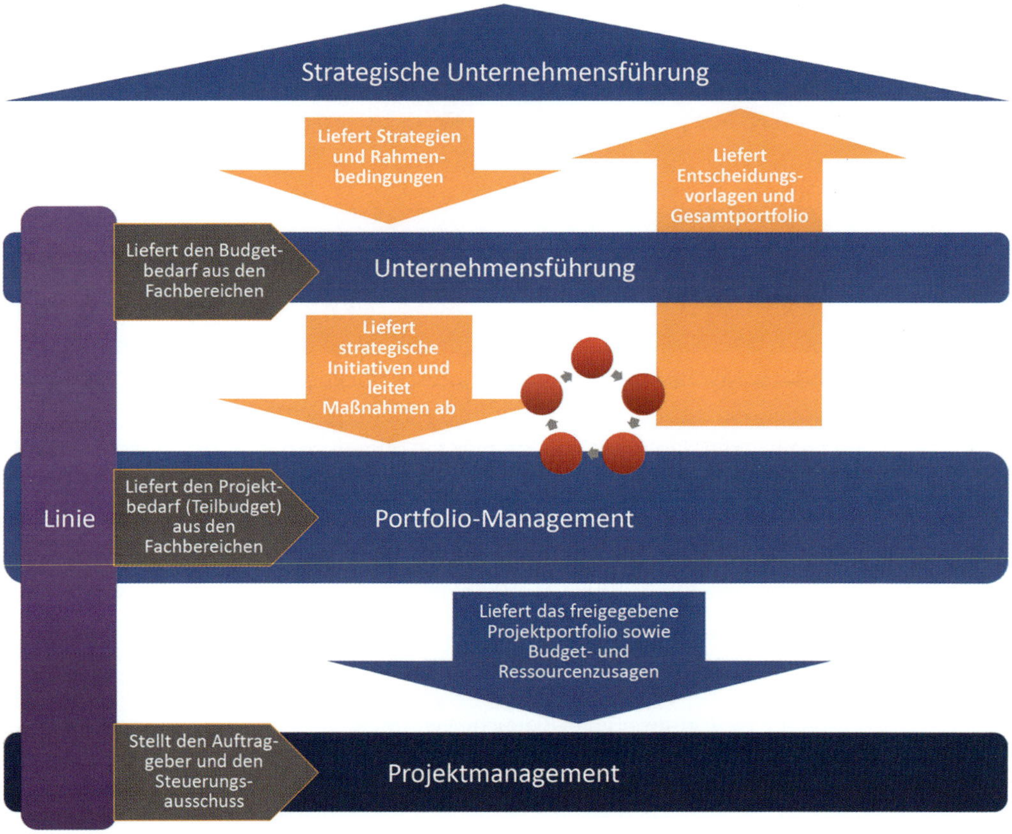

Abb. 9: Top-Down/Bottom-Up Planung

Die Abbildung stellt einen Auszug dar und erfasst lediglich einen Teil der an der Unternehmensplanung Beteiligten. Der Fachbereich ist ein Synonym für alle Linienorganisationen. Es kann sich dabei um Abteilungen, Standorte, Länderorganisationen, prozessorientierte Organisationseinheiten etc. handeln.

Die Unternehmensführung habe ich in zwei Teilen dargestellt um zu zeigen, welche Auswirkung die strategische Planung des Unternehmens einerseits auf das Projektportfolio, aber auch auf die Unternehmensführung allgemein hat.

Das Portfolio-Management ist der Vermittler zwischen dem Bedarf, der aus der Linienorganisation (Bottom-Up) entsteht, und der Unternehmensplanung (Top-Down). Beide Interessen sind zu Berücksichtigen und unterliegen den Beschränkungen im Unternehmen (verfügbares Budget, verfügbare Ressourcen, verfügbare Zeit).

! **ACHTUNG**

Die verfügbare Zeit ist gerade im strategischen Portfolio-Management ein wesentlicher Faktor. Strategische Entscheidungen werden zum Gewinn bzw. Erhalt von Wettbewerbsvorteilen herbeigeführt. Die Projekte, die diese Strategien unterstützen, unterliegen vor allem einer zeitlichen Einschränkung, die von Faktoren wie vor den Wettbewerbern neue Produkte, Dienstleistungen oder technologische Plattformen zu liefern, bestimmt wird.

Die strategische Planung und Ableitung strategischer Initiativen ist ein wesentlicher Faktor für den Erfolg des Portfolio-Managements.

Management Summary — Projekt- und Portfolio-Management

Das Projekt-Management und die Konzentration auf die Umsetzungsqualität im Unternehmen hat bisher nicht dazu geführt, dass wir in den letzten 20 Jahren prozentual gesehen erfolgreicher in unserer Projektlandschaft geworden sind. Es ist zwingend notwendig, sich mit der gesamten Projektorganisation und Projektkultur im Unternehmen zu beschäftigen und die Führungskräfte stärker in den Prozess einzubinden.

Das beginnt bei der optimalen Definition bzw. Vorgabe von Unternehmensstrategien und wirtschaftlichen Zielen, geht über die Projekteinsteuerung der Portfoliobewertung und -priorisierung,die Umsetzung der Projektlandschaft bis hin zur nachhaltigen Messung der versprochenen und freigegebenen Nutzenkriterien.

5 Was möchten Sie erreichen – das Portfolio-Management-Zielkreuz

Ich habe jetzt bereits viele Worte darüber verloren, wo das Portfolio-Management zu positionieren ist und welch wichtige Methode es zur Unternehmensführung ist. Das Portfolio-Management gibt zudem Vorgaben an das Projekt-Management und ist somit Qualitätstreiber in der kompletten Projektportfolio Organisation.

Haben Sie sich schon einmal darüber Gedanken gemacht, welche Ideen Sie bisher mit dem Thema Portfolio-Management verbunden haben? Bevor Sie weiterlesen, möchte ich Sie an dieser Stelle darum bitten, über diese Frage nachzudenken und Ihre Antworten festzuhalten. Eventuell überarbeiten Sie die festgehaltenen Ergebnisse, wenn Sie das Buch zu Ende gelesen haben. Möglicherweise haben Sie schon klare Vorstellungen und finden Anregungen, um Ihre Ideen in der Praxis umzusetzen. Vielleicht aber überdenken Sie Ihre ersten Ideen nochmals vollkommen und passen Ihre Konzepte an.

Nehmen Sie sich an dieser Stelle 10 bis 20 Minuten Zeit und versuchen Sie zusammenzufassen, was Sie mit Ihrem Portfolio-Management erreichen möchten.

Dafür können Sie z. B. mit der Zielkreuzmethode arbeiten und sich so Ihrer Motivation oder auch Ihrem Wunschszenario annähern.

Stellen Sie sich ergänzend zu Ihren oben gemachten Gedanken doch einmal folgende Fragen:

Wozu tun wir das? *Sinn und Zweck*	*Kunde* **Für wen tun wir das?**
▪ Welchen Nutzen möchten Sie durch Ihr Portfolio-Management generieren? ▪ Was wird nach der Einführung besser/anders sein als vorher? ▪ Aus welcher Motivation heraus möchten wir etwas verändern (marktwirtschaftliche Einflüsse, finanzielle Rahmenbedingungen, Veränderungen des Unternehmens, Eingliederung neuer Unternehmensteile etc.)	▪ Wer im Unternehmen sind die Empfänger Ihrer Portfolio-Management-Prozesse, Methoden und vor allem der neu zur Verfügung gestellten Transparenz? ▪ Wessen Arbeit soll vereinfacht werden? ▪ Wer muss welche Informationen liefern? ▪ Wer möchte welche Informationen erhalten?

Was möchten Sie erreichen – das Portfolio-Management-Zielkreuz

Was ist bis zum Ende zu leisten? *Endergebnis*	*Erfolgskriterien* **Woran messen wir das Ergebnis?**
▪ Welche Prozesse sind zu definieren und zu etablieren? ▪ Welche Verantwortlichen und Gremien sind zu definieren bzw. zu etablieren? ▪ Wer wird in die neuen Prozesse mittels welcher Mechanismen, aber auch Software-Werkzeuge eingebunden sein? ▪ Gibt es neue Informationen, Kennzahlen die etabliert werden sollen? ▪ Benötigen Sie eine Software, die die Prozesse und Auswertungen optimal unterstützt, damit Sie sich auf die Interpretation der Daten konzentrieren können?	Beschreiben Sie aus Ihrer Sicht die Erfolgskriterien für „Ihr" Projekt ▪ Akzeptanzkriterien ▪ Etablierte Methoden und Prozesse ▪ Verantwortlichkeiten, Gremien ▪ Transparenzkriterien ▪ Software ist eingeführt, akzeptiert und wird von den Beteiligten wie geplant eingesetzt

6 Prozesse im Portfolio-Management

Welche Kernprozesse benötigen wir und wie sind sie in die Unternehmensprozesse einzubinden, damit wir für das Unternehmen den optimalen Nutzen aus dem Portfolio-Management generieren können?

Aus meiner Erfahrung ist es zwingend erforderlich, das Portfolio-Management in die Planungsprozesse des Unternehmens einzubinden und ihm auf diese Weise den Zugang zum Topmanagement zu eröffnen. Zusätzlich ist das Portfolio-Management dann die Brücke bzw. Schnittstelle zwischen der Unternehmensplanung und der Projektportfolio Planung. Beide Planungsbereiche stellen sich gegenseitig wichtige Informationen zur Verfügung. Damit wird allen Beteiligten die Arbeit erleichtert, und zwar sowohl in der Planungs- und Realisierungsphase der Projektportfolios als auch im Rahmen des unterjährigen Unternehmens-Controllings.

6.1 Die Strategie-, Planungs- und Projektprozesse (5-Ebenen) einbinden

Ein wichtiger Erfolgsfaktor für das Portfolio-Management ist seine Einbindung in die Unternehmensprozesse. Eine Unternehmensplanung ist auf mehrjährige Zeiträume ausgerichtet. Diese langfristige (strategische und finanzielle) Planung beeinflusst die konkrete Jahres- bzw. Mehrjahresplanung. Ein Projekt und auch ein Portfolio können in diesem Kontext nicht isoliert betrachtet werden. Beide müssen mit den Strategien, aber auch mit den wirtschaftlichen Zielen und finanziellen Rahmenbedingungen kompatibel sein. Damit ist der Blick sowohl auf die kurzfristige als auch auf die langfristige Planung gerichtet.

Die große Herausforderung dabei ist es, die Geschäftsjahresbetrachtung mit der Portfolioplanung in Einklang zu bringen. Ein Geschäftsjahr hört immer genau nach 12 Monaten auf, während Projekte zum Teil kürzere oder auch längere Laufzeiten haben. Das bedeutet, dass die Entscheidungen für Projekte und Portfolien bereits Auswirkung auf zukünftige Planjahre haben. Das gilt sowohl für anstehende Investitionen als auch für die Ergebnisbetrachtung wie z. B. erwartete Umsätze/Gewinne etc.

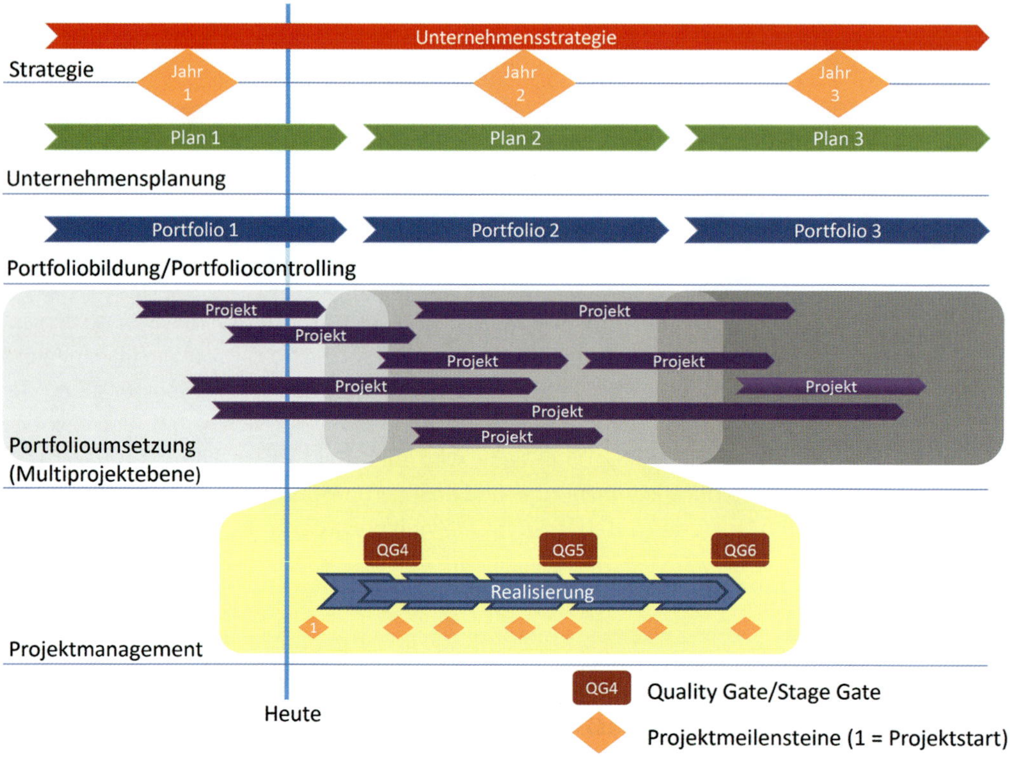

Abb. 10: Strategie-, Unternehmens- und Portfolioplanung auf 5 Ebenen

Die Abbildung zeigt das Zusammenspiel der mehrjährigen strategischen Planung des Unternehmens und ihre Verbindung zur Jahres- bzw. Mehrjahresplanung sowie zum Projektportfolio. Damit erkennt man einen der wichtigen Aspekte des Portfolio-Managements: Laufende Projekte haben Auswirkung auf die Portfoliozusammenstellung der folgenden Jahre. Das Portfolio für das Folgejahr hat bereits Auswirkung auf das Portfolio des übernächsten Planjahres. Das bedeutet, wir müssen lernen, nicht nur einen Planungszeitraum losgelöst vom Gesamtkontext zu betrachten, sondern unsere heutigen Überlegungen bereits mit der Planung für die nächsten 2 bis 3 Jahre abzugleichen.

!

WICHTIG

Das Portfolio-Management spielt in gewisser Weise eine Doppelrolle:
Es ist zum einen wichtiger „Zulieferer“ für die strategische Planung des Unternehmens. Durch eine kluge Portfoliobildung wird sichergestellt, dass strategische Vorgaben berücksichtigt und zur Umsetzung freigegeben werden. Das Portfoliocontrolling stellt sicher, dass die Strategien auch wie gefordert umgesetzt werden.
Zum anderen ist das Portfolio-Management aber gleichzeitig auch „Empfänger“, da die finanziellen Rahmenbedingungen aus der Unternehmensplanung abgeleitet werden.

In Seminaren zum Portfolio-Management höre ich immer wieder, dass die Akzeptanz seitens der Führungsebene und oft auch das Zusammenspiel mit dem Controlling besser sein könnten oder z. T. gar nicht vorhanden sind.

Auf die Gefahr hin, dass ich mich wiederhole: Für ein erfolgreiches Portfolio-Management benötigen wir die absolute Akzeptanz und Unterstützung vonseiten des Topmanagements. Wird das Portfolio-Management durch diese Unterstützung ein Teil der Planungsprozesse im Unternehmen, kann es seinen „Job“ wesentlich einfacher erledigen. Die gesamte Organisation gewöhnt sich daran, dass das Portfolio-Management ein wichtiger und alle stets begleitender Prozess im Unternehmen ist.

In einem meiner letzten 2-tägigen Inhouse-Seminare hatte ich das Glück, dass auch die Controllingabteilung vertreten war. Die Erwartungshaltung der Controllingmitarbeiter war sehr verhalten. Die Rückmeldung am Ende des Seminars mehr als begeistert. Die Originalaussage: „Uns war bis heute nicht bewusst, welch wertvollen Beitrag und vor allem welche hochwertigen Informationen wir aus dem Portfolio-Management für das Unternehmenscontrolling gewinnen können“.

Es lohnt sich also, kräftig daran zu arbeiten, mit den zentralen Stellen des Unternehmens zu kommunizieren und die Prozesse zu harmonisieren.

6.2 Der Gesamtlebenszyklus eines Projektes

Der gesamte Lebenszyklus eines Projektes aus Sicht des Portfolio-Managements beginnt nicht mit dem Projektstart und hört nicht mit dem Projektende wieder auf. Er beginnt bereits mit der ersten Idee und hört erst mit der Messung des Erfolgs weit nach Abschluss eines Projektes auf.

Der komplette Lebenszyklus eines Projekts aus Sicht des Portfolio-Managements wird über den Quality-Gate-Prozess abgebildet. Somit bildet der Quality-Gate-Prozess die Brücke zwischen Portfolio-Management und Projekt-Management. Zusätzlich ist der Quality-Gate-Prozess ein wichtiges Controlling-Instrument während der Projektdurchführungsphase.

Ich verwende durchgängig den Begriff „Quality Gate". In einigen Unternehmen und auch Fachlektüren finden Sie den Begriff Stage-Gate-Prozess. Andere wiederum sprechen von Meilensteinen. Den Begriff Meilensteine verwende ich persönlich nicht in der Prozessbeschreibung des Portfolio-Managements, da die Gefahr der Verwechslung mit den Meilensteinen innerhalb eines Einzelprojekts zu groß ist.

Im weiteren Verlauf werde ich einige Quality Gates explizit als „Kill Gates" bezeichnen. Damit soll verdeutlicht werden, dass Zeitpunkte im Lebenszyklus eines Projektes abgebildet sind, zu denen aus unternehmerischer Sicht bewusst eine Entscheidung für die Weiterführung eines Projektes oder auch für den endgültigen Stopp getroffen wird. Selbstverständlich findet diese Prüfung bei allen Quality Gates statt. Allerdings haben nicht alle Unternehmen gelernt, bereits laufende Projekte endgültig zu stoppen — unabhängig davon, wie gering die Erfolgswahrscheinlichkeit ist bzw. wie dringend das Budget für weitreichende strategische oder wirtschaftlich notwendige andere Investitionen benötigt wird. Um solchen Unternehmen die Entscheidung für einen endgültigen Projektstopp zu erleichtern, wird an bestimmten Entscheidungspunkten der Begriff „Kill Gate" verwendet.

In die 4 Phasen des Portfolio-Managements (Propose, Plan, Control, Benefit) werden weitere Quality Gates eingebaut. Damit kann Verschiedenes sichergestellt werden:

- Entscheidungspunkte sollen nicht übersprungen bzw. übersehen werden,
- die Prozesse sollen klar eingehalten werden,
- die verantwortlichen Gremien sollen frühzeitig alle Informationen für anstehende Entscheidungen zur Verfügung haben bzw.
- notwendige Eskalationen sollen erkannt und strukturiert an die Verantwortlichen herangetragen werden.

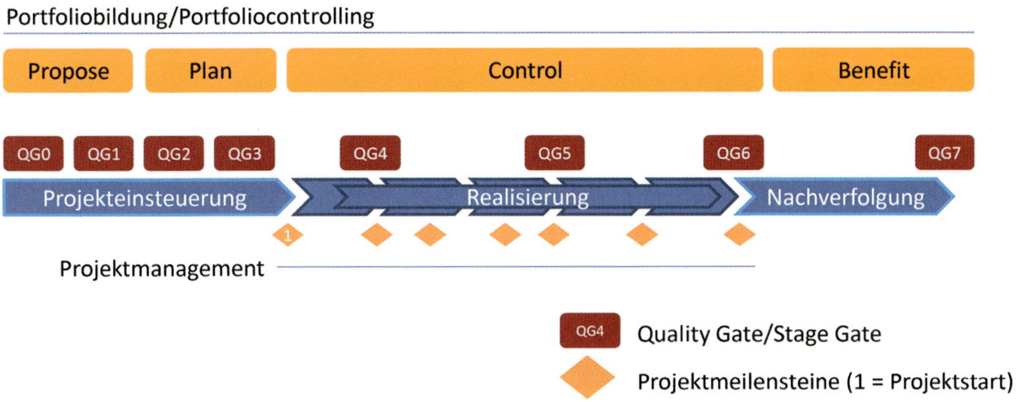

Abb. 11: Gesamtlebenszyklus Projekt

Weiterhin zeigt die Abbildung 11, dass nach dem Quality Gate (QG) 3 das Projekt offiziell startet und ab diesem Zeitpunkt Meilensteine innerhalb der Projektabwicklung dargestellt werden.

Das Quality Gate Modell erlaubt es uns, alle Projektarten in einem geregelten Prozess einzusteuern, abzuwickeln und nachzuverfolgen. Dabei ist es völlig unerheblich, nach welcher Methode das einzelne Projekt abgewickelt wird. Sie können für verschiedene Projektarten auch unterschiedliche Methoden wie das Wasserfallmodell oder das V-Modell verwenden, es klassisch nach PMI oder IPMA bzw. nach eigenen abgewandelten Methoden abwickeln. Und selbst die agilen Methoden wie SCRUM und KANBAN passen nun in unsere Projektorganisation und sind nicht wie oftmals in der Anfangsphase der agilen Methoden eine Black Box für die Projektportfolio Steuerung.

Ein wichtiger Nutzen der Quality Gates liegt nicht nur darin, die „richtigen" Projekte einzusteuern. Er erstreckt sich auch darauf, notleidende Projekte während der Realisierungsphase zu erkennen, zu unterstützen oder rechtzeitig zu stoppen. Gibt es diesen Prozess nicht, neigt die Projektorganisation wie bereits erwähnt dazu, Projekte immer weiter laufen zu lassen und wichtige Entscheidungen nicht zu treffen.

Typische Gründe für ein andauerndes Weiterleben von Projekten:

1. Keiner möchte die Verantwortung für die Entscheidung, ein Projekt zu stoppen, übernehmen.
2. Es wird das Gefühl vermittelt, das Projekt sei doch noch zu retten.

3. Es gibt zu wenige klare Entscheidungsinformationen wie z. B. das Verhältnis der Investition zum erwarteten Nutzen.
4. Es fehlen klare Verantwortlichkeiten. Der Projektleiter macht einfach weiter. Er hat ja keinen anderen Auftrag.
5. Das „schwäbische Prinzip" — Wir schaffen alles. Dahinter steckt Eitelkeit bzw. der Stolz auf die eigene Leistungsfähigkeit des Unternehmens.

Der folgende Satz mag etwas abgedroschen klingen, aber er ist in dieser Situation hilfreicher:

„Wie lange möchten wir das gute Geld dem schlechten noch hinterherwerfen?"

6.2.1 Beschreibung der Quality Gates

Der folgende Quality-Gate-Prozess ist so aufgebaut, dass er für (fast) alle Projektarten funktioniert — unabhängig davon, ob es sich um organisatorische Projekte, Entwicklungsprojekte, IT-Projekte etc. handelt.

Behalten Sie es sich aber vor, die Gates an Ihre Bedürfnisse anzupassen, sie zu reduzieren oder auch weitere Gates hinzuzufügen. Die beteiligten „Rollen" habe ich generisch beschrieben. Sie müssen im Unternehmen genau spezifiziert werden. Ich gehe später nochmals auf die typischerweise Beteiligten und die Verantwortlichkeiten ein.

Quality-Gate-Prozess

Gate 0: Ideenprüfung/Kill Gate
Zuständig: Fachbereichsleitung
Beschreibung: Die Projektidee ist formuliert und wurde innerhalb der Linienorganisation vom entsprechenden Verantwortlichen (typischerweise ein Abteilungs- oder Bereichsleiter) geprüft, mit den eigenen Zielen abgeglichen und für den nächsten Schritt im Quality-Gate-Prozess freigegeben. Es entsteht ein Projektantrag.
Erst ab diesem Zeitpunkt erfährt das Portfolio-Management von diesem Projekt. Selbstverständlich gibt es auch hier Ausnahmen, die gerne zur Regel werden dürfen. Ist sich der Linienverantwortliche zu Inhalten oder auch zu anderen Rahmenbedingungen, die es im Unternehmen gibt, nicht sicher, lässt er sich von der Portfolio-Management Abteilung (PfM) beraten.
Der QG0 ist bereits ein Kill Gate. Hier soll vermieden werden, dass zu viele (z. T. unqualifizierte oder nicht notwendige) Projekte in den Portfolioprozess eingesteuert werden.

Das PfM soll aber auch beratend und unterstützend zur Verfügung stehen, wenn ein Mitarbeiter mit einer Projektidee an seinem Linienverantwortlichen scheitert, sie aber für das Unternehmen als großen Mehrwert empfindet. In diesem Fall muss das PfM die Werthaltigkeit der Projektidee prüfen und einen neuen Auftraggeber finden, wenn der Linienverantwortliche nicht zur Verfügung steht.

Gate 1: Qualitätsprüfung Projektantrag/Quality Gate
Zuständig: PfM, Portfolioausschuss (PPG)
Beschreibung: Der Projektantrag wird vom PfM geprüft und bei Bedarf werden nochmals Rückfragen an die Linie gestellt.
Der Projektantrag wird dem Portfolioausschuss vorgestellt. Dieser sichtet den Projektantrag und beurteilt das Projekt sowohl nach wirtschaftlichen, organisatorischen als auch strategischen Kriterien.
Ziel ist es, eine Vorpriorisierung durchzuführen und dem Unternehmen eine frühzeitige Fokussierung auf die „wichtigen" Themen zu ermöglichen. Eine Verschwendung von Zeit und Geld auf die weniger wichtigen Themen wird frühzeitig vermieden.
Gibt der Portfolioausschuss das Projekt frei, ist der QG1 abgeschlossen und die nächste Phase kann beginnen. Allen Beteiligten ist bewusst, dass die Freigabe für die nächste Phase bedeutet, bereits Zeit und Geld für eine Vorqualifizierung des späteren Projektes zu investieren. Hierfür wird bereits erstes Budget und idealerweise ein Projektleiter für die nächste Phase zur Verfügung gestellt.

Gate 2: Business-Case-Prüfung/Kill Gate
Zuständig: PfM, Portfolioausschuss (PPG)
Beschreibung: Für das Projekt wird vom Auftraggeber (Antragsteller) ein ausführlicher Business Case erstellt. Unterstützt wird er hier oftmals schon von einem erfahrenen Projektleiter und unterstützenden Abteilungen wie dem Controlling (unterstützt bei der Wirtschaftlichkeitsrechnung), dem PfM und weiteren notwendigen Fachabteilungen wie z. B. Produktion, Vertrieb und Marketing, F & E etc.
Der Business Case beinhaltet alle wichtigen Entscheidungskriterien. Neben Kosten und erwartetem, monetärem Nutzen spielen auch regulatorische, technische und organisatorische Notwendigkeiten eine wichtige Rolle.
Der Portfolioausschuss sichtet den Business Case und entscheidet nun über die weitere Behandlung des Projektantrags. Es sind verschiedene „Szenarien" denkbar:

1. Das Projekt wird in den Portfolio Planungs-Prozess (QG 3) überführt
2. Das Thema ist spannend. Es ist aber schon abzusehen, dass das Projekt in dieser Planungsperiode nicht berücksichtigt werden kann/ dass man es nicht berücksichtigen will. Dann wird es in die „Concept Bank*" überführt und in der nächsten Planungsperiode zur erneuten QG 2 Prüfung wieder hervorgeholt.
3. Das Projekt wird endgültig gestoppt (Kill Gate)

Gate 3: Portfoliogenehmigung/Kill Gate
Zuständig: Portfolioausschuss (PPG)
Beschreibung: In dieser Phase werden alle Projektanträge miteinander verglichen, priorisiert und es wird unter Berücksichtigung der strategischen und wirtschaftlichen Vorgaben, der verfügbaren Kapazitäten und weiterer Bedingungen ein für die nächste Planungsphase passendes Portfolio erstellt und gesamthaft freigeben. Die Projekte erhalten das entsprechende Projektbudget und werden mit Personal ausgestattet.
In einigen Unternehmen wird diese Phase auch „Knetrunde" genannt. Es ist nicht immer möglich, alle Informationen so vorzubereiten, dass in einer Sitzung eine einvernehmliche Lösung vom Portfolioausschuss freigegeben werden kann. Oftmals werden mehrere Szenarien erstellt, besprochen, wieder verworfen und nach einigen Sitzungen erfolgt dann endlich die Freigabe.
Im Rahmen Ihrer Planungsprozesse ist dieser zeitliche Ablauf unbedingt zu berücksichtigen.
Auch in dieser Phase werden einige Projekte endgültig abgelehnt oder kommen bei Bedarf in die „Concept Bank".
Concept-Bank (= Konzept-Bank) bedeutet: Hier laufen Projekte, die grundsätzlich für gut befunden wurden, in einen „Ideen-Speicher" und fließen in der nächsten Planungsperiode über einen verkürzten Prozess wieder in die Planung ein. Letztendlich kommen Projekte in die Concept Bank bei denen ersichtlich ist, dass aktuell kein Budget zur Verfügung steht oder erkennbar ist, dass aufgrund strategischer oder marktwirtschaftlicher Entscheidungen in diese Themen aktuell nicht finanziert wird.

Gate 4: Detailstudie bzw. Konzeptgenehmigung/Korrektur-Gate/Kill Gate
Zuständig: Portfolioausschuss (PPG)
Beschreibung: Das Projekt ist freigegeben und läuft (je nach Projektart) in eine Detailstudie bzw. ein Detailkonzept.
Das Gate soll sicherstellen, dass Abweichungen zum ursprünglichen Projektantrag, die in dieser Phase entstehen können, auf jeden Fall an den Portfolio ausschuss kommuniziert werden. Dieser kann auf Basis möglicher neuer und/ oder stark veränderter Erkenntnisse z. B. zum Business Case, zur technischen Realisierbarkeit, aber auch zu einem veränderten Zeitbedarf etc. korrigierend eingreifen oder das Projekt rechtzeitig stoppen, bevor weiter Geld, Zeit und somit knappe Ressourcen investiert werden.
Erst wenn der Portfolioausschuss im Rahmen von Gate 4 das Projekt freigegeben hat, darf es in die endgültige Realisierung übergehen.
Zu beachten ist: Nach dem Abschluss von Gate 4 wird das Projekt nicht erst wieder bei Gate 5 betrachtet. Wir gehen in die Control Phase über. Das bedeutet, das Projekt unterliegt

- Dem typischen Projektcontrolling und auch den Meilensteinberichten
- Dem Portfoliostatus Berichtswesen.

Gate 5: Freigabe Rollout/Produktion, Korrektur-Gate
Zuständig: Portfolioausschuss (PPG)
Beschreibung: Die gewünschten Projektergebnisse stehen gem. Projektauftrag und Detailstudie zur Verfügung.
Bevor das Projekt für die nächste Phase (Rollout, Produktion, Marktfreigabe etc.) freigegeben wird, werden die tatsächlichen Ergebnisse nochmals dem Portfolioausschuss vorgestellt.
Gibt es zu gravierende Abweichungen bzw. sind noch Unsicherheiten vorhanden, kann der Portfolioausschuss korrigierend eingreifen. Evtl. wird nachgebessert. Natürlich ist auch hier im Extremfall ein Projektstopp möglich. Er ist aber eher unwahrscheinlich, da extreme Abweichungen/Probleme bereits in der Projektdurchführungsphase/-controllingphase auffallen müssen und das Projekt dann bereits viel früher gestoppt wird.

Gate 6: Projektabschluss, Benefit Gate
Zuständig: Portfolioausschuss (PPG)
Beschreibung: Das QG6 ist der offizielle Projektabschluss. Erfahrungen werden ausgewertet, möglicherweise wird ein zur Verfügung stehendes Restbudget der Organisation zurückgegeben und die Projektorganisation wird aufgelöst.
Für mich ist QG6 das Benefit Gate. Das bedeutet, dass hier der ursprünglich versprochene Nutzen des Projektes nochmals überprüft wird. Bei erkennbaren Abweichungen wird das im Detail besprochen und der Nutzen des Projektes wird einvernehmlich korrigiert. Diese Erfahrung zu sichern, ist elementar für die Lernfähigkeit der Projektportfolio Organisation.
Weiterhin wird der vom Auftraggeber des Projektes versprochene, messbare Nutzen für die jeweilige Planungsperiode in dessen Budget eingestellt. Bei dem versprochenen Nutzen könnte es sich z. B. um die erwarteten Umsatzsteigerungen, die Anzahl neuer Kunden oder auch um Kostenreduktionen handeln. Diese Werte drücken sich immer in der eigenen Führungswährung (z. B. EUR oder USD) oder in Personal (Headcount) aus. Der Auftraggeber wird also mit dem Projektabschluss und der Übergabe in „seine" Budgetvorgaben verpflichtet, diesen Nutzen aus dem Projekt auch umzusetzen.
Das verdeutlicht nochmals, dass der Auftraggeber für den Projekterfolg verantwortlich ist.
Achtung: Dieser kleine Satz ist einer der fundamentalen Eingriffe des Portfolio-Managements in die Organisation und für mich eines der wichtigsten Qualitätskriterien des Portfolio-Managements. Nur wenn der Auftraggeber des Projektes auch verpflichtet wird, den versprochenen Nutzen zu realisieren, werden wir zukünftig schon bei den Projektanträgen sehr realistische Einschätzungen erhalten und uns gegenseitig nicht mit aus der Luft gegriffenen Versprechungen überflügeln.

Das ist einer der wichtigen Change Prozesse im Portfolio-Management und benötigt die absolute Unterstützung vonseiten des Topmanagements. Mit diesem Schritt werden alle Projektergebnisse messbar.
Der positive Effekt ist für mich unschätzbar. Wir lernen, sehr offen in den Projektprozessen zu kommunizieren und auch die Auftraggeber haben ein starkes Interesse, während der Projektabwicklung unterstützend zur Verfügung zu stehen.
Sind die Projekte auch noch an die persönlichen Ziele eines Auftraggebers geknüpft, kann das Portfolio-Management sehr früh kommunizieren, ob die Ziele eines Auftraggebers erreichbar sind bzw. was zu tun ist, damit diese nicht gefährdet werden.
Die Projektarbeit rückt damit in den Fokus aller Beteiligten.

Gate 7: Nutzenmessung, Benefitreview
Zuständig: Portfolioausschuss (PPG)
Beschreibung: In der Regel wird 1 bis 2 Jahre nach Projektabschluss der versprochene Nutzen gemessen. Das können sowohl versprochene Kosteneinsparungen, Umsatzsteigerungen, die Erhöhung von Kundenzahlen, eine Steigerung der Produktionsmengen oder ein Markteintritt etc. sein.
Es ist nicht immer ganz einfach, einem einzelnen abgeschlossenen Projekt den Nutzen, den es jeweils generiert hat, genau zuzuordnen. Falls dies zutrifft, empfehle ich, den Nutzen (finanziell oder in Personenzahlen) aller Projekte eines Auftraggebers, eines Fachbereichs, einer Länderorganisationen etc. aufzusummieren und die Ergebnisse mit der Summe des gesamten Projektportfolios zu vergleichen.
Das ist einer der Gründe, weshalb ich später dringend empfehle, den Nutzen auf Projektebene in drei Kategorien (jeweils Top-Line[5] und Bottom-Line[6]) zu unterteilen:

- Finanziell: Finanzbeträge wie Umsatzzahlen, Kosteneinsparungen, Gewinnmargen etc. lassen sich von Einzelprojekten auf die Portfolios summieren.
- Personell: Anzahl von Mitarbeitern (Steigerung, Reduktion) lassen sich ebenfalls von Einzelprojekten auf die Portfolios summieren.
- Sonstige: Weitere Nutzenkriterien, die wichtig sein können, aber sich nicht direkt in Finanzen oder Personen messen lassen, können nicht summiert werden und müssen einzeln aufgelistet und dem Portfolio zugeordnet werden.

5 Top-Line bedeutet zusätzlicher Nutzen, z. B. durch mehr Umsatz/Gewinn, mehr Kunden, höhere Produktionsmengen etc.

6 Bottom-Line bedeutet Einsparungsmaßnahmen wie Kosteneinsparungen in Produktionsprozessen, Unternehmensprozessen z. B. durch Softwarelösungen, Mitarbeiterreduktionen etc.

Die folgende Grafik veranschaulicht nochmals den vollständigen Quality-Gate-Prozess:

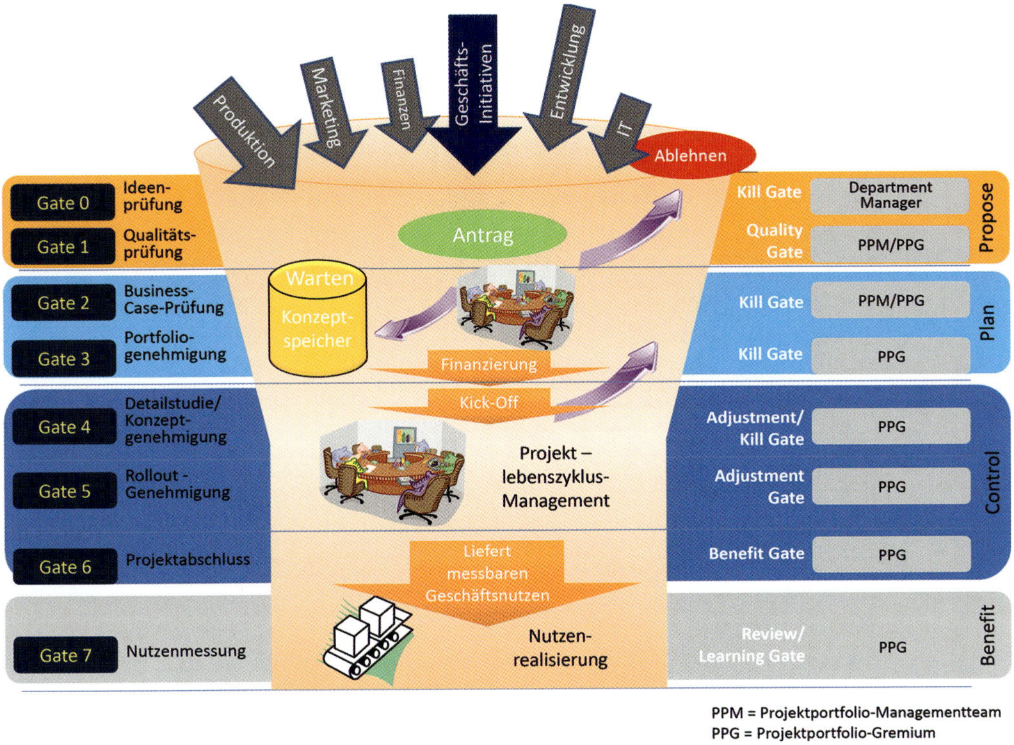

Abb. 12: Vollständiger Quality-Gate-Prozess

In der Abbildung 12 sind die Quality Gates den Hauptphasen des Portfolio-Managements zugeordnet, ferner sind die jeweils eingebundenen Rollen dargestellt.

PPG steht für das Projektportfolio-Gremium und ist hier Synonym für die Gruppe von Personen/Verantwortlichen, die Entscheidungen über das Portfolio treffen. Dieses Gremium kann je nach Unternehmensform und Unternehmensgröße aus unterschiedlichen Personengruppen bestehen. Typischerweise ist ein Verantwortlicher pro Unternehmensbereich (F & E, Produktion, Marketing & Vertrieb, Finanzen & Controlling etc.) vertreten. Bei großen Unternehmen kann es Sub-Portfolio Gremien z. B. pro Land oder Sub-Unternehmen geben. Ich komme später bei den Organisationsformen nochmals darauf zurück.

Auf der linken Seite der Grafik wird jedes Gate namentlich genannt. Auf der rechten Seite werden die wichtigsten Punkte hinsichtlich der jeweiligen Gates kurz zusammengefasst: Handelt es sich z. B. um ein Kill Gate (kompletter Abbruch) oder ein Adjustment Gate (Korrektur-Gate, in dem Korrekturen bzw. Feinjustierungen sowie inhaltliche Anpassungen etc. durchgeführt werden)? Das Benefit Gate verdeutlicht, dass in dieser Phase der versprochene Nutzen ernsthaft überprüft wird und, falls erforderlich, Anpassungen vorgenommen werden, damit das Unternehmenscontrolling nicht von falschen Voraussetzungen ausgeht. Das Review/Learning Gate dient dazu, das Erreichen der Projektziele zu überprüfen und bei Abweichungen einen Lernprozess zu initiieren. Es können sicherlich nicht aus allen Abweichungen Schlüsse für die Zukunft gewonnen werden. Aber es wird auf jeden Fall hilfreich sein, festzuhalten, bei welcher Art von Projekten (Projektgröße, Projekttypen, -umfang, -komplexität, -ressourcenintensität etc.) es öfter oder zumindest immer wieder einmal auffällige Abweichungen gibt. Diese Erfahrungen können bzw. müssen in die zukünftige Planung überführt werden.

6.2.2 Ausnahmen/Schnellläufer

Keine Regeln ohne Ausnahmen. Die Quality-Gate-Prozesse und deren Einhaltung sind zwar immens wichtig, sie sorgen für eine hohe Transparenz und Informationsqualität über den kompletten Projektportfolio Lebenszyklus hinweg. Es besteht aber die Gefahr, dass ein ausgereifter Quality-Gate-Prozess die Organisation mit zu viel Projektportfolio-Management belastet.

Damit das nicht passiert, müssen für „Kleinprojekte" oder „Spezialprojekte" auch verkürzte Prozesse zur Verfügung gestellt werden.

Das Stichwort lautet in diesem Zusammenhang Time To Market oder auch Budget- und Ergebnisverantwortung bzw. -freiheit. In der Praxis bedeutet dies: Je nach Unternehmensform und Organisation gibt es Projektarten, die vollkommen in der Verantwortung von einzelnen Organisationseinheiten und deren Zielvorgaben stehen. Für welche Projekte dies zutrifft, kann von der Projektgröße, dem Projektbudget oder vom Themenbereich, in dem sie angesiedelt sind, abhängen. Solche Projekte müssen zwar dem Portfolio-Management gemeldet werden, sie unterliegen aber einem stark verkürzten Prozess. Es müssen lediglich die für das Unternehmen notwendigen Rahmenbedingungen und Qualitätskriterien für ein Projekt vorliegen.

In der Praxis läuft das folgendermaßen ab:

1. Das Projekt wird zentral dem Portfolio-Management gemeldet und durchläuft Gate 1, also die Qualitätsprüfung. Hier wird geprüft, ob
   - der Projektauftrag, die Projektbeschreibung und die Kostenplanung bzw. der Business Case den Vorgaben entsprechen,
   - das Projekt so klassifiziert ist, dass es den Vorgaben für einen verkürzten Prozess unterliegt.
2. Das Projekt geht direkt in die Control Phase über. Es gilt also als genehmigt und unterliegt dem Controllingprozess der Projekte.
3. Das Projekt wird erfolgreich abgeschlossen oder vom Fachbereich gestoppt. Das Portfolio-Management greift lediglich ein, wenn es laufend Änderungsanträge gibt, die das geplante Budget, den Zeitrahmen oder die benötigten Ressourcen verändern bzw. überschreiten.
4. Je nach Projektart und vorliegendem Business Case kann geprüft werden, ob das Projekt auch der Nutzenmessung unterliegt. In der Regel ist das nicht der Fall.

Die eben beschriebene Variante bevorzuge ich selbst für kleine Projekte oder für Spezialprojekte.

Eine weitere Möglichkeit besteht darin, dem Fachbereich ein Gesamtbudget zur Verfügung zu stellen. Solange die definierten Kriterien eingehalten werden, laufen die Aktivitäten als Aufträge oder Vorhaben und unterliegen nicht der Überwachung durch das Portfolio-Management. Sie werden lediglich als „Gesamtbündel" von Vorhaben an das Portfolio-Management gemeldet, damit die Budget- und Ressourcenplanung aus Portfoliosicht vollständig ist.

Die Gefahr bei diesem Vorgehen ist, dass größere Projekte, die die Fachbereiche durchführen möchten, in kleine Vorhaben „zerschlagen" werden. Gerade in der Anfangsphase ist es wichtig, darauf einen Blick zu werfen. Auch später lohnen sich stichprobenartige Prüfungen, um solche Verhaltensmuster von Anfang an zu unterbinden.

! **ACHTUNG: Verhaltensmuster**

Wenn es Ihnen gelungen ist, mittels der bereits beschriebenen Vorgehensweisen das Portfolio-Management in die Organisation einzubinden und damit dessen Akzeptanz auf allen Seiten herbeizuführen, schleifen sich bei den Beteiligten auch die richtigen Verhaltensmuster ein.
Gerade in der Anfangsphase der Einführung des Portfolio-Managements werden Sie an der einen oder anderen Stelle aber mit Widerständen rechnen müssen. Die offen ausgetragenen Widerstände sind die wertvollen: Sie bieten Ihnen die Möglichkeit, das Gespräch zu suchen und inhaltlich, fachlich oder auch unter dem Aspekt der betriebsbedingten Notwendigkeit zu argumentieren oder sogar einzulenken und die Portfolioprozesse und Metriken zu optimieren. Gefährlich sind die versteckten Widerstände, die darin münden können, Prozesse einfach zu umgehen. Wie bereits erwähnt, werden Projekte dann in mehrere Vorhaben aufgeteilt, Projekte werden einfach gestartet und das Portfolio-Management wird somit vor vollendete Tatsachen gestellt. Häufig wird dann ohne Beteiligung des Portfolio-Managements das direkte Gespräch mit der Geschäftsführung gesucht. Getreu dem Motto: „Das haben wir bisher auch so gemacht."

6.3 Unterjährige Planung/Repriorisierung

Sie wissen nun: Ein Projekt durchläuft von der ersten Idee bis zum Messen seines Nutzens – entlang kontrollierender Quality Gates – gleichbleibende Phasen. Dieser Prozess soll sowohl in die jährliche als auch in die mehrjährige oder rollierende Unternehmensplanung eingebunden sein. In seiner Gesamtheit ist er idealerweise mit der strategischen Planung des Unternehmens verknüpft.

Es könnte sich der Eindruck ergeben, dass dies alles einmal pro Jahr stattfinden soll – was einer heilen Welt entspräche, in der es keine weiteren, unterjährigen Störungen gibt. Das ist aber nicht so. Störungen können sehr vielschichtig sein. Dazu ein paar Beispiele:

- Ein erhöhter Budget- bzw. Ressourcenverbrauch von hoch priorisierten, laufenden Projekten hat gezwungenermaßen Einfluss auf andere Projekte.
- Projekte müssen bzw. sollen aus strategischen oder wirtschaftlich notwendigen Erwägungen heraus neu ins Portfolio aufgenommen oder anders priorisiert werden.
- Gesetzliche Vorgaben erfordern neue Projekte, die noch im laufenden Planjahr gestartet oder sogar vollständig umgesetzt werden müssen.
- Der Geschäftsführer/Vorstand möchte ein spezielles Projekt noch in diesem Jahr haben.

! **WICHTIGE Anmerkung zu sogenannten „Chef-Projekten“**

Glauben Sie nicht, dass Sie mit der Methode Portfolio-Management sämtliche Chef-Projekte unterbinden können oder müssen. Geben Sie Ihrer Planung Raum für Chef-Projekte, die aus strategischen Gründen oder lediglich aus einem Bauchgefühl heraus als wichtig erachtet werden. Ihre Geschäftsführer, Vorstände und Topmanager sind zurecht auf Ihren Positionen. Sie kennen die Marktgegebenheiten, haben den Überblick über aktuelle Trends und Veränderungen und haben oftmals mit einem guten Gespür das Unternehmen zum Erfolg geführt. Diesem Umstand dürfen und sollen Sie Rechnung tragen und Sie sollten daher auch weiterhin die Möglichkeit für Chef-Projekte offen halten. Die Kunst ist, mittels ordentlicher Projektkategorisierungen und -bewertungen sicherzustellen, dass Ihr Portfolio nicht nur aus Chef-Projekten besteht.

Es bedarf also einer Regelung, wie oft im Jahr eine Repriorisierung bzw. Neupriorisierung des Gesamtportfolios durchgeführt werden soll. Hier scheiden sich die Geister. Fragen Sie das Topmanagement, sollte dies am besten monatlich geschehen. Die Praxis zeigt aber, wie schwer es ist, einen monatlichen Prozess zu koordinieren und wie schnell man wieder bei Zwei-, Drei- oder gar Viermonats-Zyklen landet. Das ist auch richtig und notwendig, denn einer der großen Störfaktoren ist das „Projekt Hopping“.

Projekt Hopping bedeutet, dass aus der Unternehmensführung heraus permanent die Priorisierung von Aufgaben/Projekten verändert wird. Die Mitarbeiter springen zwischen den Projekten, halten an, starten erneut bzw. machen weiter, halten wieder an und das geht stetig so weiter. Die „Rüstkosten“, verursacht durch immer wieder neue Einarbeitung in gestoppte/verschobene Projekte, steigen, es kommt zu massiven Verzögerungen und alles zusammen führt auf Dauer zu Qualitätsverlusten oder Budgetüberschreitungen. Allein schon aus diesem Grund muss ein Portfolio auch einmal in Ruhe abgearbeitet werden können. In Extremfällen kann das PPG sowieso jederzeit auf den Plan treten.

Letztendlich muss ich hier wieder auf Ihre Unternehmenskultur verweisen und kann einen vierteljährlichen Zyklus lediglich empfehlen. Ob Sie das nun alle 3 oder 4 Monate machen ist vermutlich nicht entscheidend. Wichtig ist nur, dass Sie es tun und vor allem, dass Sie es nicht zu oft tun.

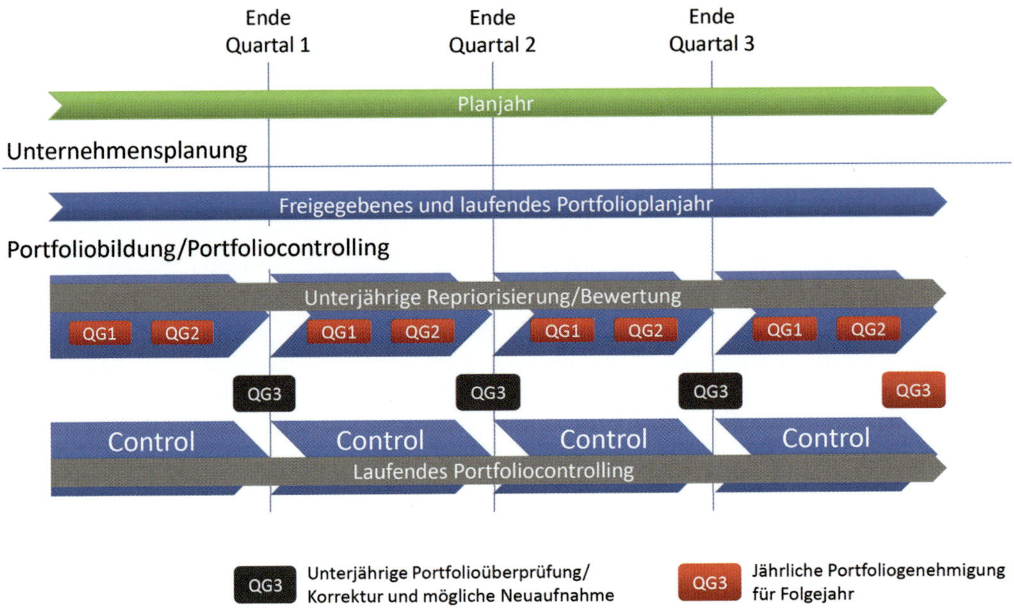

Abb. 13: Unterjährige Repriorisierung

In der Abbildung erkennen Sie, dass zusätzlich noch dreimal im Jahr die Möglichkeit geschaffen wurde, das Portfolio neu zu priorisieren. Aus der Grafik geht hervor, dass zusätzlich neue Projekte in die Portfoliobetrachtung aufgenommen werden, die innerhalb des Jahres QG1 und QG2 durchlaufen können. Wichtig ist es, der Organisation Termine vorzugeben, bis wann QG2 durchlaufen sein muss, damit ein Projekt in der nächsten Quartalsplanung mit berücksichtigt wird. In diesem Fall unterliegt dem Quality Gate 2 eine bisher nicht besprochene zusätzliche bzw. erweiterte Entscheidung. Soll das Projekt in die Portfoliobetrachtung für das folgende Planjahr oder schon in das laufende Jahr einbezogen werden? Die Auswirkungen sind sehr unterschiedlich. Gerade bei der Entscheidung, das Projekt unterjährig in das laufende Portfolio aufzunehmen, müssen in der Regel Prioritäten verändert oder sogar andere, laufende Projekte gestoppt bzw. verschoben werden.

Weiterhin erkennen Sie die Verknüpfung zum Portfolio Controlling. Aus dem laufenden Controlling heraus erhalten Sie die erforderlichen Informationen, um überhaupt neue Projekte aufnehmen zu können. Es werden fast immer Entscheidungen notwendig sein, die andere Projekte verschieben oder stoppen, um neue aufnehmen zu können. Hierfür benötigen Sie sämtliche Status- und Priorisierungsinformationen laufender Projekte.

Natürlich kann auch nur das laufende Portfolio betrachtet und repriorisiert werden, ohne dass neue Projekte in die Entscheidung einfließen. Alleine aufgrund von Abweichungen/ Fehleinschätzungen und entsprechenden Änderungsanträgen lässt sich schon sehr früh erkennen, ob ein Portfolio erfolgreich zu Ende geführt werden kann. Sind die Risiken, das Gesamtportfolio zu gefährden, zu hoch, kann es hilfreich sein, einige Projekte zu verschieben, Ressourcen anders zu verteilen oder Projekte sogar zu stoppen. Besser ist es, auf ein Projekt zu verzichten und den Rest erfolgreich zu Ende zu führen, als mehrere Projekte eines Portfolios zu verschleppen und ein oder mehrere Portfolio Ziele zu gefährden.

Damit Sie die optimalen, entscheidungsrelevanten Informationen zur Verfügung haben, wird es nicht ausreichen, das Portfolio alle drei Monate zu überprüfen. Ergänzend zum üblichen Projektcontrolling und zu den Gesprächen bzw. Eskalationen in den Steuerungsausschüssen ist es notwendig, einen regelmäßigen Portfoliobericht an das PPG (Projektportfolio-Gremium) zu liefern. Abhängig vom Reifegrad Ihrer Projektorganisation kann dieser wöchentlich versendet werden. Zu empfehlen ist ein monatlicher Portfoliobericht, der in einer Sitzung besprochen und dem Topmanagement als Basis für notwendige Entscheidungen zur Verfügung gestellt wird. Bei diesen Sitzungen liegt der Fokus auf den Portfoliozielen. Zusätzliche wirft man einen Blick auf die notleidenden (Portfolio) Projekte, die Hilfe benötigen, damit die Portfolioziele nicht gefährdet werden.

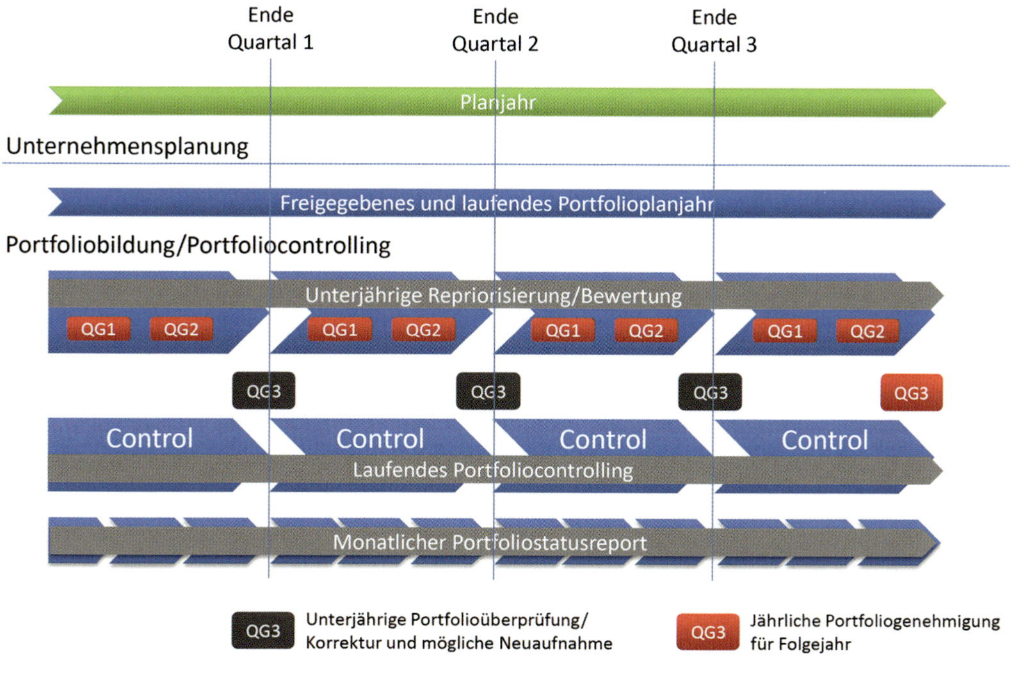

Abb. 14: Unterjähriger Portfolioprozess mit Portfoliostatus

Die Abbildung zeigt, dass die Prozesse im Idealfall perfekt ineinander greifen. Aus der Top-Down-Planung, der unterjährigen Notwendigkeit neue Themen aufzunehmen und Bottom-Up aus dem Portfolio Controlling erhalten Sie alle notwendigen Informationen, um an entscheidungsrelevanten Punkten die notwenige Transparenz zur Verfügung stellen zu können.

Portfolio-Management hat nichts mit Projekt-Management zu tun? An dieser Stelle darf ich meine eigene Aussage nochmals korrigieren: Wie bereits erwähnt, ist ein gutes Portfolio-Management auch von einem guten Projekt-Management abhängig.

In der Regel werden in der Abwicklung von Projekten ebenfalls periodisch (meist monatlich, in einigen Unternehmen oder bei speziellen Projektarten auch wöchentlich) Projektstatusberichte erstellt. Sind die Informationen der Projektstatusberichte mit dem Informationsbedarf aus dem Portfolio-Management abgeglichen, ist das Projektmanagement über die Projektstatusberichte ein hochwertiger — bei Bedarf technisch automatisierbarer — Zulieferer an das Portfolio-Management.

Die folgende Grafik verdeutlicht dies:

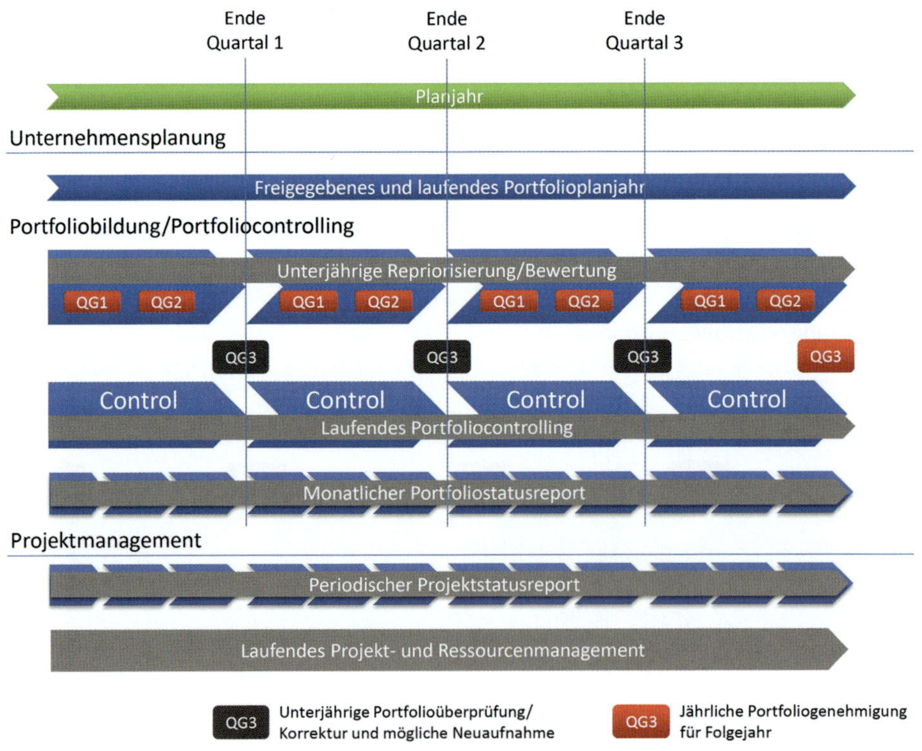

Abb. 15: Laufendes Projekt- und Ressourcenmanagement

Spätestens an dieser Stelle zeigt sich, wie wichtig es ist, dass auch das Projekt-Management über einen hohen Reifegrad verfügt. Ferner ist zu erkennen, dass eine intensive Kommunikation über alle Ebenen gewähreistet sein soll.

Damit erklärt sich auch, weshalb Prozesse, Termine, Verantwortlichkeiten aber auch Kennzahlen und Statusinformationen so abgeglichen werden müssen, dass Sie auf allen Ebenen verwendbar bzw. leicht zu verdichten/kumulieren sind.

Gibt das Portfolio-Management Top-Down vor, welche Informationen es aus dem Projekt-Management benötigt und werden diese Informationen in dem periodischen Projektstatus-Report standardisiert, ist es ein Leichtes, sie für die monatlichen Portfoliostatusreports zu verdichten.

Die Bedeutung einheitlicher Statusberichte:

Immer wieder zeigt sich, dass Projektstatusreports im Unternehmen unterschiedlich und nicht 100 %-ig standardisiert sind. An zentraler Stelle — z. B. im Projekt-Management-Office — bereitet es dann viel Mühe, die Reports für das Management zusammenzuführen und einheitlich aufzubereiten.

Ferner ist es für Verantwortliche, die in unterschiedlichen Steuerungsausschüssen sitzen, schwierig, sich immer wieder auf andere Formen und Inhalte der Statusberichte einzustellen und daraus die notwendigen Informationen für Ihre Entscheidungen zu ziehen.

Ein wesentlicher Erfolgsfaktor im Rahmen der Control Phase sind standardisierte Statusreports mit einheitlichen Kennzahlen und standardisierten Informationen.

Management Summary – Prozesse

Die Projektprozesse müssen mit den Unternehmensprozessen (Strategieprozess, Jahres- und Mehrjahresplanung) verbunden und abgeglichen werden.

Das Portfolio-Management liefert eine hohe Transparenz und somit alleine dadurch einen wichtigen Teil für die Finanzplanung, damit zielgerichtet investiert wird. Hinzu kommt, dass sehr früh geklärt ist, in welchen Bereichen wir welche Beträge investieren möchten.

Eine dauerhafte Verankerung kann nur durch das Zusammenspiel der Prozesse und ein aktives Einfordern von Informationen bei allen Beteiligten aus dem Portfolio-Management heraus gewährleistet werden

Der Portfolioprozess findet nicht nur einmal im Jahr statt, da ansonsten die notwendige Flexibilität und die Möglichkeit, Anpassungen vorzunehmen, verloren ginge. Idealerweise können Projektanträge bis zu viermal im Jahr eingebracht werden.

Eine noch häufigere Repriorisierung innerhalb des Projektportfolios wiederum ist zu vermeiden. Der Grund: Die Projektorganisation und die in den Projekten arbeitenden Mitarbeiter könnten eine zu häufige Änderung von Priorisierungen und das damit verbundene Projekt Hopping nicht verkraften. Die Folge wären Qualitäts- und Reibungsverluste.

7 Organisationsstrukturen im Portfolio-Management

In den vorherigen Abschnitten haben Sie bereits Einiges darüber erfahren, wie das Portfolio-Management organisiert ist. Dieses Kapitel beschäftigt sich detailliert mit seiner Organisationsstruktur — einem der weiteren Erfolgsfaktoren des Portfolio-Managements. Zunächst möchte ich nochmals die Ebenen des Portfolio-Managements beleuchten. In der Abbildung 2 „Interaktion auf 4 Ebenen“ habe ich die 4 Ebenen

- Unternehmensplanung
- Portfolio-Management
- Multiprojekt-Management (Portfolioumsetzung)
- Projekt-Management

aufgezeigt und bin bereits auf die damit verbundenen Rollen eingegangen.

Ich möchte Sie nochmals darauf hinweisen, dass ich hier nicht auf alle denkbaren Ausgestaltungsmöglichkeiten, die sich je nach Unternehmenskultur, Unternehmensgröße und auch Unternehmensart voneinander unterscheiden, eingehen kann. In mittelständischen Unternehmen lassen sich Rollen- und Organisationseinheiten gut zusammenfassen. In großen bzw. international agierenden Unternehmen muss das Bild sogar ausgeweitet werden. Mir geht es hier um das Grundverständnis.

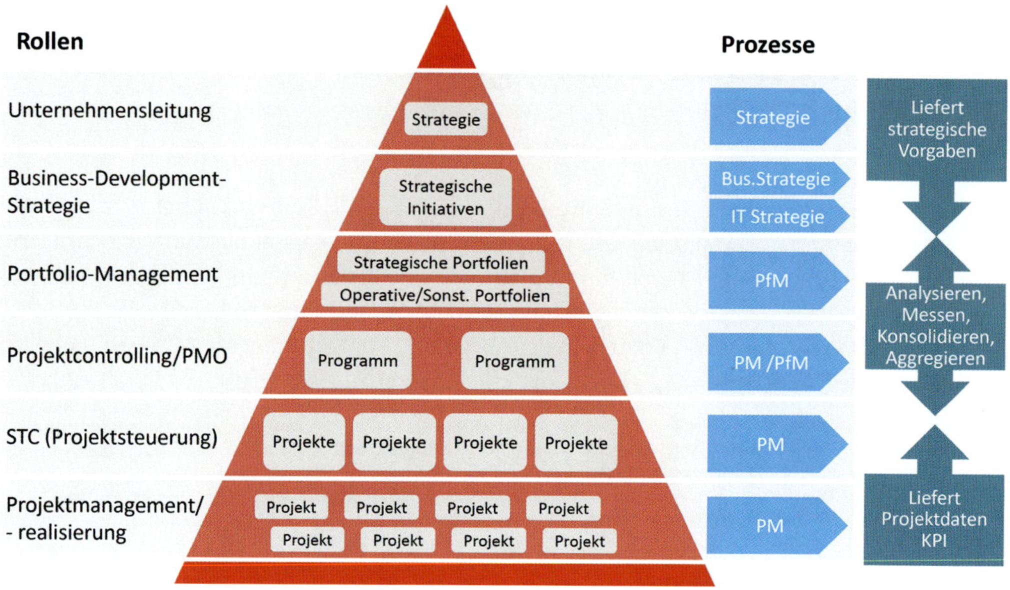

Abb. 16: Organisation des Portfolio-Managements

Die beschriebenen Rollen, deren Kernprozesse (rechte Seite der Grafik) und das Zusammenspiel aus Top-Down und Bottom-Up-Planung sowie der Informationsbeschaffung zeigen auf, dass wir mit der Projektportfolio Organisation eine Stelle schaffen, die in einer „Knetfunktion" agiert. Knetfunktion deshalb, weil an dieser Stelle die aus der Unternehmensleitung, den Fachbereichen und den Projekten kommenden Interessen zusammentreffen. Die Projektportfolio Organisation wird aufgrund der planerischen Vorgaben und der operativen Notwendigkeiten sowie der aktuellen Informationen immer eine moderierende Funktion bekleiden, die Informationen emotionsfrei, transparent und verständlich aufbereitet und Entscheidungen in alle Richtungen unterstützt bzw. einfordert.

7.1 Welche Aufgaben auf der Ebene Unternehmensleitung/Business bzw. Development/Strategie zu erfüllen sind

Die Unternehmensleitung steuert das Unternehmen und definiert seine Richtung, d. h. die Strategien und Vorgaben zur Zielerreichung. Für den Gesamtprozess bedeutet das, dass klare strategische Ausrichtungen und auch strategische Initiativen formuliert werden. Ferner definiert die Unternehmensleitung die betriebswirtschaftlichen Ziele (z. B. Umsatz-/Gewinnsteigerungen, Kostenreduktionen, neue Produkt-/Marktsegmente etc.). Eine Reihe dieser Vorgaben wird durch Projekte umgesetzt und kann im Rahmen des Projektportfolio-Managements gesteuert und gemessen werden.

Eine Vielzahl von Unternehmen ist heute sehr abhängig von der IT. Gerade im Finanz- und Dienstleistungsbereich, aber auch im Handel und Großhandel sowie bei produzierenden Unternehmen ist an Projekten die IT-Abteilung beteiligt. Gleichzeitig beeinflussen solche Projekte die im Unternehmen implementierten Soft- und Hardwaresysteme. Aus diesem Grund kann es wichtig sein, neben der Business-Strategie auch eine zusätzliche IT-Strategie vorzugeben. Sie definiert in der Regel, auf welche IT-Plattformen aus strategischer Sicht gesetzt wird, wie Außenstellen und Produktionsstandorte angebunden und in die vorherrschende Softwarelandschaft eingebunden werden. In diesem Zusammenhang stellen sich verschiedene Fragen: Welche Onlinestrategie verfolgen wir und welche Infrastruktur muss vorgehalten werden? Wollen wir die gesamte IT Inhouse zur Verfügung stellen oder wird ein Teil, vielleicht sogar alles, über externe Partner abgewickelt? Sind Cloud Lösungen für uns eine Alternative oder entsprechen sie nicht unseren Sicherheitsvorstellungen und -anforderungen etc.

7.2 Welche Aufgaben auf der Ebene Portfolio-Management zu erfüllen sind

Das Portfolio-Management (PfM) unterstützt das Topmanagement und hat die Portfolien (strategische Portfolien, Bereichsportfolien, produktorientierte Portfolien etc.) im Blick. Das PfM führt Entscheidungen im Rahmen der Portfolioplanung und -überwachung herbei bzw. fordert diese vom Topmanagement ein.

Es richtet seine Sicht immer auf die Projektportfolien und den damit verbundenen Unternehmenserfolg. Diese Informationen bereitet das Portfolio-Management für das Topmanagement so auf, dass es sich in seiner Projektlandschaft stets orientieren und auf fundierter Basis über ihre Gestaltung entscheiden kann.

Das Portfolio-Management ist für die Qualifikation des Linien- und Topmanagements im Hinblick auf den Portfolioprozess verantwortlich. Es ist wichtig, dass auch neu hinzugekommene Manager über die Prozesse und Entscheidungsgremien informiert sind und in den im Unternehmen eingesetzten Methoden ausgebildet bzw. in sie eingewiesen werden. Dies stellt sicher, dass die abgenommenen Prozesse und Methoden Bestand haben und in allen „Köpfen" verankert sind und bleiben.

7.3 Welche Aufgaben auf der Ebene des PMO (Projekt-Management-Office) zu erfüllen sind

Das PMO führt die projektübergreifenden Informationen zusammen und unterstützt damit die „Basis" (Projekt-Management, Linie, Mitarbeiter) insbesondere bei der Auslastungsplanung und der Kommunikation innerhalb der Projektorganisation.

- Das PMO setzt Entscheidungen über Neupriorisierungen, Budgetverschiebungen, den Stopp von Projekten etc. um und sorgt dafür, dass die Umsetzung und die damit verbundenen Auswirkungen auf Projekte, Termine, Budgets und auch Ressourcenauslastungen reibungslos abläuft.
- Das PMO richtet seinen Fokus immer darauf, dass die Portfolien und Projekte auf einem qualitativ hohen Niveau umgesetzt werden (Einhaltung von Terminen, Budget, Leistungsumfang, Qualitätskriterien für die Umsetzung von Projekten im Unternehmen).
- Das PMO ist für die Qualifikation der Projektleiter und Projektmitarbeiter und die Ausbildungsinhalte verantwortlich.

Es ist wichtig, die Aufgaben des PMO genau zu beschreiben und die Kompetenzen, Verantwortlichkeiten und Aufgaben festzulegen. Diese müssen vom Topmanagement freigegeben und auch vollständig unterstützt werden.

Die Aufgaben des PMO sind gemäß der gängigen Standards, z. B. von PMI und IPMA, folgende:

Das Portfolio-Management ist für die zentrale Einsteuerung, Überwachung und Durchführung von Projektportfolien und Projekten unter Berücksichtigung der Unternehmensziele, Strategien und Wirtschaftlichkeit sowie abteilungsspezifischer (F & E, IT, Marketing und Vertrieb, Produktion etc.) bzw. nationaler und internationaler Interessen des Unternehmens verantwortlich.

Das PMO gibt also die Prozesse, die Methoden, die Kennzahlen, Inhalte, Verantwortlichkeiten in der Projektorganisation vor. Es stellt die Einhaltung all dieser Themen sicher und erhebt alle Daten über den kompletten Lebenszyklus der Projekte (Quality Gates) hinweg. Es sorgt dafür, dass die Projekte optimal unterstützt und umgesetzt werden.

Das PMO trifft keine Entscheidungen!

Das PMO ist der Qualitätstreiber innerhalb der PPM Organisation, trifft aber keine Entscheidungen. Entscheidungen werden ausschließlich vom PPG (im Rahmen der Quality Gates) oder vom Steuerungsausschuss der Projekte (inhaltliche Entscheidungen) getroffen. Oftmals sind beide Gremien teilweise von den gleichen Personen (meist dem Auftraggeber/Sponsor) der Projekte besetzt. Somit ist die Kommunikation zwischen der Governance[7] (Quality Gates) und der Ebene der Projektabwicklung (Meilensteine) sichergestellt.

7.4 Wohin gehört die Projektportfolio-Management-Abteilung organisatorisch?

Ich übernehme erst einmal den Begriff PMO (Projekt-Management-Office) als Synonym für eine zentrale Stelle, die komplett für das Projekt- und Portfolio-Management verantwortlich ist.

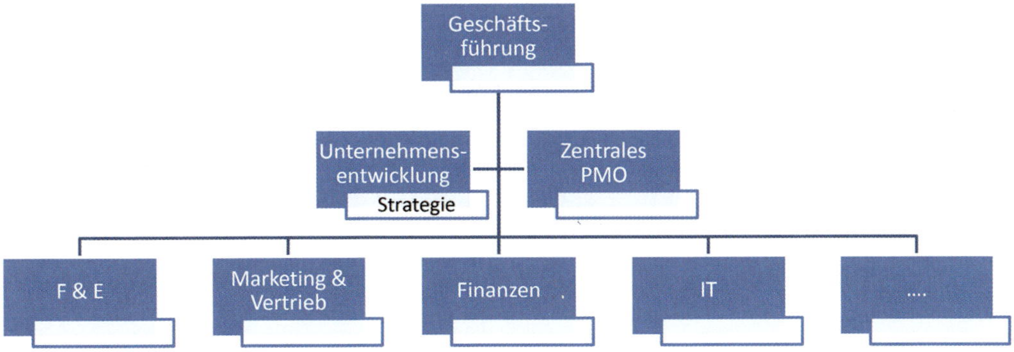

Abb. 17: Wo das PMO organisatorisch angesiedelt ist

[7] Governance: Steuerungs- und Regelsystem des Unternehmens oder der IT-Organisation.

Nach meinem persönlichen Wunsch gehört die PMO als Stabsstelle möglichst nahe an die Geschäftsführung. Sie muss unbeeinflusst von den anderen Organisationseinheiten das Projektportfolio-Management etablieren und steuern können. Nur so ist sichergestellt, dass weder fachbereichsspezifische Schwerpunkte gesetzt noch entsprechende Einflüsse auf das Portfolio genommen werden. Der Rest ergibt sich dann aus dem Unternehmensschwerpunkt automatisch. Handelt es sich z. B. um ein entwicklungsorientiertes Unternehmen, wird der Portfoliomix stark von F & E-Projekten beeinflusst werden, ist das Unternehmen hingegen sehr vertriebsorientiert, liegt der Fokus sicherlich auf dem Bereich Marketing & Vertrieb etc. Arbeiten Sie trotzdem daran, alle Projektarten in das Portfolio aufzunehmen — auch dann, wenn die finanzstarken Projekte und somit der Großteil des Budgets beispielsweise auf F & E fällt.

Wohin gehört das PMO auf keinen Fall?

Ein immer wieder beliebter Versuch: Gerade die IT-Abteilung ist es gewohnt, in Projekten zu arbeiten und sich entsprechend zu organisieren. Weshalb sollte dann nicht gleich die Portfolioverantwortung (PMO) bei der IT-Abteilung liegen?

In der Anfangszeit von Projekt Organisationen waren PMO- oder PPM-Abteilungen in der IT angesiedelt. In der Regel lässt sich heute aber feststellen, dass eine unternehmensübergreifende Akzeptanz dieser Organisationsform nicht erreicht wird. Insofern wird es der IT-Abteilung nicht gelingen, das gesamte Portfolio erfolgreich zu steuern und notwendige Entscheidungen herbeizuführen.

7.5 Unternehmen mit Informatikschwerpunkten

Unternehmen, bei denen ein Großteil der Projekte auch Einfluss auf die IT-Abteilung hat, können **unter Umständen** eine abgewandelte oder erweiterte Projektorganisation aufbauen.

Oftmals startet man auch „nur“ mit dem IT-Projektportfolio-Management, erprobt die Prozesse und Methoden und rollt diese später auf die weitere Organisation aus (aber bitte nicht mit einem PMO, das in der IT verankert ist).

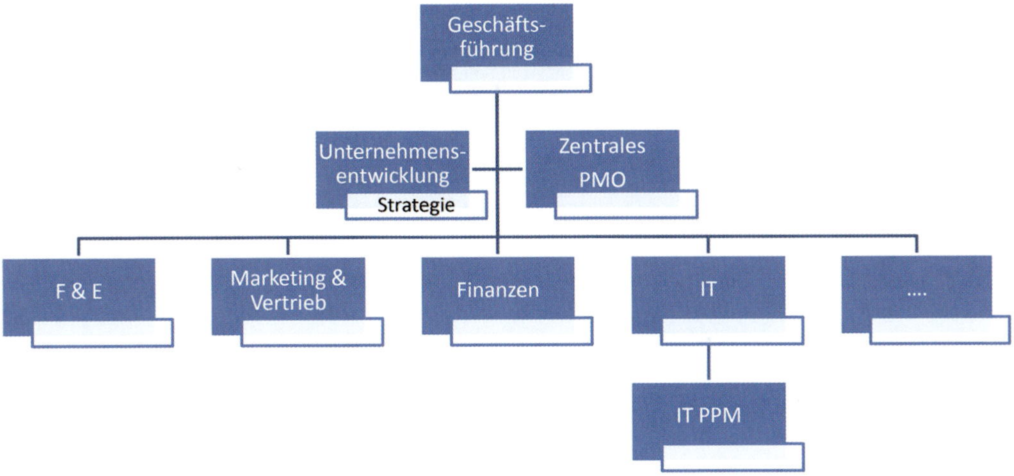

Abb. 18: Organisation in Unternehmen mit Informatikschwerpunkten

Eine ergänzende IT-Projektportfolio-Management-Organisation bietet den Vorteil, dass Projekte, die Einfluss auf die IT haben, einem erweiterten Informationsbedarf in Bezug auf die IT gerecht werden (IT Governance/IT-Strategie) und deren Auswirkung auf die IT (Ressourcen, Technologie wie Hard- und Software, Lizenzbestimmungen etc.) optimal beleuchtet werden.

Zu diesen Unternehmen zählen etwa Finanzorganisationen (Banken und Versicherungen sowie deren IT-Organisationen), aber auch Automotive Unternehmen, Verlage, Softwarehersteller oder weitere Unternehmen, die viele Ihrer Leistungen und Produkte dem Endkunden z. B. online oder über Vertriebsorganisationen anbieten, die über Informatiklösungen angebunden sind.

Gibt es mehrere Projektportfolio-Management Organisationseinheiten, steigt der Kommunikations- und Abstimmungsbedarf innerhalb der Organisation. Das bedeutet, dass das Regelwerk für die Projekte komplexer wird, wenn die Projektorganisationseinheiten nicht komplett autark voneinander arbeiten sollen.

7.6 Das Projektportfolio-Gremium (PPG)

Das PMO verkörpert die Projektportfolio-Management-Organisation und ist für die Definition und Einhaltung der Governance verantwortlich.

Das Projektportfolio-Gremium ist die Gruppe von Führungskräften, die Entscheidungen trifft. Sie setzt sich aus Mitgliedern der Geschäftsführung/-leitung (Geschäftsführer, Leitung Finanzen, Leitung Organisation und Verwaltung, Leitung Informatik, Leitung Unternehmensentwicklung & Strategie) zusammen.

Die genannten Beispiele müssen nicht auf jede Unternehmensform zutreffen. Letztendlich geht es darum, im PPG die Vertreter der strategischen Unternehmensführung mit denen der operativen Unternehmensführung zusammenzubringen.

Über das PPG wird das Thema Portfolio-Management endgültig in der Organisation verankert.

Das PPG muss daher entsprechende Verhaltens- und Spielregeln aufzustellen. Kommt das PPG zusammen und trifft Entscheidungen für das Portfolio, sind diese unwiderruflich und für alle Betroffenen maßgebend. Allen Beteiligten ist bewusst, dass es sich um ein Gremium handelt, in dem Entscheidungen endgültig getroffen werden. Damit stellen Sie sicher, dass die Mitglieder regelmäßig an den Gremiensitzungen teilnehmen und die Sitzungen als wichtig und unumgänglich ansehen.

7.7 Praxisbeispiel aus einer länderübergreifenden Portfolio-Management-Organisation

Wie kann sich ein großes Unternehmen differenziert organisieren und trotzdem den Gesamtüberblick behalten? Ich greife hier ein Praxisbeispiel auf und erläutere die einzelnen Einheiten und Verantwortlichkeiten.

7.7.1 Internationale Projektportfolio-Management-Organisation

Die folgende Grafik veranschaulicht beispielhaft, wie ein großes, international agierendes Unternehmen sein Projektportfolio-Management organisieren könnte:

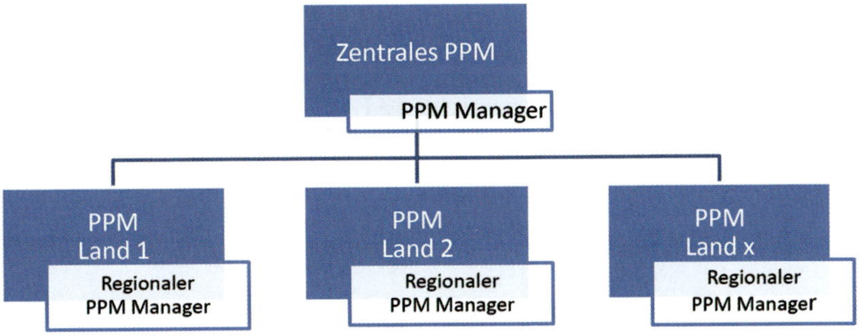

Abb. 19: Internationale Projektportfolio-Management-Organisation

In diesem Beispiel gibt es für jede Ländereinheit einen regionalen Portfoliomanager. Das bedeutet, dass Projekte, die nur diese Ländereinheit betreffen, direkt über den entsprechenden Portfolio Manager durch die Quality Gates gesteuert werden. Selbstverständlich unterstehen diese Projekte der globalen Governance und können auch zentral eingesehen werden.

Die Projekte werden sowohl mit der zentralen Unternehmensstrategie als auch den lokalen Strategien und Zielen abgeglichen und entsprechend gesteuert. Die Ländereinheit meldet im Rahmen des Planungsprozesses ihr Wunschportfolio an das zentrale Projektportfolio-Management.

Projekte, die sich auf mehrere oder alle Ländereinheiten beziehen oder unternehmensweite, strategische Entscheidungen betreffen, werden direkt vom zentralen Projektportfolio-Management eingesteuert.

Das zentrale Projektportfolio-Management hat nun die Aufgabe, unter Berücksichtigung der zentralen aber auch länderspezifischen Vorgaben und Ziele den optimalen Portfoliomix zusammenzustellen und zur Entscheidung vorzulegen.

7.7.2 Internationale Projektportfolio-Gremium-Organisation

Damit das Portfolio-Management ineinander greift und eine optimale Kommunikation gewährleistet ist, gehört auch das Projektportfolio-Gremium (PPG) entsprechend organisiert.

Die folgende Abbildung zeigt, wo das PPG jeweils angesiedelt ist und wie es (in diesem Beispiel) zusammengesetzt ist.

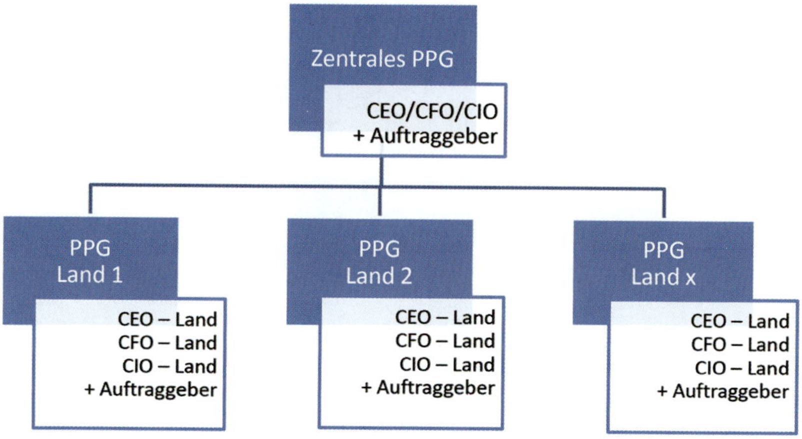

CEO = Chief Execution Officer (Geschäftsführung)
CFO = Chief Financial Officer (Leitung Finanzen)
CIO = Chief Information Officer (Leitung Informatik)
COO = Chief Organisational Officer (Leitung Organisation und Verwaltung)

Abb. 20: Organisation des PPG

Mit „Auftraggeber" sind in der Grafik oben die Auftraggeber bzw. Sponsoren der Projekte bezeichnst. Sie sind üblicherweise die Fachbereichsleiter der Organisation (F & E, Marketing & Vertrieb etc.).

7.7.3 Umgang mit der Verantwortung in großen Projektportfolio-Management-Organisationen

Abhängig von der Unternehmensform und den betriebswirtschaftlichen Verantwortungen bzw. Freiheiten in den Länderorganisationen wird das Portfolio zentral zusammengefasst. Haben die Ländereinheiten eine große Bewegungsfreiheit bzw. einen großen Verantwortungsspielraum, melden sie lediglich ihr Portfolio an das zentrale Projektportfolio-Management und zeigen genau auf, welche Investitionen welche Unternehmensstrategien, lokale Strategien aber auch wirtschaftliche und inhaltliche Ziele unterstützen bzw. verfolgen.

7.8 Risiken bei der Einführung und Etablierung einer Projektportfolio-Management-Organisation

Bei der Einführung einer Projektportfolio-Management-Organsiation (PPMO) treten einige Risiken auf, die dazu führen können, dass die PPM-Organisation den gewünschten Gesamtnutzen des Portfolio-Managements nicht generieren kann. Ich möchte das an einem häufig auftretenden Fall beleuchten.

7.8.1 Das Projekt-Management-Office ist durch das projektbezogene Tagesgeschäft ausgelastet

Oftmals kollidieren die Aufgaben des strategischen Portfolio-Managements mit denen des Projekt-Management-Office (PMO). Das PMO hat für optimale Rahmenbedingungen, eine optimale Abwicklung, Ressourcenzuordnung und Unterstützung der Projekte des Portfolios zu sorgen. Diese Aufgaben absorbieren die Kapazitäten der PMO-Mitarbeiter derart, dass sie für strategisches Portfolio-Management — was laut Normen von PMI/IPMA ebenfalls ihre Aufgabe wäre — kaum Zeit haben. Ebenso wenig können sie dem Topmanagement den Nutzen einer strategischen Portfoliobetrachtung vermitteln. Bei den Beteiligten entsteht ein „Schubladendenken", das eine inhaltliche Weiterentwicklung des PMO in Richtung strategisches Portfolio-Management nicht zulässt.

Der Grund dafür, dass weder das PMO noch das Topmanagement den Nutzen des Portfolio-Managements vollständig erkennen, liegt unserer Erfahrung nach bereits in der Motivation für die Einführung eines PMO. Nach unserer Beobachtung liegt den Bestrebungen, den Reifegrad des Projekt- und Portfolio-Managements zu erhöhen, zumeist ein konkreter Leidensdruck zugrunde. In der Regel gibt es zwei typische Auslöser, die dann dafür sorgen, dass das PMO mit der operativen Abwicklung von Projekten beschäftigt ist:

- Die Projekte laufen schlecht — deshalb müssen die Projektmanager ausgebildet und dazu befähigt werden, Projekte gut abzuwickeln.
- Das Projekt-Management leidet unter Ressourcenengpässen und das Management sorgt nicht für einheitliche Transparenz hinsichtlich der Projekte — deshalb wird eine koordinierende und Methoden definierende Einheit wie ein PMO aufgebaut.

7.8.2 Ein typischer Bottom-Up-Ansatz

Es dauert üblicherweise zwei bis fünf Jahre, bis ein PMO im Unternehmen verankert ist und seine Aufgaben effizient erfüllen kann. Unternehmen aus finanzstarken Branchen wie Banken, Versicherungen, Pharma und Automotive brauchen in der Regel mehr Zeit als Unternehmen aus Branchen, bei denen der finanzielle Druck wesentlich höher ist und die richtige strategische Ausrichtung aufgrund von veränderten Marktbedingungen und technologischen Entwicklungen über den Fortbestand des Unternehmens entscheidet.

Damit wird das PMO automatisch zum Verantwortlichen des „operativen Portfolio-Managements“, d. h. der übergreifenden Steuerung und Koordination der laufenden Projekte. Oftmals werden im PMO sogar die Projektleiterkompetenzen und Kapazitäten gebündelt.

Spätestens jetzt wird der Tagesbetrieb des PMO von projektübergreifenden Aufgaben beherrscht. Zu diesen zählen unter anderem:

- Projekte und die damit betrauten Mitarbeiter parallel steuern
- Abweichungen und Probleme erkennen
- Projektleiter befähigen und unterstützen
- projektbezogene Managementinformationen zusammentragen und aufbereiten
- Steuerungsgremien vorbereiten und an ihnen teilnehmen

Für strategische Überlegungen und Entscheidungen über das Portfolio bleibt nicht nur keine Zeit, sie würden sogar als Störung des Tagesbetriebs empfunden werden, da z. B. zeitliche Verschiebungen oder Neupriorisierungen von Projekten Umplanungen erfordern und damit zu hohen Aufwänden führen.

Startet das PMO dennoch den Versuch, auch auf der strategischen Ebene tätig zu sein, befindet sie sich sehr oft in einem Zielkonflikt: Einerseits soll es die Projekte operativ unterstützen und sie zum Erfolg führen. Andererseits soll es den „richtigen Portfolio-, Programm- und Projektmix“ finden und muss dazu ggf. aus strategischer Sicht Projekte abbrechen.

Was ist nun wichtiger: Den „richtigen Portfolio-, Programm- und Projektmix“ zu definieren, vielleicht im ersten Schritt sogar ohne Rücksicht auf Auslastungen und Kompetenzen? Oder ist es wichtiger, laufende Projekte zum Erfolg zu führen und zu überwachen, dass Mitarbeiter mit den richtigen Qualifikationen zum richtigen Zeitpunkt zur Verfügung stehen, ohne überlastet zu sein?

Das PMO gerät dadurch in eine „Sandwichposition", die strategische Entscheidungen vorantreiben soll, unangenehme Entscheidungen entgegennimmt oder sogar selbst vorbereiten muss und diese in ihre eigene „heile Welt" der Projektumsetzung einzubringen hat.

7.9 Ein möglicher Lösungsansatz – Trennung von Portfolio-Management und PMO

Der Konflikt kann nach meiner Erfahrung aufgelöst werden, indem das Portfolio-Management und das PMO organisatorisch voneinander getrennt werden. Die Aufgaben des PMO, wie sie ihr in den Standards des PMI und der GPM zugeschrieben werden, bleiben natürlich in vollem Umfang erhalten. Diese werden aber auf zwei Organisationseinheiten aufgeteilt (s. Abbildung 21 „Zusammenspiel Unternehmensführung, Linie, Portfolio-Management, PMO und Projekt-Management"):

- Eine „Abteilung für unternehmensweites bzw. strategisches Portfolio-Management", die direkt dem Topmanagement zuarbeitet.
- Das klassische PMO, deren Arbeit sich in erster Linie an die Projektteams und Linienmanager richtet, um sie bei der Projektdurchführung zu unterstützen.

Entscheidend ist, dass die Schnittstelle zwischen diesen beiden Organisationseinheiten definiert ist und damit ein reibungsloser Ablauf garantiert wird. Die Abteilung für Portfolio-Management arbeitet aktiv mit dem PMO zusammen und stellt mit einheitlichen Methoden und Prozessen sicher, dass alle Organisationsebenen über gleiche und konsistente Informationen für Ihre Verantwortungsbereiche verfügen.

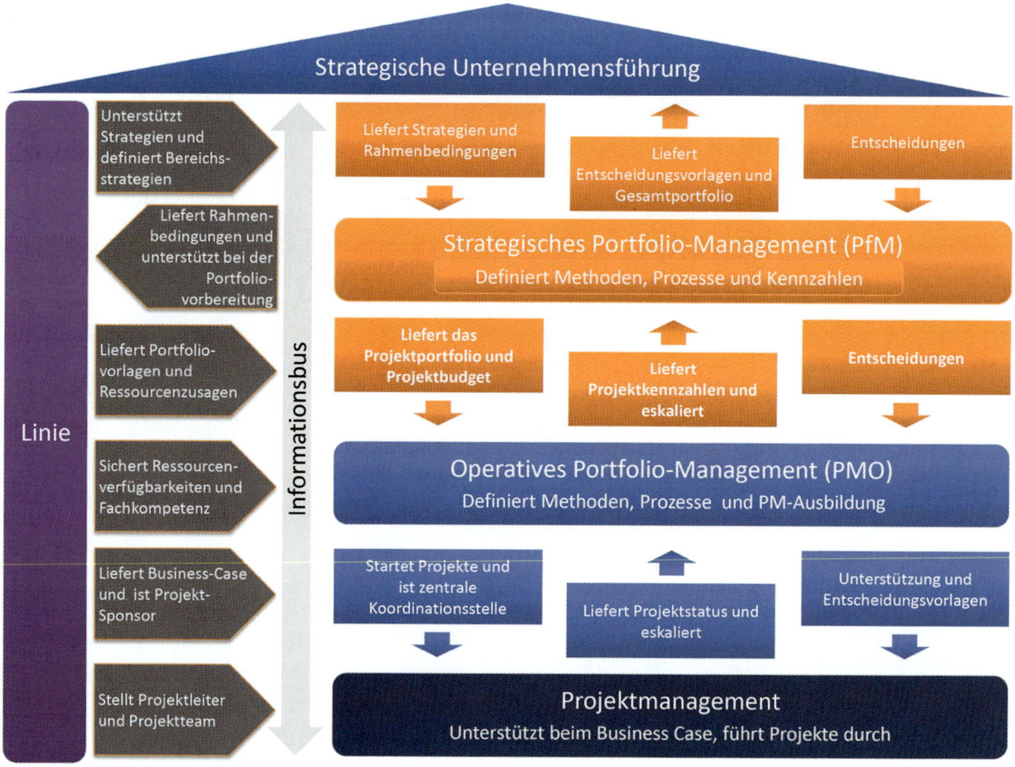

Abb. 21: Zusammenspiel Unternehmensführung, Linie, Portfolio-Management, PMO und Projekt-Management

Die Entscheidung für eine solche Organisationsform ist abhängig von der Unternehmensgröße, dem Reifegrad der Organisation und auch der Führungskultur. Gerade bei kleineren und mittelständischen Organisationen, bei denen die Mitarbeiter direkten Zugang zur Geschäftsführung haben, kann die Bündelung aller Aufgaben in einem PMO absolut ausreichend sein. Die hier vorgeschlagene Trennung von PMO und Portfolio-Management ist deshalb nicht unbedingt für alle Situationen die richtige Maßnahme.

Voraussetzung: Topmanagement gibt Befugnisse an das Portfolio-Management ab

Damit die Portfolio-Management-Abteilung effizient arbeiten kann, muss allerdings das Topmanagement lernen, seine Strategien klar zu formulieren und den von der Portfolio-Management-Abteilung zur Verfügung gestellten Entscheidungsvorlagen und Handlungsempfehlungen für die Portfoliosteuerung zu vertrauen. Die Portfolio-Management-Abteilung bereitet die für die Entscheidung über Projekte, Programme und Portfolien relevanten Informationen für das Topmanagement umfassend auf. Im Fokus der Portfolio-Management-Abteilung stehen dabei insbesondere die Portfolioanalysen mit den Angaben zur Investitions- und Nutzenverteilung, die Beurteilung der Risiken, mit denen die laufenden Portfolien behaftet sind, oder die Identifikation von Projekten, die einzelne Strategien gefährden. Für das Topmanagement kann es gewöhnungsbedürftig sein, wenn die Portfolio-Management-Abteilung Investitionsentscheidungen des Topmanagements kritisch hinterfragt und schnelle Entscheidungen einfordert.

BEISPIEL: Projekte gefährden die Strategie, obwohl ihr Status „grün“ ist

Mehrere strategische Projekte eines Unternehmens wurden vom Projektleiter und vom Auftraggeber als „grün“ gemeldet. Bei genauer Betrachtung stellten wir aber fest, dass es bei diesen Projekten mehrere Änderungsanträge gegeben hatte, die das Budget der einzelnen Projekte erhöhten und diverse Terminverschiebungen bewirkten. All diese Veränderungen waren genehmigt, sodass eine neue Baseline[8] vorlag, mit der die Ist-Daten übereinstimmten. Die Beteiligten hatten somit bis dahin alles richtig gemacht und der Status der Projekte war berechtigterweise auf „grün“. Die Summe der Veränderungen sorgte aber dafür, dass das ursprüngliche Portfoliobudget überschritten werden würde, wodurch die Rentabilität nicht mehr gewährleistet war. Weiterhin setzte die Strategie zur Produkteinführung voraus, dass das Unternehmen den Markt mit den entsprechenden Produkten und Marketingmaßnahmen rechtzeitig würde bedienen können — was aufgrund der Terminverschiebungen nicht mehr gewährleistet war.

8 Baseline: genehmigtes Originalbudget plus genehmigte Änderungsanträge.

7.10 PMO und Portfolio-Management unter einer Governance

Der aus dem „Spagat“ zwischen strategischer Aufgabenstellung und operativer Unterstützung resultierende Konflikt des PMO löst sich, wie eben erläutert, durch die Einrichtung einer Portfolio-Management-Abteilung auf. Sowohl das PMO als auch das Portfolio-Management können sich nun klarer auf ihre jeweilige Aufgabenstellung konzentrieren. Damit wird es einfacher, Kompetenzen klar zuzuordnen und diese in der Organisation zu verankern. In diesem Zusammenhang ist es zwingend nötig, dass beide Fachbereiche miteinander „befreundet“ sind und eine gemeinsame Governance einfordern, fördern und auch geschlossen vertreten.

Quality Gates steuern die Zusammenarbeit von Portfolio-Management und PMO

Portfolio-Management und PMO sind durch die Geschäftsprozesse der Portfolioplanung und -überwachung miteinander verbunden. Die dafür notwendigen Kommunikationsstrukturen, Entscheidungsprozesse und Eskalationswege müssen klar definiert sein und dürfen in der Praxis nicht umgangen werden. Hierfür eignet sich der beschriebene Quality-Gate-Prozess. Er definiert, welche Leistungen das Portfolio-Management an das PMO erbringen muss und umgekehrt.

Im Rahmen der Portfolioplanung wird das Portfolio-Management z. B. erste Anfragen zur Umsetzbarkeit von Projekten an das PMO und die Fachbereiche im Unternehmen stellen. Entlang der Projektumsetzung liefert das PMO dann seinerseits die portfoliorelevanten Fortschritts- und Risikoindikatoren an das Portfolio-Management. Bei Projektabschluss erstattet das PMO dann die Abschlussmeldung an das Portfolio-Management.

Klare Verantwortungen und Befugnisse sorgen für Effektivität

Damit die beiden Organisationseinheiten reibungsfrei und effizient zusammenwirken, müssen die Aufgaben zwischen Portfolio-Management und PMO eindeutig verteilt sein. Das Splitten der Aufgaben ist allerdings nicht ganz einfach, da oftmals Kompetenzbereiche, für die man sich eigentlich zuständig fühlt, abgegeben werden müssen. So wie das Topmanagement die erforderlichen Befugnisse an das Portfolio-Management delegieren muss, müssen die Mitglieder des PMO lernen, dass sie nicht die einzigen im Unternehmen sind, die über Projekt-Management-kompetenzen verfügen.

Die Abteilung Strategisches Portfolio-Management

Das Portfolio-Management unterstützt das Topmanagement und hat die Portfolien (strategische Portfolien, Bereichsportfolien, produktorientierte Portfolien etc.) im Blick.

- Das Portfolio-Management führt Entscheidungen im Rahmen der Portfolioplanung und -überwachung herbei bzw. fordert diese vom Topmanagement ein.
- Das Portfolio-Management richtet seinen Blick immer auf die Projektportfolien und den damit verbundenen Unternehmenserfolg. Es bereitet die Informationen für das Topmanagement so auf, dass es sich in der Projektlandschaft stets orientieren und auf fundierter Basis über ihre Gestaltung entscheiden kann.
- Das Portfolio-Management ist dafür verantwortlich, dass Linien- und Topmanagement für den Portfolioprozess qualifiziert sind. Es ist wichtig, dass auch neu hinzugekommene Manager über die Prozesse und Entscheidungsgremien informiert und in den im Unternehmen eingesetzten Methoden ausgebildet sind bzw. in sie eingewiesen werden. Dies stellt sicher, dass die etablierten Prozesse und Methoden Bestand haben und in allen „Köpfen" verankert sind und bleiben.

Das Project Management Office in einer geteilten Projektportfolio-Management-Organisation

Das PMO unterstützt durch seine projektübergreifende Zusammenführung von Informationen die „Basis" (Projekt-Management, Linie, Mitarbeiter) insbesondere bei der Auslastungsplanung und der Kommunikation innerhalb der Projektorganisation.

- Das PMO sorgt dafür, dass Entscheidungen über Neupriorisierungen, Budgetverschiebungen, den Stopp von Projekten etc. reibungslos umgesetzt werden und berücksichtigt dabei die damit verbundenen Auswirkungen auf Projekte, Termine, Budgets und auch Ressourcenauslastungen.
- Das PMO richtet seinen Blick immer auf die Umsetzungsqualität (Einhaltung von Terminen, Budget, Leistungsumfang, Qualitätskriterien für die Umsetzung von Projekten im Unternehmen) der Portfolien und Projekte.
- Das PMO ist für die Qualifikation und Ausbildungsinhalte der Projektleiter und Projektmitarbeiter verantwortlich.

Vorteile eines eigenständigen Portfolio-Managements

Eine eigenständige Organisationseinheit für strategisches Projekt-Management weist somit folgende Vorteile auf:

- Die für das Unternehmen notwendige Governance der Projektorganisation wird gestärkt, sodass sich die Organisationseinheiten Portfolio-Management und PMO auf ihre jeweiligen Kernaufgaben konzentrieren können.
- Reibungsverluste durch die widersprüchlichen Aufgabenstellungen von strategischem und operativem Portfolio-Management werden verringert. Portfolio-Management und PMO können ihre Verantwortlichkeiten zielgerichtet wahrnehmen.
- Sowohl das Topmanagement als auch die Basis akzeptieren das Portfolio-Management und PMO besser, da diese sich jeweils auf die Interessen ihrer Zielgruppe konzentrieren können.
- Das Topmanagement kann seine Entscheidungen besser an Strategie und Nutzen des Unternehmens ausrichten, da es Unterstützung und fundierte Informationen aus dem strategischen Portfolio-Management erhält.
- Da der Fokus bei der Portfolioplanung nun insbesondere auf strategische Perspektiven gerichtet werden kann, steigt der Nutzen und die Investitionen sinken. Die daraus resultierende zielgerichtete Zusammenstellung des Portfolios führt dazu, dass weniger Projekte freigegeben werden und man sich auf diejenigen Projekte konzentriert, die (unter den vorgegebenen Rahmenbedingungen wie z. B. „Muss-Projekte" und Ressourcenverfügbarkeiten) in ihrer Gesamtheit den größtmöglichen Nutzen für das Unternehmen generieren.
- Aufgrund seiner Betrachtungsperspektive kann das Portfolio-Management das Management bzw. Topmanagement mit Informationen über Entscheidungen zur Planung, Neupriorisierung sowie über die Umsetzung und die entsprechenden Auswirkungen mindestens wochenaktuell informieren — selbst dann, wenn sich z. B. wirtschaftliche Rahmenbedingungen oder strategische Fragestellungen ändern.
- Projekte, die das Portfolio bzw. die Unternehmensstrategie gefährden, werden frühzeitig durch das Portfolio-Management identifiziert. Der Auftraggeber kann sie gezielt unterstützen oder ggf. rechtzeitig abbrechen.

Fazit: Ein PMO macht nicht zwingend strategisches Portfolio-Management

Im Rahmen einer strategisch ausgerichteten Unternehmensführung und auch dann, wenn die marktwirtschaftliche Notwendigkeit besteht, schnell und flexibel zu agieren und gleichzeitig eine mittel- und langfristige Perspektive zu verfolgen, benötigt die Unternehmensführung nicht nur die Sicherheit, dass Projekte möglichst optimal und erfolgreich abgewickelt werden, sondern auch die Sicherheit, dass die richtigen, strategieorientierten Entscheidungen getroffen werden.

Die Trennung von PMO und Portfolio-Management kann hierfür eine wertvolle Maßnahme sein, sofern die projektbezogenen Prozesse und die Kommunikationsstrategie lückenlos und konsistent definiert sind und effizient umgesetzt werden.

Die PMO und das Portfolio-Management stärken die gemeinsame Governance und gewährleisten, dass eine effektive und effiziente Projektkultur im Unternehmen verankert wird. Die Governance sorgt dafür, dass die Gremien funktionieren und die Instrumente optimal eingesetzt bzw. umgesetzt werden. Ein wichtiger Beitrag sind die durch das PMO und PfM entstandenen mehrschichtige Kontroll-Gremien. Unklarheiten bzw. Ungereimtheiten können dadurch eher aufgedeckt werden. Die Governance wird dadurch vollständig und zuverlässig erfüllt.

!

WICHTIG: Eine organisatorische Trennung ist nicht zwingend erforderlich

Sie müssen die Organisationseinheiten nicht zwingend trennen. Es geht vor allem darum, die Aufgaben beider Ebenen klar zu definieren. Diese können selbstverständlich in einem gemeinsamen PMO zusammengelegt werden. Evtl. reicht es schon, unterschiedliche Verantwortliche für das jeweilige Thema zu bestimmen, sodass beiden Aufgabenbereichen die notwendige Aufmerksamkeit gegeben wird und die Akzeptanz auf allen Ebenen der Organisation gegeben ist.

Management Summary – Organisationsstrukturen

Um im Rahmen des Portfolio-Managements die optimalen Organisationsstrukturen aufzubauen und die Verantwortlichkeiten sinnvoll zu verteilen, ist es wichtig, das Portfolio-Management als Stabsstelle möglichst hoch in der Unternehmenshierarchie zu verankern. Damit wird zudem gewährleistet, dass die Portfolio-Management-Organisation nicht durch die Linienorganisation beeinflusst wird.

Diese Gefahr bestünde, wenn Sie z. B. innerhalb der IT-Abteilung oder auf gleicher Hierarchieebene wie andere Fachabteilungen angesiedelt wäre. Die Akzeptanz als „gleichwertige“ Organisationseinheit, die den anderen Fachbereichen etwas vorzuschreiben hat, wäre gefährdet.

Beschreiben Sie klar, welche Kernziele die einzelnen Organisationseinheiten haben und sorgen Sie dafür, dass korrekte Aufgabenbeschreibungen vorliegen und die Mitarbeiter über die notwendigen Kompetenzen verfügen.

Achten Sie darauf, dass die Portfolio-Management Organisationseinheit/en mit dem richtigen Personal ausgestattet sind:

1. Genügend Personal
2. Entsprechende Qualifikation
3. Sozialkompetenz
4. Topmanagement Akzeptanz

8 Der „Faktor“ Mensch im Portfolio-Management

Der Mensch ist immer noch der wichtigste „Faktor“ im Unternehmen. Gerade im Portfolio-Management ist es wichtig, neben der Befähigung der betroffenen Mitarbeiter auch deren Interessen und Bedürfnisse zu berücksichtigen und im Rahmen eines Change Management Projektes sicherzustellen, dass sich alle Beteiligten mit der neuen Portfolio-Management-Governance identifizieren und diese aktiv leben.

Damit Sie ein Gespür für das Thema entwickeln, möchte ich Ihnen anhand des folgenden Negativbeispiels zeigen, wie es nicht sein sollte.

8.1 Wie man sicher das Portfolio-Management zerstört – ein Beispiel

Zu den wichtigen Aufgaben gehört es bei meinen Beratungsprojekten, neben dem Auf- und Ausbau des Portfolio-Managements sicherzustellen, dass das mühsame und auch wertsteigernde bzw. werterhaltende Portfolio-Management nicht wieder abgebaut wird.

Die Erfahrung hat gezeigt, dass es in den Unternehmen immer wieder Strömungen gibt, die darauf abzielen, das Portfolio-Management zu entmachten oder sogar wieder abzuschaffen. Wir hören da Argumente wie:

- Das können wir in den Fachbereichen/Organisationseinheiten auch selbst leisten.
- Welcher Mehrwert entsteht uns denn eigentlich durch die zentrale Steuerung?
- Im Verhältnis zu den eingesetzten Ressourcen können wir keinen echten Nutzen erkennen.
- Diejenigen, die an zentraler Stelle sitzen, können doch unmöglich die Fachkompetenz haben, um die Business Cases bzw. Investitionsinhalte richtig einzuschätzen.

Vor dem Schreiben des Buchs war dieses Thema für mich immer wichtig und ich war mir bis vor kurzem sehr unsicher, wie ich es zu Papier bringen soll. Erst bei einem kürzlich zurückliegenden Seminar zum Aufbau des Portfolio-Managements kamen mir ungläubige Stimmen entgegen, die es nicht glauben wollten, dass das Portfolio-Management auch wieder abgeschafft werden kann. Alle Beteiligten waren sich einig, wie wichtig es ist, und Einigkeit herrschte auch darüber, dass das Topmanagement unmöglich auf den geschaffenen Mehrwert verzichten kann.

Aber... gerade kürzlich erreichte mich die Nachricht von einem langjährigen Kunden, dass die Abteilung Portfolio-Management auch von den aktuellen Einsparungsmaßnahmen betroffen ist. Das Team wird um 50 % der Mitarbeiter reduziert. Ein Schock für alle Beteiligten und auch für uns als betreuendes Beratungsunternehmen. Ist doch gerade in Zeiten von unternehmerisch notwendigen Einsparungsmaßnahmen das Portfolio-Management ein wichtiger und wertvoller Begleiter.

Also machen wir uns auf die Suche nach den Ursachen ...

Der Kunde hatte in der Vergangenheit mit den gegebenen oder sogar mit reduzierten Investitionssummen für sein Portfolio große Erfolge erzielt. Es gab immer einen vorbildlichen Managementsupport für die Abteilung und die Ergebnisse wurden immer mit großem Interesse entgegengenommen. Portfolio-Management war ein wichtiger Bestandteil innerhalb der Unternehmensplanung. Was möchte man also mehr?

Die Prozesse liefen rund, der Softwareeinsatz war etabliert, funktionierte nahezu reibungslos und unterstützte die Entscheidungsprozesse zeitnah mit aussagekräftigen Auswertungen.

Weshalb also wird das Team reduziert?

Ich möchte Ihnen an dieser Stelle einen Hinweis geben: Die folgenden Ausführungen basieren u. a. auf Gesprächen mit den Beteiligten, aber auch auf Erfahrungen, die wir in anderen Kundenprojekten gewonnen haben. Letztendlich handelt es sich um einen typischen Verlauf, der nicht ausschließlich dem einen Beispielunternehmen zuzuordnen ist.

Anfangs war die Abteilung innovativ, hatte dem Management auch unangenehme Auswertungen vorgelegt, unangenehme Fragen gestellt, Lösungen erarbeitet und Entscheidungen eingefordert. Alte „Langläufer“ wurden gestoppt, das Portfolio wurde stark an den wirtschaftlichen und strategischen Zielen des Unternehmens ausgerichtet.

Im Zuge dessen, dass alles immer besser lief, die Prozesse also etabliert waren und die Qualität stieg bzw. das Niveau gehalten wurde, ist allmählich die aktive Kommunikation zum Topmanagement eingebrochen. Die Leistungen des Portfolio-Managements waren weder auf angenehme noch auf unangenehme Weise spürbar. Die anfangs aktiven und regelmäßigen Besprechungen, Diskussionen und Streitgespräche hatten nicht mehr in diesem Umfang stattgefunden.

Das war also einer der Ansatzpunkte, weshalb gerade in Zeiten von Einsparungsmaßnahmen auch dieser Bereich infrage gestellt wurde. Und, wer hätte es gedacht, die Fachbereiche hatten sofort kommuniziert, dass sie die Qualität in den Business Cases und der Projektabwicklung problemlos auch selbst auf dem bekannten Niveau halten könnten. Schließlich waren die Prozesse etabliert und jeder Beteiligte kannte die notwendigen „Lieferobjekte". Zusätzlich könnte doch die IT-Abteilung in der „technischen" Abwicklung unterstützen.

Welche Auswirkungen wird das nach meiner Erfahrung haben?

1. Die neutrale Bewertungs- und Überwachsungsstelle fällt weg. Die Projektlandschaft wird sich wieder stärker an den Interessen der Fachbereiche und der IT als an den wirtschaftlichen und strategischen Zielen des Unternehmens ausrichten.
2. Die Qualität wird zwangsläufig reduziert. Die Portfolio-Management-Abteilung war nicht nur überwachende Einheit, sondern hat vor allem eine beratende und unterstützende Funktion wahrgenommen. Mit der Reduzierung des Personals wird diese umfangreiche Dienstleistung nicht mehr wie gewohnt zur Verfügung gestellt werden.
3. Der Bedarf an einer noch höheren Automatisierung wird steigen. Die Anforderungen an die begleitenden Softwareprodukte werden höher. Flexibilität und Aussagekraft gehen bei hohen Anforderungen und der entsprechenden Bedienungskomplexität zurück. Die Softwareprodukte, die bisher einen wertvollen Dienst geleistet haben kommen in die Kritik.
4. Der weiterhin hohe Arbeitsaufwand wird zu einer noch geringeren Kommunikation mit dem Topmanagement führen. Die erfahrenen Leute verlassen freiwillig den Bereich, da sie mit dem neuen Aufgabenspektrum und der daraus resultierenden Reduktion der bisherigen Informationsqualität nicht einverstanden sind. Evtl. bleiben die unerfahrenen Mitarbeiter und können die bisher gelieferte Qualität und Standhaftigkeit in der Diskussion mit dem Topmanagement nicht halten.
5. Die Abteilung und der damit verbundene Nutzen wird immer stärker hinterfragt. Evtl. versuchen die IT oder andere Fachbereiche die Hoheit über das Thema zu erlangen.

Die Folge: Alles befindet sich wieder auf dem Stand von vor 8 Jahren.

1,5 Jahre später:

Bis das Buch nun erscheint ist etwas Zeit vergangen und ich durfte den weiteren Verlauf des oben beschriebenen Beispiels verfolgen. Die gerade formulierten Aussagen zu den befürchteten Auswirkungen habe ich unberührt gelassen.

Fast alle vermuteten Auswirkungen sind eingetreten: Bereits nach kurzer Zeit kam die Rückmeldung, dass wertvolle Informationen in den Entscheidungssitzungen fehlen. Das reduzierte Team konnte nicht mehr in gewohnter Qualität liefern und sah sich in seiner Existenz bedroht. Teilweise fehlte die Motivation auf diesem (notwendigerweise) niedrigen Niveau weiter zu machen. Die Mitarbeiter haben freiwillig den Bereich verlassen. Wertvolles, langjähriges Know-how ging trotz Übergabe durch die scheidenden Mitarbeiter an die neuen Akteure der PfM-Organisation teilweise oder komplett verloren. Die „alte Mannschaft" hatte stetig dazugelernt, was der Qualität der Portfolioplanung sehr zugute kam. Solche Lerneffekte, die sich auch in den „Köpfen" der früheren Mitarbeiter verankert hatten, verpufften mit deren Weggang und standen damit nicht mehr zur Verfügung. Zudem — wer liest sich alle alten/historischen Dokumente, Portfolioberichte etc. durch, wenn ein Bereich gerade wieder neu aufgebaut wird?

Die Organisation wurde kurzfristig in die IT verlegt, um die durch die Softwareprodukte unterstützten Prozesse zu stabilisieren. Die Anforderungen an die Softwarelösungen sind gestiegen und verkomplizieren die Prozesse (das ist meine Wahrnehmung).

Aber immerhin, die neue Portfolioplanung wurde gem. den Vorgaben aus dem Quality-Gate-Prozess durchgeführt. Die Fachbereiche haben also Wort gehalten. Die Qualität der Portfoliozusammensetzung entspricht (aus meiner Sicht) allerdings nicht der gewohnten Qualität.

Momentan wird der Portfolio-Management-Bereich wieder in die alte Organisationsstruktur überführt und als Stabsstelle etabliert. Zudem ist der Bereich mit neuem Personal ausgestattet. Es ist davon auszugehen, dass erst einmal mehr Personal aufgebaut werden muss, um die gewohnte Qualität aus den vergangenen Jahren wieder herzustellen und die verlorenen Erfahrungen neu aufzubauen.

8.2 Von Beispielen einer mangelhaften Portfolioplanung lernen

Ich möchte Ihnen die Folgen eines Handelns, wie ich es oben beschrieben habe, weiter verdeutlichen. Dafür habe ich nachfolgend einige (anonymisierte) Beispiele aus den original Portfolioanalysen verschiedenster Unternehmen zusammengefasst. Sie beschreiben in wenigen Worten, wie die Portfoliozusammensetzung vor dem Aufbau eines Portfolio-Management oder nach seinem — ähnlich wie oben beschriebenen — Zusammenfall aussehen kann. Vergleichbare Folgen zeigen sich, wenn wir uns auf die Umsetzungsqualität (das Projekt- und Ressourcenmanagement) konzentrieren und die Portfoliosicht außer Acht lassen.

1. Ist/war uns bewusst, dass 85 % unserer Projektinvestitionen im nächsten Planjahr einen negativen Nutzen ausweisen?
   Das bedeutet, dass diese Projekte einen negativen Business Case haben und somit Geld vernichten. Um der Situation gerecht zu werden, ist zu analysieren, wie viele dieser Projekte regulatorisch[9] sind. Ziehen wir diese regulatorischen Projekte ab, weisen immer noch ca. 50 % der Projektinvestitionen einen negativen Nutzen aus. Es ist zu hinterfragen, in welchem Maße wir Mitarbeiter- und finanzielle Ressourcen ungeschickt einsetzen oder verschwenden.
2. Möchten wir 50 % unserer Projektinvestitionen in Projekte investieren, die mit einem mittleren oder hohen Risiko behaftet sind?
   Wenn ja, was machen wir bzw. welche Auswirkung hat das auf unser Portfoliobudget? Gibt es Erfahrungswerte, die aufzeigen, in welchem Ausmaß risikobehaftete Projekte das Budget überschreiten? Sind das im Schnitt z. B. 30 % bis 50 %? Haben wir das in unserer Planung berücksichtigt und dafür Gelder zurückgestellt?
3. Wollen wir 40 % unserer Projektinvestitionen in eine von 6 Regionen (können auch Produktsegmente sein) investieren? Zwei dieser Regionen, die eigentlich ausgebaut werden sollen, erhalten im geplanten Portfolio gerade einmal 2,7 % und 2,4 % der gesamten Investitionssumme.
   Natürlich kann eine solche Situation aufgrund einer dringend notwendige Großinvestition auftreten. Es ist aber wichtig, sich das bewusst zu machen und auch zu wissen, dass andere Ziele nicht wie geplant erreicht werden können.
4. Ist es uns im Rahmen unserer Portfolioplanung bewusst, dass es Innovations- und/oder Funktionsbereiche gibt, die durch das aktuelle Portfolio nicht bedient werden? Wie möchten wir damit umgehen, welche Auswirkung hat das auf unsere strategische Planung?

[9] Projekte, die aufgrund rechtlichter Vorgaben (z. B. SEPA) umzusetzen sind.

Fazit:

Nehmen Sie diese Beispiele bitte als Motivation. Bleiben Sie innovativ, liefern Sie Ergebnisse, fordern Sie Entscheidungen ein, seien Sie unangenehm, beraten und unterstützen Sie. Stellen Sie sicher, dass allen Beteiligten die Notwendigkeit und der Nutzen des Portfolio-Managements (auch wenn es immer wieder weh tut) bewusst ist.

Kurz: Kommunizieren Sie aktiv in alle Richtungen!

8.3 Dos und Don'ts

Die vorherigen Abschnitte haben aus dem Leben gegriffene und von mir leicht veränderte/erweiterte Szenarien beschrieben, wie sie in Unternehmen stattgefunden haben. Lassen Sie uns also nochmals genau ansehen, worauf es ankommt, damit wir unser Portfolio-Management nicht nur aufbauen, sondern auch zum Leben erwecken und vor allem am Leben halten.

Nach meiner Erfahrung gibt es Dinge, die unbedingt berücksichtigt werden müssen, und es gibt wiederum Dinge, die unbedingt zu unterlassen sind.

Auf was müssen Sie unbedingt achten?

1. Topmanagement Unterstützung:
   Das Portfolio-Management benötigt die uneingeschränkte Unterstützung aus dem Topmanagement. Das Topmanagement muss die Informationen und Ergebnisse aus dem Portfolio-Management unbedingt einfordern und konsequent in Ihre Entscheidungs- aber auch Führungsstruktur einbinden. Jedem im Unternehmen muss klar sein, dass der Portfoliomanager das Recht hat, Informationen einzufordern und somit als verlängerter Arm der Geschäftsführung agiert.
2. Der Portfoliomanager ist QM-Beauftragter und Berater:
   Er muss sich als Berater sehen und alle Betroffenen bis hin zum Projektleiter unterstützen und somit dafür sorgen, dass die Qualität des Portfolio-Managements einheitlich auf hohem Niveau bleibt.
3. Das Portfolio-Management bereitet Entscheidungen vor und hinterfragt diese auch:
   Der Portfoliomanager liefert Informationen an das Topmanagement, die diesem zur Entscheidungsfindung dienen. Er ist also Informationseintreiber, -aufbereiter und Berater/Moderator im Rahmen der Entscheidungsfindungen. Er hinterfragt aber auch die Entscheidungen des Topmanagements auf Basis des definierten

Prozess- und Kennzahlenmodells und weist es bei Abweichungen oder Unklarheiten darauf hin. Selbstverständlich dürfen auch einmal Bauch-Entscheidungen des Topmanagements hinzugezogen werden — aber nicht nur. Oftmals haben solche Entscheidungen einen großen Einfluss auf den Unternehmenserfolg.
→ Das erfordert einen hohen Reifegrad und eine entsprechende Diskussions- oder sogar Streitkultur auf Managementebene.

4. Rücksicht nehmen:
   Der Portfoliomanager nimmt Rücksicht auf die in den Fachbereichen bzw. Unternehmensteilen herrschenden Gegebenheiten und Interessen und bringt diese in Einklang mit den Gesamtzielen des Unternehmens
5. Projekt-Management-Qualität einfordern:
   Der Portfoliomanager versteht die Bedürfnisse, die im Rahmen der Abwicklung von Projekten entstehen, kennt die Projekt-Management-Prozesse und bringt sie mit den Portfolio-Management-Prozessen in Übereinstimmung. Er definiert die Brücke zwischen Portfolio-Management und Projekt-Management und sorgt dafür, dass auch das Portfolio-Management Informationen liefert und nicht nur einfordert. Er schafft Transparenz in alle Richtungen.
   → Transparenz ist einer der wichtigen Erfolgsfaktoren im Portfolio-Management. Nur wer in alle Richtungen kommuniziert erhält auch die Akzeptanz bei unangenehmen aber notwendigen Entscheidungen.
   → Das Portfolio-Management nimmt Einfluss auf die Qualität des Projekt-Management, wenn es dort Schwachstellen gibt. Eine aktive Kommunikation und ein gemeinsamer Aufbau des Reifegrads auf beiden Ebenen sichert den Erfolg des Projekt und Portfolio-Managements und somit den Unternehmenserfolg.
6. Besprechen, verstehen, berücksichtigen und Lösungen erarbeiten:
   Der Portfoliomanager kommuniziert. Glauben Sie nicht, dass Sie erfolgreich sind, nur weil Sie viele Daten erheben, diese aufbereiten und dem Management vorlegen. Gehen Sie in die einzelnen Fachbereiche, Länder, Organisationseinheiten (was auch immer in Ihrem Unternehmen betroffen ist). Versuchen Sie, die an das Portfolio-Management gestellten Anforderungen zu verstehen, hinterfragen Sie lokale Strategien, Ziele und Entscheidungen. Vermitteln Sie die Gesamtstrategien und Ziele des Unternehmens und bringen Sie die Top-Down Planung mit der Bottom-Up Planung in Einklang.
   Vertrauen Sie nicht nur auf die eingespielten Prozesse oder gar auf elektronische Workflows. Überwachen und unterstützen Sie. Sorgen Sie dafür, dass die Prozesse aufgrund Ihrer Präsenz aktiv gelebt werden.
   Machen Sie es sich zur Gewohnheit, sich mit den Beteiligten und Betroffenen zu unterhalten. Suchen Sie Lösungen bzw. erarbeiten Sie konstruktive Vorschläge mit den Betroffenen bzw. Beteiligten, damit die Bereichsziele unter Berücksichtigung der Unternehmensziele unterstützt werden. Zeigen Sie Verständnis, helfen Sie, besprechen Sie aber auch notwendige und möglicherweise schmerzhafte Entscheidungen dort, wo Sie anfallen.

7. Portfolio Statusreport als Kommunikationsbasis:
   Etablieren und „leben“ Sie einen Portfolio Statusreport. Dieser regelmäßige Bericht aus dem Portfolio-Management informiert über Portfolioqualität und -status, den Zielerreichungsgrad und die Risiken bzw. deren Veränderung auf der Ebene der Portfolien und gibt ferner Auskunft darüber, welchen Einfluss einzelne oder mehrere Projektinvestitionen auf den Portfolioerfolg haben. Damit richtet der Portfolio Statusreport seinen Fokus auf etwas anderes als der Statusbericht einzelner Projektinvestitionen und regt Diskussionen an, unterstützt notwendige Richtungswechsel oder entsprechende Budget-/Planänderungen, die aufgrund von bestimmten Ereignisse in der Portfoliolandschaft unausweichlich sind. Erarbeiten Sie Szenarien, die den Portfolioerfolg unter den gegebenen Umständen optimieren bzw. durch zusätzliche Bereitstellung von Ressourcen für einzelne Projektinvestitionen sicherstellen.

Was sollten Sie besser nicht tun?

Eigentlich ließe sich jetzt alles umkehren, was bei den „Notwendigkeiten“ besprochen wurde.

Dennoch möchte ich folgende „Dont´s“ explizit erwähnen, da sie besonders wichtig sind:

1. Automatismus entlastet:
   Nur weil etwas funktioniert, dürfen Sie nicht der Versuchung verfallen, nun alles so zu belassen, wie es ist, bzw. zu glauben, dass alles für immer so bleibt. Fangen Sie also nicht an, es sich „gemütlich“ zu machen. Sie dürfen nie nachlassen und auf die etablierten Automatismen/Prozesse uneingeschränkt vertrauen.
2. Einmal definiert und alles ist gut:
   Glauben Sie nicht, dass Ihre Kennzahlen — wenn sie einmal definiert sind — immer funktionieren. Hören Sie nicht damit auf, alles zu hinterfragen und korrigierend einzugreifen.
3. Arroganz ist der Anfang vom Ende:
   Spielen Sie sich nicht auf. Fangen Sie nicht an, sich wichtig zu fühlen und nicht mehr auf „Augenhöhe“ mit dem Beteiligten zu kommunizieren. Hören Sie also nicht damit auf, alle Beteiligten und deren Bedürfnisse, Sorgen und Nöte ernst zu nehmen und gemeinsam Lösungen zu erarbeiten.
4. Bürokratische Regeln als Leitplanken:
   Selbstverständlich überwachen Sie die Einhaltung aller Prozesse, Vorgaben und Lieferobjekte. Das ist elementar wichtig und für alle Beteiligten eine zentrale Rahmenbedingung. Werden Sie aber nicht zu bürokratisch. Gehen Sie auch einmal ungewöhnliche oder kurze Wege, wenn die Situation das erfordert und vor allem wenn der Portfolioerfolg ansonsten gefährdet wäre.

5. Strategien verändern sich nicht:
   Überprüfen Sie die Unternehmensstrategien regelmäßig. Hat sich etwas verändert? Hat das Auswirkungen auf die Portfolioplanung?

8.4 Die Menschen aktiv einbinden

Bei allem, was oben beschrieben wurde, steht immer der Mensch mit im Vordergrund. Die Etablierung und Verankerung eines erfolgreichen Portfolio-Managements ist ein Veränderungsprozess, der auch durch die Förderung und Ausbildung der beteiligten Personen auf allen Hierarchieebenen gekennzeichnet ist (sie bemerken vielleicht, dass ich allmählich den Begriff „Betroffene“ durch „Beteiligte“ austausche). Nehmen Sie immer auch die Befindlichkeiten der Beteiligten ernst. Achten Sie auf die Reaktionen der Mitarbeiter und finden Sie Lösungen, die die positiv gestimmten Menschen noch stärker unterstützen, die weit verbreitete negative Strömungen aufnehmen und durch entsprechende Maßnahmen aus der Welt schaffen bzw. entschärfen — und ignorieren Sie negative Strömungen, die auf keinen Fall die „Mehrheit“ repräsentieren.

Konzentrieren Sie sich also auf das, was die Mehrheit weiterbringt und nicht auf das, was wenige Stimmungsmacher glücklich macht. Diese Personengruppen werden Sie sowieso nicht zufrieden stellen können. Was diese meist wenigen negativen Strömungen betrifft: Manchmal ist es auch einmal wichtig, sich Unterstützung vom Topmanagement zu holen.

8.5 Auswirkungen eines erfolgreichen Portfolio-Managements auf die Unternehmenssteuerung

Was passiert eigentlich, wenn wir das Portfolio-Management erfolgreich einführen und etablieren? Wie wirkt sich das aus und welche Erwartungen haben die Personen in der gesamten Projektorganisation? Dabei ist zu berücksichtigen, dass das Thema nicht immer und überall mit offenen Armen empfangen wird.

Bei der Einführung eines Portfolio-Managements gibt es eine weitere Herausforderung, die sich folgendermaßen zusammenfassen lässt: Jeder möchte Portfolio-Management, doch nicht jeder möchte mit den Konsequenzen leben!

Wie komme ich zu dieser Aussage? Portfolio-Management generiert eine hohe Transparenz auf allen Ebenen und über den kompletten Lebenszyklus einer Projektinvestition hinweg. Das bedeutet, dass von Anfang an zu sehen ist, welche Investitionsentscheidungen — vereinfacht ausgedrückt — gut, aber auch schlecht sind. Im weiteren Verlauf erkennen wir, ob wir in der Lage sind, Projekte erfolgreich umzusetzen und den versprochenen Nutzen zu generieren. Alle Entscheidungen sind zudem mit den Strategien und Zielen des Unternehmens in Einklang zu bringen.

Auch das Management/Topmanagement übernimmt aktiv Verantwortung im Gesamtprozess und dessen Entscheidungen werden dadurch ebenfalls sehr transparent und messbar.

Diese Transparenz ist nicht immer auf allen Ebenen gewollt. Gerade wenn die Unternehmenskultur nicht von gegenseitiger Unterstützung und Wertschätzung geprägt ist, sondern ein interner Wettbewerbsdruck besteht oder eine patriarchische Unternehmensführung herrscht, kann eine hohe Transparenz unangenehm werden bzw. auch Karrieren behindern.

Achten Sie also darauf, dass Portfolio-Management ein internes Change Management Projekt ist und eine spezielle Kultur erfordert, damit der vollständige Nutzen aus der Methode generiert werden kann.

8.6 Change Management (Exkurs)

Die Einführung eines Portfolio-Managements im Unternehmen bewirkt also starke Veränderungen sowohl hinsichtlich der Methoden und Prozesse, aber vor allem auch in der Denkweise der beteiligten Personengruppen. Solche Veränderungsprojekte sind immer mit Emotionen verbunden. Nicht alle Emotionen sind sofort ersichtlich und gerade dann sind unsere Ziele gefährdet.

Dieser Situation müssen wir Rechnung tragen und wir müssen uns darüber bewusst sein, dass Portfolio-Management vor allem auch ein internes Change Management Projekt ist.

Um besser zu verstehen, was bei Veränderungsprozessen auf der emotionalen Ebene der Beteiligten stattfindet, möchte ich Ihnen die sogenannte Eisbergtheorie (die bis auf Sigmund Freud zurückgeht) vorstellen.

Nach außen hin werden fast alle Beteiligten die Änderung herbeiwünschen und aktiv unterstützen. Doch welche Gefühle bewegen die Menschen und wie können wir die Mitarbeiter auffangen und abholen?

Die Eisberg-Theorie geht davon aus, dass in einem Veränderungsprozess zwei Ebenen existieren. Die offene Ebene ist diejenige, die die Betroffenen Mitarbeiter nach außen kommunizieren. Diese Ebene stellt sich meist sehr sach- und unternehmensorientiert dar. Die Untergrund Ebene stellt die Emotionen, Sorgen und Ängste dar. Viele sehen sich im Rahmen von Veränderungsprozessen mit einer Situation konfrontiert, die sie vielleicht überfordert, vor der sie Angst haben. Vielleicht müssen sie sogar mit dem Verlust ihrer Postion rechnen. Wird darauf nicht eingegangen, entstehen daraus massive Gefahren für unser Portfolio-Management-Projekt, die wir nicht im Blick haben. Letztendlich kann dies zu massiven Verzögerungen oder sogar zum Scheitern unseres Projektes führen.

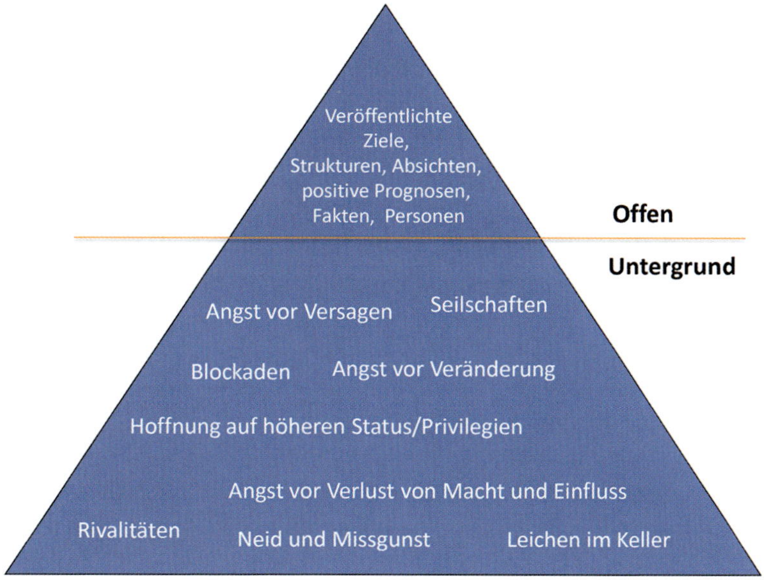

Abb. 22: Eisbergtheorie

Um ein Thema zu beleuchten, kann es manchmal durchaus hilfreich sein, das Pferd gewissermaßen „von hinten aufzuzäumen" und sich zu vergegenwärtigen, was man keinesfalls tun sollte, um ein Vorhaben zum Erfolg zu führen. Im Zusammenhang mit „Veränderung" hat Prof. Dr. Peter Kruse folgende „8 Regeln für den totalen Stillstand im Unternehmen" wunderbar überspitzt formuliert — und trifft es damit auf den Punkt:

1. Führungskräfte sollten sich entweder heraushalten oder sie sollten versuchen, alles im Griff zu haben.
2. Diskussionen über Ziele und Inhalte von Veränderungen sollten nur auf der informellen Ebene geführt werden.
3. Es sollten möglichst viele Aktivitäten gleichzeitig angezettelt werden.
4. Es sollte ein umfassender Wettbewerb ausgerufen und klar gemacht werden, dass nur der Einsatzbereiteste überlebt.
5. Es sollte stets ausdauernd und unnachgiebig nach den zentralen Verursachern von Problemen gefahndet werden.
6. Es sollte auf keinen Fall öffentlich über den Sinn- und Unsinn von Regeln diskutiert werden.
7. Beschlüsse sollten auf der formellen Ebene möglichst schnell konsensfähig sein, um informell ausgiebigst in Frage gestellt zu werden,
8. Die Veränderungsgeschwindigkeit auf der Beschlussebene sollte stets größer sein als auf der Umsetzungsebene.

Ich empfehle Ihnen, sich ein paar Minuten Zeit zu nehmen, und sich das Video, auf dem Prof. Dr. Kruse seine „8 Regeln“ vorstellt, anzusehen:

https://www.youtube.com/watch?v=Ug83sF_3_Ec&list=PLB07A0EC43C107574

8.6.1 Wichtige Aktivitäten für einen erfolgreichen Veränderungsprozess

Ich werde das Thema Change Management an dieser Stelle nicht ausführlich behandeln. Falls Sie Ihr Wissen dazu vertiefen möchten, empfehle ich Ihnen, das anhand eines der zahlreichen Bücher, die speziell diesem Thema gewidmet sind, zu tun. Da aber die Einführung eines nachhaltigen Portfolio-Managements — wie bereits erwähnt — immer auch Veränderungen für alle Beteiligten mit sich bringt, möchte ich Ihnen zumindest einen kurzen Überblick über die entscheidenden Aspekte des Change Managements geben.

Es ist wichtig, alle Stakeholder zu identifizieren und sie zielgerichtet in den Veränderungsprozess einzubinden. Damit Ihnen die Eibindung gelingt, sollten Sie folgende Punkte beachten:

- Perspektive wechseln und den **Bewahrer** in sich **entdecken**
- Perspektive wechseln und den **Change Agent** in sich **entdecken**
- Betroffene dort **abholen** wo sie sind
- **Gerüchteküche** beenden und regelmäßig informieren

- Einen **Rahmen** fürs Schimpfen und **Jammern** bereitstellen
- **Betroffene** zu Beteiligten machen und **aktiv einbinden**
- Entscheiden, was **diskutierbar** ist und was **nicht**
- Trainings und Seminare zur **Kompetenzerweiterung** bereitstellen
- Gezielt das **Tempo** verlangsamen oder beschleunigen
- Offene und verdeckte **Konflikte** ansprechen und klären
- **Als-ob-Szenarien** durchspielen, die thematisieren, was die **Veränderung** für die eigene **Person** bedeuten würde
- Positives Verhalten **verstärken** und das **Mit-Machen** fördern
- Nach der Einführung der Veränderungen mit gezielten Aktivitäten den **Fokus** nach **vorne richten**

8.6.2 Veränderungsprozesse modellieren und begleiten

Bitte denken Sie über die folgenden Aussagen nach, bevor Sie den Veränderungsprozess starten, tun Sie das aber auch während Sie ihn begleiten:

- **Zukunft** ist immer ein **Wagnis**. In den Worten von **Ernst Bloch** gesagt: „Leicht beieinander wohnen die Gedanken lediglich als Plan oder als Skizze, aber ein Schritt weiter und die konkrete Schwierigkeit des Werks beginnt.“[10]
- Es gibt **keinen Standardprozess,** der einen erfolgreichen Veränderungsprozess garantiert, aber es gibt bewährte Modelle/Methoden, die unterstützen. Das **Prozessdesign** und die angewandten Methoden müssen an Ihre individuelle Situation **angepasst** werden.
- Mission, Vision sowie die strategische Stoßrichtung des Unternehmens sind **tragende Säulen** innerhalb des Change Prozesses. Werden diese Säulen von einer breiten Belegschaft mitgetragen, werden die eingesteuerten Veränderungen auch in der Zukunft gelebt.
- Es wird **nicht** ohne **Emotionen** wie z. B. Zweifel, Ärger, Wut, Trauer, Schuldgefühle und Eiertanzen ablaufen.
- **Veränderungsprozesse** kosten **Zeit** und **Geld**. Klären Sie vorab, wie viel Sie in Ihren Change Prozess investieren wollen.
- Das richtige **Tempo** ist **entscheidend** und auf die Situation abzustimmen. Hierzu ist ein regelmäßiges **Prozess Monitoring** unerlässlich.
- Sie sollten zum richtigen Zeitpunkt den **Fokus** auf jene Mitarbeiter lenken, die den Veränderungsprozess mitgehen wollen, und einen Trennungsprozess für jene anstoßen, die **nicht** mitgehen **wollen**.

[10] Ernst Bloch, Das Prinzip Hoffnung, suhrkamp taschenbuch wissenschaft 3, S. 146.

- Die **Produktivität** wird während des Veränderungsprozesses **sinken**, allerdings sind Ausmaß und Dauer des Prozesses proaktiv durch eine sehr gute Prozessbegleitung **steuerbar**.
- Einmal begonnen gibt es in der Regel **kein Zurück**.
- **Geschäftsführung** und **Führungskräfte** sind in der Phase des Umbruchs wichtige **Bezugspersonen** für die Beschäftigten. Sie müssen in der Zeit des Wandels in einem besonders hohen Maß **präsent** sein.

8.7 Der Mensch im Spannungsfeld

Jeder Mitarbeiter innerhalb der Projektorganisation befindet sich in einem Spannungsfeld, das aus den zum Teil miteinander kollidierenden Einflüssen, denen er begegnen muss, resultiert. So treffen die Interessen des Unternehmens z. B. auf das persönliche Aufgaben- und Verantwortungsprofil des Mitarbeiters, er muss neben den Aktivitäten für die Projektorganisation auch seine Linien- bzw. Routineaufgaben erledigen. Zudem verfolgt jeder Mensch auch persönliche Interessen wie z. B. seine Karrierepläne im Unternehmen. Und es gibt den Einfluss aus dem privaten und persönlichen Umfeld. Für den Versuch, dieses Spannungsfeld zwischen Berufs- und Privatleben auszugleichen, verwendet man häufig den Begriff Work-Life Balance.

Das Spannungsfeld kann, je nach Rolle, die ein Mitarbeiter einnimmt, sehr vielschichtig sein. Dazu möchte ich Ihnen ein paar Beispiele geben:

Abteilungsleiter

Er muss die für seine Abteilung gesteckten Ziele erreichen, benötigt dafür aber auch Projekte, um die Ziele umsetzen zu können. Seine Mitarbeiter sind für die Linienaufgaben, die eigenen Projekte, aber auch für abteilungsfremde Projekte eingesetzt.

Der Abteilungsleiter muss also den Anforderungen der Geschäftsführung, der Projektorganisation, aber auch den Bedürfnissen seiner Mitarbeiter gerecht werden und für sein Handeln Rechenschaft ablegen.

Im Rahmen der Portfolio-Management-Governance ist er nicht laufend in die Projektprozesse eingebunden und tut sich entsprechend schwer, ein Projekt als „Auftraggeber“ oder „Sponsor“ zu formulieren und es erfolgreich zu begleiten.

Er benötigt also eine zielgerichtete Ausbildung und Unterstützung bei seinen Aufgaben innerhalb des Portfolio-Management-Prozesses.

Projektportfolio-Gremium-Mitglied

In der Regel ist ein PPG Mitglied ein Verantwortlicher aus dem Bereich der Geschäftsleitung oder ein Bereichs-/Abteilungsleiter, der als Auftraggeber Projekte vertritt.

Er ist als PPG Mitglied verantwortlich für Entscheidungen, die im Rahmen der Portfolioplanung getroffen werden, und für die Portfolioumsetzung. Er muss zugunsten der im PPG getroffenen Entscheidungen seine persönlichen Interessen hintenanstellen, da diese Entscheidungen auf Daten und Fakten basieren, die auf die Unternehmensstrategie und auf übergreifende Ziele ausgelegt sind.

Weiterhin ist es aber seine Aufgabe, seinen eigenen Bereich weiter zu entwickeln und zu fördern, z. B. als Manager für den Bereich Finanzen und Controlling. Parallel müssen also auch diese Interessen vertreten und in Form von Projekten in die Organisation eingebracht und umgesetzt werden.

Portfoliomanager

Der Portfoliomanager bewegt sich ebenfalls in einem Spannungsfeld: Er erarbeitet einerseits Vorschläge für das Portfolio, das sich an den Unternehmensstrategien und -zielen ausrichtet, andererseits muss er auch den operativen Notwendigkeiten der verschiedenen Unternehmensbereiche Rechnung tragen und dabei deren finanzielle und personelle Rahmenbedingungen berücksichtigen. Während der Umsetzungsphase ist er Portfoliocontroller und Vorbereiter für angenehme und unangenehme Entscheidungen.

Er spricht mit allen Verantwortungsebenen der Portfolioorganisation, berät diese und verhandelt mit ihnen. Er zeigt sich hart bei den Vorbereitungen von Entscheidungen, kooperativ bei der Unterstützung der Mitarbeiter innerhalb der Quality Gates und steht beratend für alle Belange zur Verfügung — vom Projektantrag, über den Business Case und die Projekt Statusberichte bis hin zu wichtigen Eskalationssitzungen. Das bedeutet, dass er einerseits als Helfer wahrgenommen wird, aber auch bekannt dafür ist, unpopuläre Entscheidungen vorzubereiten und sie gemäß der Gesamtportfoliosicht zu unterstützen.

Der Portfoliomanager nimmt an Sitzungen des Projektausschusses teil. Bei strategisch wichtigen Projekten sollte er dies immer tun, bei ausgewählten anderen Projekten zumindest stichprobenartig.

Projektmanager

Er ist für die erfolgreiche Umsetzung der ihm zugeordneten Projekte zuständig (Umfang, Budget, Zeitrahmen). Im Rahmen des Multiprojekt-Managements achtet er darauf, die benötigten Mitarbeiter für sein Projekt zum richtigen Zeitpunkt zur Verfügung zu haben. Ferner informiert er bei personellen Schwierigkeiten oder auch bei projektabweichenden Situationen den Steuerungsausschuss des Projektes sowie den Portfoliomanager und fordert Entscheidungen ein.

In einer „reifen“ Projektorganisation erweitert sich sein Aufgabenbereich: Er steht bereits bei der Erarbeitung von Projektaufträgen und bei der Berechnung des Business Case einzelner Projektanträge (siehe Quality Gate 3), also bereits vor Projektbeginn, zur Verfügung. Weiterhin sieht er mit Bedacht auf sein eigenes Projekt, versucht nicht jederzeit alle Änderungsanträge durchzusetzen, sondern berät sich frühzeitig mit dem Portfoliomanager, ob eine Weiterführung des Projektes aus Portfoliosicht hilfreich und auch gewollt ist.

8.8 Die Unternehmenskultur

„In diesen Tagen müssen Vorstände/Geschäftsführer zeitgleich in zwei Zeitachsen denken: Kurzfristig, indem sie ein Auge auf den Aktienkurs bzw. die Rendite ihres Unternehmens haben, und langfristig mit Fokus auf die Projekte und Investitionsprogramme, von denen die zukünftige Rentabilität ihre Unternehmens abhängt“[11]

Das ist erst einmal die Ausgangssituation. Die Frage ist, agieren alle Beteiligten in der Portfolio-Management-Organisation nach diesem Grundsatz und richtet das Unternehmen im Portfolio-Management seine Konzentration darauf aus? Also: Unterstützt die vorherrschende Unternehmenskultur das Portfolio-Management oder gibt es kulturell bedingte Verhaltensweisen, die es eher behindern? Müssen solche Verhaltensweisen geändert werden oder muss sich etwa das Portfolio-Management anpassen — möglicherweise mit der Konsequenz, Einschränkungen in Kauf nehmen zu müssen?

[11] Quelle: Romesh Vaitilingam, Autor von „The Financial Times, Guide to Using the Financial Pages“.

8.8.1 Was genau bedeutet Unternehmenskultur?

Unternehmenskultur oder im allgemeineren Sinne Organisationskultur ist ein Begriff der Organisationspsychologie.

Zur Unternehmenskultur gehören sowohl Wertvorstellungen, die sich im Unternehmen widerspiegeln, aber auch Wertvorstellungen dazu, wie mit Lieferanten und Kunden umgegangen wird bzw. welche Wertvorstellungen diese selbst zu vertreten haben.

Die Unternehmensleitung hat ein wesentliches Interesse daran, die Unternehnskultur im Sinne des Gesamterfolgs eines Unternehmens zu gestalten und zu fördern. Ziel ist es, Reibungsverluste zu vermeiden, Mitarbeiter zu motivieren, an das Unternehmen zu binden und alle Kräfte auf den Unternehmenserfolg auszurichten.

Beeinflusst wird die Unternehmenskultur durch Regeln bzw. Vorgaben zu Themen wie die Besprechungskultur, regelmäßige Betriebsversammlungen, Urlaubs- und Überstundenregelungen sowie flexible Arbeitszeitmodelle. Es zählen aber auch Kleidervorschriften (typischerweise bei Banken und Versicherungen oder in speziellen Hierarchieebenen) etc. dazu.

Unbewusste, oftmals nicht festgeschriebene oder verpflichtende Wertvorstellungen wie zum Umgang mit Kollegen/-innen sowie zum Führungsverhalten tragen aber wesentlich zur gesamten Unternehmenskultur bei. Sie werden meist von der Geschäftleitung vorgelebt und weitergebeben.

Die Einführung von Projektportfolio-Management berührt nicht nur die Unternehmenskultur, Sie hat in der Regel auch einen massiven Einfluss auf die Prozesse und Methoden, insbesondere auf die Organisationseinheiten und deren Verantwortungsbereiche.

Die systemische Organisationsentwicklungsberatung ist das praxisorientierte Gegenstück zur wissenschaftlichen Disziplin der Organisationspsychologie. Ihre Aufgabe ist es, die Unternehmenskultur als solche im Sinne des Unternehmensziels zu optimieren. Methoden wie z. B. Open Space Technology oder die Großgruppenmethode der Real Time Strategic Change Conference sind darauf ausgerichtet, Unternehmenskultur und Unternehmensaufgaben aufeinander abzustimmen.

Während mindestens bis zur Mitte des zwanzigsten Jahrhunderts Unternehmenskulturen als langfristige und stabile Größe anzusehen waren, sind sie mit der zunehmenden Dynamisierung und Internationalisierung der Wirtschaftssysteme einem immer stärker werdenden Veränderungsdruck ausgesetzt. Das sogenannte Veränderungsmanagement oder Change Management hat zur Aufgabe, die notwendigen Änderungen der Unternehmenskultur so zu gestalten, dass Schäden für die Leistungsfähigkeit des Unternehmens vermieden und Nutzeffekte erzielt werden. Eine besondere Herausforderung stellt die Fusion von Unternehmen mit unterschiedlichen Kulturen dar.[12]

8.8.2 Die Bedeutung der Projektkultur oder Projektportfolio-Managementkultur

Für den Erfolg des Portfolio-Managements ist es ganz entscheidend, welche Unternehmenskultur vorherrscht bzw. welche Verhaltensmuster gepflegt werden. Basierend darauf müssen Sie Ihr Portfolio-Management ausrichten und entsprechende Change Management Projekte aufsetzen, damit Sie ein erfolgreiches Portfolio-Management etablieren können.

Neben den bereits aufgeführten Prozessen, Methoden und Organisationsstrukturen, Kompetenzen und Verantwortlichkeiten ist es elementar, einen konkreten Verhaltenskodex zu erarbeiten.

Eine wichtige Aufgabe im Rahmen des Portfolio-Managements ist es, Emotionen aus den Entscheidungen „herauszunehmen“. Stattdessen sollten Entscheidungen auf einheitlichen, transparenten und hilfreichen Kennzahlen und Informationen basieren.

Halten sich alle Beteiligte an die Vorgaben und Methoden, fällt es leichter, seine persönlichen Interessen zugunsten der übergreifenden Portfolioziele zurückzustellen und wichtige Entscheidungen auch dann zu unterstützen, wenn sie mit den eigenen Interessen nicht deckungsgleich sind.

Sehr hilfreich ist eine kooperative und unterstützende Unternehmenskultur, in der kritische Themen und Probleme ohne Vorwurfshaltung offen angesprochen werden. Gemeinsam werden Lösungen erarbeitet. Es ist die Bereitschaft vorhanden, Stärken weiter auszubauen, Schwächen zu optimieren und aus Fehlern zu lernen. Die an der Portfolio-Management-Organisation Beteiligten sind über die übergreifenden Strategien und Ziele informiert und haben großes Interesse daran, diese zu unterstützen und zum Gesamterfolg beizutragen.

[12] Quelle: www.projektmagazin.de, Autor: Dr. Georg Angermeier.

In diesem Zusammenhang kann sicher auch über entsprechende Entlohnungsmodelle bzw. Erfolgsbeteiligungen nachgedacht werden. Diese sollten immer eine Mischung aus persönlichen und unternehmensweiten Erfolgsfaktoren sein.

Insbesondere die Projektportfolio-Gremien (PPG) sind davon betroffen, welche Besprechungs- und Streitkultur im Unternehmen gepflegt wird. Nicht immer gelingt es, alle Emotionen aus den Gesprächen zu nehmen. Manchmal gehört es zur Unternehmenskultur, dass sehr intensiv und emotional diskutiert ja fast schon gestritten wird. Unter Umständen müssen Sie dieser Situation Rechnung tragen und ihr innerhalb der Besprechungen Raum geben.

Wenn Sie eine PPG-Sitzungen vorbereiten, sollten Sie folgende Punkte beachten:

- PPG-Sitzungen inhaltlich vorbereiten,
- einer klare Agenda erstellen,
- einen genauen Zeitrahmen festlegen
- Teilnehmer rechtzeitig einladen und
- wichtige Informationen vorab an sie verschicken.

Damit können Sie zeitverzögernde Diskussionen oder auch Streitgespräche vorbereitend vermeiden.

TIPP für den Portfoliomanager

Sprechen Sie vor den PPG-Sitzungen persönlich mit den Teilnehmern, die von wichtigen oder auch unangenehmen Entscheidungen betroffen sind. Besprechen Sie unter vier Augen die Hintergründe und Rahmenbedingungen.
So kann sich der Verantwortliche bereits in Ruhe auf die Situation einstellen und selbst Lösungsvarianten erarbeiten bzw. durchdenken. Damit vermeiden Sie spontane, verärgerte Reaktionen und die damit verbundenen Zeitverzögerungen in den Besprechungen.

8.9 Rollenverständnis und Persönlichkeitsprofil des Portfoliomanagers

„Der“ Portfoliomanager bzw. „die“ Portfoliomanagerin benötigt aus meiner Sicht spezielle (fachliche und persönliche) Eigenschaften. Zudem bedarf es eines klar definierten Rollenverständnisses. Nachfolgend möchte ich die zentralen Eigenschaften, über die Portfolio manager verfügen müssen, beschreiben. Dazu möchte ich Ihnen noch einen wichtigen Hinweis geben: Auch ein Team aus mehreren Mitarbeitern/Mitarbeiterinnen kann diese Rolle ausfüllen.

Wie sieht der/die ideale Portfoliomanager(in) aus?

Aus Vereinfachungsgründen bleibe ich bei der männlichen Darstellungsform.

Governator

Der Governator ist für die Ausarbeitung, Etablierung und Einhaltung der Portfolio-Management-Governance zuständig. Er fühlt sich für die Einhaltung und die laufende Weiterentwicklung verantwortlich.

Manager

Der Manager hat die Unternehmensziele im Blick und versucht seine Arbeit an der Zielerreichung des Unternehmens auszurichten. Er achtet auf die Zufriedenheit der Mitarbeiter in seinem Verantwortungsbereich und richtet daneben den Fokus auf den Unternehmenserfolg.

Analyst

Der Analyst arbeitet mit strukturierten aber auch unstrukturierten Daten, analysiert und interpretiert diese Informationen. Er bereitet Entscheidungsvorlagen transparent auf, identifiziert Problemfälle und hält Erfahrungen aus der Vergangenheit für die Interpretation aktueller Daten vor.

Kontrolleur

Der Kontrolleur achtet auf die Einhaltung vorgegebener Abläufe/Prozesse und Verantwortlichkeiten. Er stellt den zeitnahen Durchfluss dieser Prozesse sicher.

Zusätzlich überwacht er die Qualität der gelieferten Daten und den damit verbunden Fortschritt in der Projektlandschaft. Er überwacht die Key Performance Indikatoren und eskaliert bei Warnhinweisen sowohl auf der Einzelprojekt- als auch der Portfolioebene.

Berater und Unterstützer

Der Berater berät das Topmanagement bei der Priorisierung und Projektselektion. Er bereitet die Daten für Entscheidungen optimal auf, stellt Varianten und Lösungsansätze zusammen, und steht dem Topmanagement bei notwendigen Entscheidungen beratend zur Verfügung.

Der Unterstützer hilft bei Fragen aus der Projektorganisation, unterstützt Projektleiter bei Eskalationen und bei der Vorbereitung von Entscheidungssitzungen, die z. B. mit dem Steuerungsausschuss anstehen.

Kollege

Der Kollege hat Verständnis für die Sorgen und Nöte der Mitarbeiter aus der Projektorganisation. Mit seinem stets offenen Ohr ist er ein gern gesehener Ansprechpartner. Er steht bei Fragen aber auch in schwierigen Zeiten helfend und entlastend zur Verfügung.

Motivator

Der Motivator kennt die anspruchsvollen und auch demotivierenden Phasen, die es im Rahmen der Projektorganisation im Laufe der Prozesse und während der Aufgaben der Projektarbeit gibt. Er ist der „Fels in der Brandung" und schafft es auch in schwierigen Zeiten, die Beteiligten zu motivieren.

Treiber

Der Treiber ist das wandelnde „schlechte Gewissen". Er erinnert permanent an die Einhaltung von Terminen während des Quality Gate Prozesses oder an die pünktliche Lieferung von Informationen wie den Projektstatusbericht. Er erinnert aber auch das TopManagement an die Herbeiführung notwendiger Entscheidungen und einer klaren Definition von Strategien und Zielen.

Mediator

Der Mediator erkennt Konfliktsituationen, organisiert und moderiert notwendige Gespräche und führt Entscheidungen herbei, mit denen beide Konfliktparteien umgehen können bzw. deren Notwendigkeit sie erkennen. Er sorgt dafür, dass die Projektorganisation am Leben erhalten wird und nicht durch Blockaden gehemmt ist.

Spezialist

Der Spezialist beherrscht sein Themengebiet und wird als kompetenter Ansprechpartner und „wandelndes Lexikon“ mit unendlich viel Praxiserfahrung anerkannt. Er versteht in Perfektion, was genau das Unternehmen macht und somit auch, was der Hintergrund und Inhalt der einzelnen Projekte ist. Somit ist er in der Lage, auch Synergieeffekte zu erkennen.

Führungskraft

Die Führungskraft beherrscht die Themen der Personal- und Unternehmensführung. Sie ist sowohl bei ihrem Portfolio-Management-Team als auch aufgrund ihres Blicks auf das übergreifende Portfolio-Management in der Gesamtorganisation als Führungskraft anerkannt.

Der Mutige

Der Mutige traut sich, auch im Topmanagement gut vorbereitet aufzutreten. Er sieht sich in der Verantwortung, in alle Richtungen durchaus auch unangenehme Fragen zur Transparenz von Informationen und Erfahrungen, aber auch zu Trends zu stellen. Für diese Eigenschaft und das damit verbundene Vorgehen ist er bekannt und er wird genau dafür geschätzt.

Ausbildungskonzepte im Portfolio-Management

Selbstverständlich ist darauf zu achten, dass alle an der Projektorganisation Beteiligten ausgebildet und während ihrer Arbeit unterstützt werden. Dazu gibt es mehrere Lösungsansätze. Wichtig ist, dass es nicht ausreicht, „nur“ die Projektleiter und Projektmitarbeiter auszubilden und zu begleiten.

Im folgenden Kapitel beschreibt Johannes Felchlin anhand eines Praxisbeispiels, wie eine vortrefflichen Ausbildung aussehen kann.

Management Summary – der Faktor Mensch

Der Mensch ist mit der wichtigste Faktor in der Projekt und Portfolio-Management-Organisation. Trotzdem gehört diese Erkenntnis zu den meist unterschätzten Tatsachen.
Es ist wesentlich, den Menschen bei als seinen Bemühungen in den Fokus des Projekt- und Portfolio-Managements zu stellen. Prüfen Sie genau, welche Rollen benötigt werden und wie sie diese mit den notwendigen Kompetenzen, Verantwortlichkeiten und vor allem Fähigkeiten ausstatten.
Bauen Sie ein Team auf, das in der Lage ist, auch in schweren Zeiten standhaft und durchsetzungsstark zu bleiben. Dieses Team ist für die Ausbildung verantwortlich, steht beratend zur Seite und unterstützt die Beteiligten während des gesamten Prozess, insbesondere auch bei Eskalationssituationen.
Stellen Sie sicher, dass die Wertschöpfung, die das Portfolio-Management generiert, auf allen Ebenen der Unternehmensorganisation bekannt ist und auch permanent wahrgenommen wird.

9 Befähigung im Projekt- und Portfolio-Management – Erfahrungen, Lösungsansätze, Erfolgsfaktoren

Ein Praxisbeitrag von Johannes Felchlin

Damit das Multiprojekt-Management in einer Organisation möglichst optimal funktioniert und sich auch kontinuierlich weiterentwickeln kann, bedarf es unter anderem einer adäquaten Aus- und Weiterbildung sowie weiterer Befähigungen aller Interessenvertreter, die direkt oder indirekt mit dem Projekt-Management oder dem Projektportfolio-Management konfrontiert sind.

9.1 Wer muss befähigt werden?

Wenn von Ausbildung im Projekt-Management die Rede ist, wird zumeist nur über die Projektleitung und deren Prozess-, Methoden- und Systemschulung sowie die entsprechenden Zertifizierungen gesprochen.

Doch für ein erfolgreiches Multiprojekt-Management sind viele Mitarbeitende, die in der entsprechenden Organisation verschiedenen Rollen bekleiden, verantwortlich. Deshalb ist es sinnvoll und nötig, eine ganzheitliche Befähigung aller Funktionsinhaberinnen und -inhaber anzustreben.

Gerade die Auftraggebenden, die eine zentrale Rolle spielen, sind häufig mit ihrer Aufgabe überfordert, da die meisten von ihnen vorher nie als Projektleiter gearbeitet haben. Sie sehen sich eher in der Rolle des Entscheiders, vernachlässigen aber ihre Pflichten.Die Inhaber folgender Funktionen sollten nach meiner Meinung befähigt werden. Selbstverständlich ist die Art und Intensität der Aus- und Weiterbildung sehr unterschiedlich.

- Mitarbeitende des Projektportfolio-Managements
- Projektleiter
  - Gesamt-PL
  - Fachbereichs-PL
  - IT-PL
  - Mitarbeitende des Projekt Office

- Projektmitarbeitende
- Bereichs-/Teamleiter
- Auftraggebende (AG)
- Entscheidungsgremien
- Übrige Stakeholder (Projektverantwortliche in den Bereichen, verschiedenste Governance Stellen usw.)

Das Ziel der Befähigungen basiert selbstverständlich auf den Zielen des Multiprojekt-Managements.

Die Abbildung 23 zeigt diese Ziele exemplarisch. Es geht darum, dass jede/jeder seine Aufgabe im Gesamtrahmen richtig ausführen kann.

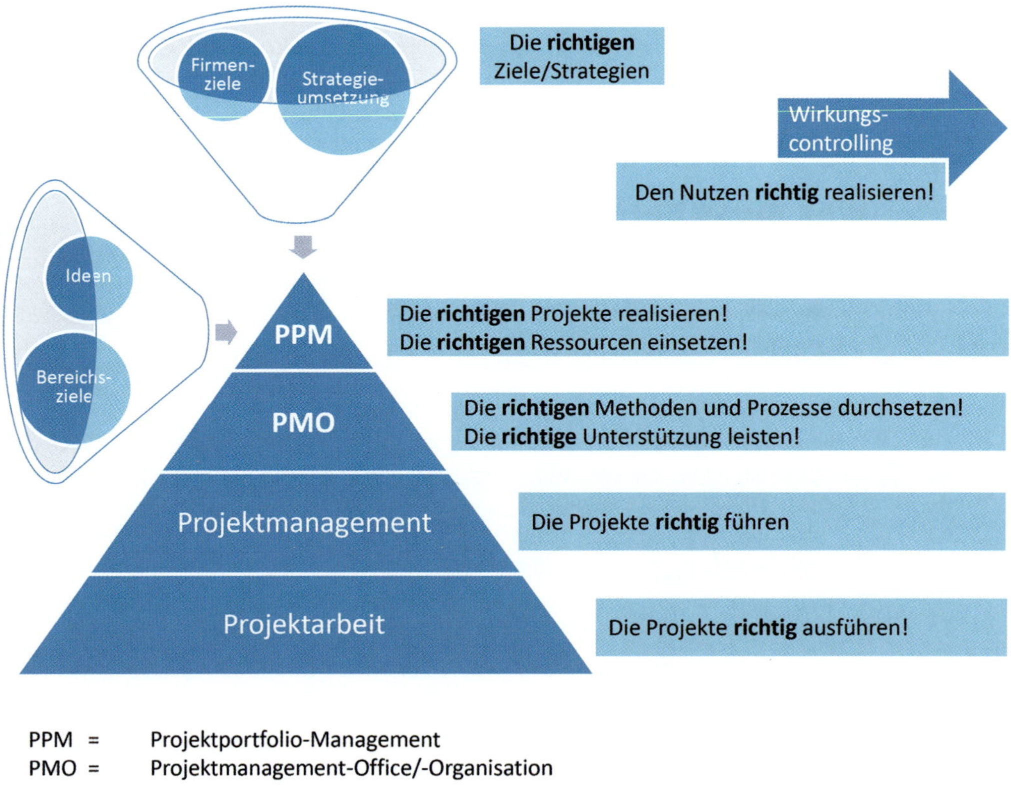

Abb. 23: Befähigungsziele

9.2 Befähigung der Projektportfolio-/ PMO-Mitarbeiter

Je zentralistischer eine Projekt-Management-Organisation aufgebaut ist, desto weniger Aus- und Weiterbildungsbedarf besteht. Die meisten Organisationen haben aber eine Mischform von zentral geführten Funktionen wie das Projektportfolio-Management oder die Projekt-Management-Organisation (PMO) und dezentralen Subprojektportfolio Verantwortlichen in den Bereichen.

Die Befähigung der Mitarbeiter, die diese Funktionen bekleiden, besteht einerseits darin, den Informationsstand über die aktuellen Prozesse, Methoden und Inhalte hoch zu halten und andererseits Personen, die ihre Funktion neu aufgenommen haben, die richtige Hilfestellung zu geben, damit sie als Ambassadoren in den Bereichen auftreten und die Projektportfolio-Management-Ziele unterstützen können.

Das übergeordnete Ziel des Projektportfolio-Managements könnte wie folgt aussehen:

Durch die

- Definition,
- Standardisierung,
- Optimierung,
- Schulung und Durchsetzung

der Projekt-Management und Projektportfolio-Management-Prozesse, Methoden und Systeme sowie durch ein aktives, kontinuierliches Führen des Projektportfolios ein möglichst

- strategiekonformes,
- nutzengenerierendes,
- betriebserhaltendes,
- redundanzfreies,
- abwicklungsfähiges und
- risikoarmes

Projektportfolio zu erhalten.

Die Art der Befähigung für diese Gruppe ist mannigfaltig und kann sich aus regelmäßigen Infoveranstaltungen, aus bilateralen Treffen sowie Grundschulungen für Prozesse, Methoden oder Systeme zusammensetzen.

9.3 Befähigung von Projektleitern

Selbstverständlich gehört zu jedem Schulungskonzept im Rahmen des Projekt-Managements auch die Aus- und Weiterbildung der Hauptakteure, der Projektleiter. Die Ausgestaltung ist stark abhängig von der Projekt-Management-Maturität in der Organisation und von der vorherrschenden Unternehmenskultur. Aus meiner Erfahrung ist es enorm wichtig, dass die Schulung eine Prozess-, eine Methoden- und eine Systemkomponente beinhaltet und so stark als möglich praxisorientiert ist. Ferner ist wichtig, dass neben den Gesamtprojektleitern auch die Fachbereichsprojektleiter, die IT-Projektleiter sowie die Projekt Office Mitarbeiter befähigt werden.

Gute Erfahrungen habe ich mit einem Modell gemacht, das eine 3-tägige Grundschulung zum Projekt-Management mit einer 1-tägigen Projekt-Management-Systemschulung kombiniert. Die Projekt-Management-Systemschulung thematisiert auch den Prozess und die angewendeten Methoden. Komplettiert wird das Modell dann mit einem persönlichen, individuellen Coaching (Senior zu Junior) sowie einem Gruppencoaching. Das Gruppencoaching beschäftigt sich mit aktuellen Problemen im eigenen Projekt, die unter der Leitung des Projektportfolio-Management mit andern Projektleitern, die in derselben Situation stecken, diskutiert werden.

Das wichtigste bei der Schulung von Projektleitern durch die Projektportfolio-Management-Organisation ist, neben neben dem eigentlichen Inhalt die richtige Mischung von Governance (Durchsetzung von aufgezwungenen Prozessen, Methoden und Tools), Beratung (offenes Ohr für Anliegen der Projektleiter, Kompetenzzentrum Projekt-Management) und Dienstleistung (Unterstützung der Projektleiter) zu vermitteln.

9.4 Befähigung von Projektmitarbeitern

Die Aus- und Weiterbildung von Mitarbeitern, die keine spezielle Planungs- oder Koordinationsrolle innehaben, sondern lediglich inhaltlich arbeiten, kann sich auf ein Minimum beschränken. Eventuell ist eine kleine Systemschulung zu Themen wie Aufwandsrapportierung, Abwesenheitsplanung und Auswertungsmöglichkeiten sinnvoll.

Zudem sollte eine angebotene Projekt-Management-Grundschulung auch interessierten Projektmitarbeitern, die nicht als Projektleiter eingesetzt sind, offen stehen; auch im Hinblick auf eine mögliche Weiterentwicklung.

9.5 Befähigung von Bereichs-/Teamleitern

Diese Befähigung ist stark von der Art des Ressourcen-Managements abhängig, resp. vom Prozess für die Planung und Freigabe von internen Personalressourcen (wie werden Mitarbeiter in der Projektorganisation eingeplant, wer ist dafür zuständig und mit welchen Kapazitäten werden sie zur Verfügung gestellt?). Je nachdem, ob ein integrales Softwaresystem im Einsatz ist oder nicht und ob die Ressourcenzuordnung zentral koordiniert wird, ist der Bedarf an Schulungen mehr oder weniger hoch.

9.6 Befähigung von Auftraggebern

Diese wichtige Gruppe von Beteiligten im Projekt-Management-Umfeld wird oft vergessen oder vernachlässigt, obwohl sie den größten Einfluss auf den Erfolg oder Misserfolg eines Projekts hat.

Die meisten Analysen von Gründen für das Scheitern von Projekten, die in den letzten Jahren von Beratungsunternehmen oder Universitäten erstellt wurden, zeigen ein klares Bild: An erster Stelle steht meistens „Unklare Anforderungen und Ziele", regelmäßig gefolgt von „Fehlende Projekt-Management-Erfahrung auf Leitungsebene", „Politik, Egoismen, Kompetenzstreitigkeiten" und „Mangelhafte Kommunikation". Somit sind die grössten Einflussfaktoren für Problemquellen in Projekten allesamt direkt oder zumindest indirekt beim Auftraggeber zu suchen. Mit andern Worten, die Projektleitung kann hervorragende Arbeit leisten, doch wenn die Auftraggeberschaft ihren Pflichten nicht genügend nachkommt, verhindert dies oft den Projekterfolg. Oder frei nach dem Motto ...

Projekte scheitern eher wegen unfähigen Auftraggebern als wegen unfähigen Projektleitern.

Doch wie kann man Auftraggeber und Mitglieder von Projektausschüssen, Steuerungsgremien, Reviewboards usw. adäquat befähigen? Meine Erfahrung zeigt, dass durch gezielte Gespräche in Gruppen sowie durch das Durchsprechen von Checklisten und deren Abgabe viel erreicht werden kann.

Die Auftraggeber sind sich oft gar nicht bewusst, was ihre Rolle im Projekt ist und wie sie zum Projekterfolg beitragen können.
Weil die Auftraggeber oft Mitglieder der höchsten zwei bis drei Funktionsstufen bzw. Führungsebenen sind und die Motivation, eine „Schulung" absolvieren zu müssen, recht klein ist, bedarf es einiger erfolgsbringender Rahmenbedingungen.

Erstens wird das Commitment des Topmanagements (am besten des CEO) benötigt. In jenem Unternehmen, im dem ich diesen Prozess führen durfte, war die Vorgabe des CEO sogar, dass die ganze Führungsriege sowie alle aktuellen und potenziellen Auftraggeber (in diesem Fall 90 Personen) die „Schulung“ erfolgreich absolvieren mussten und ein Controlling darüber geführt wird. Dies half selbstverständlich enorm bei der Planung und Durchführung. Zweitens ist der Name der Veranstaltung nicht unwichtig. In diesem konkreten Fall wurde es nicht „Auftraggeberschulung“ oder ähnlich genannt, sondern „Auftraggeberlerngespräch“. Die dreistündige Veranstaltung, die mit Gruppen von 10–20 Personen durchgeführt wurde, war wie folgt strukturiert:

- Ziel des Lerngespräches
  (Ausgangslage mit Analyse der Gründe für Misserfolg im Projekt, AG Rollenverständnis, Schwerpunkte, Wertschöpfung für Unternehmen, Nutzen für AG)
- Notwendige Fähigkeiten der Auftraggeberschaft
  (z. B. aufgeteilt in Verhaltens-, Technik- und Kontextkompetenzen)
- Checkliste pro Projektphase
  (Fragenliste pro Phase)
- Praktische Übung zum Thema Ziel- und Nutzenformulierung
- Diskussion

Das Feedback nach der Durchführung der Veranstaltung war durchwegs positiv. Niemand hatte sie als unnütze, aufgezwungene Schulung empfunden, sie wurde vielmehr auch von zuerst negativ gestimmten Teilnehmern als enorm nutzenstiftend und hilfreich eingestuft.

Vor allem die Strukturierung der Fragestellungen pro Phase wurde positiv herausgehoben. Pro Projektphase wurden immer drei Grundfragen mit jeweils 10–20 inhaltlichen Fragen gestellt.

- Woran muss ich als AG denken?
- Was muss ich als AG selber erledigen und kann/darf es nicht delegieren?
- Was muss ich als AG von der Projektleitung einfordern?

Auch die verteilte und elektronisch einfach nutzbare Checkliste ist so aufgebaut. Als positiv wurde zudem wahrgenommen, dass nicht Best Practices aus dem Unternehmen vorgestellt wurden (was in andern Projekt-Management-Ausbildungen meistens sehr sinnvoll ist), da dies hier eher demotivierend gewirkt hätte, zumal das eigene Projekt sowieso immer anders ist. Vielmehr wurde verallgemeinert und anonym gesprochen, aber trotzdem nicht theoretisch, sondern praktisch und auch immer mit einem klaren Bezug zu den eigenen Prozessen und Methoden.

9.7 Gemeinsame Befähigung von Auftraggebern und Projektleitern

Eine Befähigungsform, die sich nach meiner Erfahrung sehr bewährt hat, ist das sogenannte „Project Tailoring". Es wird bei jedem Projekt jeweils in der Anfangsphase absolviert. Während der Projektinitialisierung oder zu Beginn der Planungsphase/Vorstudie findet ein Meeting statt, das zwischen 1 Std. bis zu zwie bis dreiTagen dauern kann (je nach Komplexität und Art des Projekts). Teilnehmen sollten der Auftraggeber, die gesamte Projektleitung, eventuell Teile des Kernteams, eventuell Key Account Manager aus der IT und/oder dem Fachbereich sowie die Mitarbeiter des Projektportfolio-Managements. Geführt wird das Meeting vonseiten des Projektportfolio-Management. Anhand einer Checkliste werden die Ziele, die Liefererergebnisse, die wichtigsten Meilensteine, der Projektvorgehensplan, die wichtigsten benötigten Dokumente pro Projektphase sowie die wichtigsten zu involvierenden Stakeholder und Governance Stellen definiert bzw. überprüft. Ein besonderes Augenmerk ist auf mögliche unterschiedliche Auffassungen von Auftraggeber und Projektleiter zu diesen Themen zu richten.

Der Vorteil dieser Form der Weiterbildung ist die Praxisnähe, woraus eine Grundmotivation der Beteiligten resultiert, das Gelernte direkt umzusetzen und daraus einen direkten Nutzen zu generieren. Ferner kann sichergestellt werden, dass das Projekt richtig aufgesetzt ist/wird, um Fehler zu vermeiden und gute Voraussetzungen für einen nachhaltigen Projekterfolg zu schaffen.

9.8 Befähigung von allen weiteren Stakeholdern

Damit Projekte und das gesamte Projektportfolio einer Organisation erfolgreich sind, ist das Zusammenspiel aller relevanten Akteure im Multiprojekt-Management enorm wichtig. Nicht nur Projektleitungen und Auftraggeberschaften, sondern auch viele weitere Stellen, Funktionen und Gremien sind relevant. Je nach gelebter Projekt-Management-Kultur ist die Befähigung dieses Personenkreises wichtig oder zu vernachlässigen. Nicht optimale Sekundärprozesse können den Projektfortschritt jedoch überraschend stark lähmen. Beispiele dafür sind das Beschaffungswesen, die IT Security, die interne Revision, der Zahlungsworkflow oder natürlich die Projektentscheidungsgremien.

Die permanente Information dieser Stellen über die aktuellen Projekt-Management-Prozesse und die optimale Integration von Sekundär- und Primärprozessen ist zwingend und ein nicht zu vernachlässigender Erfolgsfaktor.

9.9 Fazit

Erfolgreiches Projekt-Management ist ebenso wenig nur von der Planungs- und Steuerungsqualität der Projektleitung abhängig wie erfolgreiches Projektportfolio-Management nicht nur von der Qualität der zentralen Organisationseinheit, die die Projektkoordination ausübt, abhängt.
Die Erfolgsfaktoren liegen auf Einzelprojektebene eher in der Zusammenarbeit von Auftraggeberschaft und Projektleitung und im Speziellen im Aufgabenverständnis, respektive in der Pflichterfüllung der Auftraggeberschaft.

Dieser Erfolgsfaktor kann durch praxisnahe Weiterbildung, permanente Information und konstruktive Einflussnahme bei Projektstart durch eine zentrale Projekt-Management-Organisation positiv beeinflusst werden.

Auf Projektportfolio-Ebene sind die Erfolgsfaktoren stark abhängig von einem möglichst optimalen Zusammenspiel von Entscheidungsgremien und Projektportfolio-Management. Für diese Zusammenarbeit ist der Wissensgrad der relevanten Interessenvertreter im Hinblick auf das Projekt-Management und Projektportfolio-Management entscheidend. Damit kommt der kontextbezogenen Befähigung und situativen Information durch persönliche Gespräche ein wichtige Rolle zu.

10 Und dann war da noch der Mensch

Ein Praxisbeitrag von Uwe Degel

In den vorherigen Kapiteln konnten Sie erfahren, welche Prozesse und Werkzeuge man benötigt, um ein professionelles Projekt und Portfoliomanagement in einem entsprechenden Kontext zu implementieren.

Also beginnen wir, Prozesse genau zu dokumentieren und entsprechende Werkzeuge einzuführen. Alles fertig ... Hurra wir haben es geschafft, die Begeisterung ist bei allen Beteiligten groß. Endlich sind die richtigen Prozesse und Werkzeuge da, die man viele Jahre zuvor vermisst hat!

Doch nach und nach stellt man fest, dass die Informationen in den tollen, neuen Systemen und Berichten irgendwie nicht so stimmig sind.

Wie kommt dies? Sind gut definierte Prozesse und Tools nicht die alleinigen Erfolgsfaktoren?

Augenscheinlich nicht. Haben wir etwas vergessen? Haben wir Fehler bei der Einführung gemacht? Es scheint so. Aber, was ging schief?

Nehmen wir einmal die sogenannte „Helikopter-Sicht" ein. Professionelles Portfolio Lifecycle Management bis hin zum Projekt-Management ist keine leichte Kost. Alle Beteiligten müssen die Fähigkeit zu strukturiertem Denken, Disziplin, den Willen zu Transparenz und abstraktem Vorstellungsvermögen haben. Natürlich bedarf es auch einer gehobenen Ebene an Professionalität. Diese „Anforderungsliste" könnte als eine Ansammlung von Schlagworten abgetan zu werden. Wenn Sie aber die Ihre eigene Organisation betreffenden Einzelheiten und die in den kommenden Jahren anstehenden Herausforderungen an Ihrem geistigen Augen vorbeiziehen lassen, stellen Sie vermutlich schnell fest, dass es die weichen Faktoren sind, die Sie am meisten beschäftigen werden, damit die gesteckten Ziele erreicht werden können.

Lassen Sie mich versuchen, basierend auf meiner langjährigen Erfahrung, einige Komponenten anzusprechen, die Ihnen möglicherweise helfen werden, diese „weichen" Elemente einer Einführung von Portfolio-Management ohne Probleme zu meistern.

10.1 Sie sind nicht alleine ...

Erst einmal sollten Sie sich dessen bewusst sein, dass Sie nicht im Vakuum operieren. In der Regel denken wir über das Thema dieses Buches ohnehin erst ernsthaft nach, wenn es sich bei unserem Unternehmen um eine größere Organisation handelt. Einzelpersonen oder kleine Unternehmen sollten meiner Meinung nach von dem Thema Abstand nehmen ... der Aufwand, den Sie betreiben müssen, um die in diesem Buch besprochenen Dinge richtig zu tun, ist einfach zu hoch.

Sie sind also nicht alleine. Sie sind Teil einer Organisation, in der normalerweise eine Kultur herrscht, die über einen mehr oder weniger langen Zeitraum gewachsen ist. Diese Kultur ist sicher von dem Wirtschaftszweig des Unternehmens geprägt, von seiner Ausrichtung, der Personalpolitik und, nicht zu vergessen, von der Nationalität, der die Mehrheit der Mitarbeitenden angehört. Als Führungskraft, die seit nunmehr fast zwei Jahrzehnten in internationalen Unternehmungen tätig ist, kann ich Ihnen versichern, dass die Spannweite sehr groß sein kann. Es gibt Situationen, in denen man sich monatelang, ja fast jahrelang in der Planung und Administration von Projekten verliert und die eigentliche Aufgabe, die es zu bewältigen gilt, eher nebensächlich ist. Oder sie befinden sich in einem Umfeld, in dem sich Ziele, Meilensteine und mehr oder weniger alle Parameter ständig ändern.

Nach vielen Jahren der Erfahrung möchte ich Ihnen dazu eine klare Botschaft geben: Die eine Situation muss nicht schlechter als die Andere sein. Und eine weiter Erfahrung konnte ich machen: Sie sollten nicht versuchen, die Unternehmenskultur Ihrer Umgebung durch die Einführung der in diesem Buch beschriebenen Methoden zu ändern. Ihr Ziel muss sein, die beste Methode zu finden, um in Ihrem jeweiligen Kontext die Durchführung der in Ihrem Portfolio behandelten Investitionen so erfolgreich als möglich zu managen.

Ein weiterer Aspekt in diesem Zusammenhang ist die Maturität einer Organisation. Selbst wenn die Kultur Ihres Unternehmens die Einführung eines Projektportfolio-Managements unterstützt, kann es trotzdem angeraten sein, kleine Schritte zu machen, falls bei den Mitarbeitern Defizite hinsichtlich Ausbildung und Erfahrung bestehen.

10.2 Das richtige Maß finden ist ein Muss

Neben der zuvor beschriebenen Kultur Ihres Umfeldes spielen natürlich die Art der Geschäftstätigkeit des Unternehmens und die Komplexität der Aktivitäten eine entscheidende Rolle. In einem Dienstleistungsunternehmen dürften in der Regel die Projekte weniger komplex sein als im Vergleich dazu in einer Werft oder bei einem Anlagenbauer. Die Prozesse und Werkzeuge, die Sie implementieren, müssen dem Rechnung tragen und die gesteuerten Projekte und die entsprechenden Prozesse müssen unbedingt auf gleichem Komplexitätslevel sein. Ansonsten können entweder die Anforderungen nicht erfüllt werden oder die Vorgaben sind so überdimensioniert, dass sie nicht angewendet werden. In beiden Fällen wäre die Folge, dass das beabsichtigte Ziel nicht erreicht wird.

10.3 Jemand muss die Dinge tun

Wenn nun die zu Kultur und Geschäftsfeld unserer Unternehmung passenden Prozesse und Werkzeuge implementiert sind, stellt sich die Frage, welche Organisation erforderlich ist, um sie zum Leben zu erwecken,

Grundsätzlich: Ohne Ressourcen, Personal und Zeit wird ein Projektportfolio-Management nicht funktionieren.

Generell sehe ich drei organisatorische Komponenten, die einzurichten sind:

- Eine Organisation, die das Projektportfolio-Management operativ betreibt
- Entscheidungsgremien, die sicherstellen, dass eine übergeordnete Kontrolle stattfindet und notwendige Entscheidungen zeitnah getroffen werden.
- Eine Organisation bestehend aus Projektmanagern, die in der Anwendung der benutzten Methoden und definierten Prozesse geschult sind.

Sind die oben genannten Organisationsbestandteile nicht vorhanden, sollten sie unbedingt aufgebaut werden. Ich habe mehrmals während meiner bisherigen Berufslaufbahn erleben müssen, wie selbst wichtige Projekt mit mehreren hundert Millionen USD Investitionen in erhebliche Schieflage geraten sind und nur mit erheblichem personellen und finanziellem Aufwand „gerettet“ werden konnten.

10.4 Geschwindigkeit anpassen

Wie bereits erwähnt, gehört das Portfolio-/Projekt-Management nach meiner Erfahrung nicht zu den leichtesten Disziplinen. Das Tempo der Einführung sollte deshalb dosiert und wohl angepasst sein.

Ich empfehle, aus den Organisationseinheiten des Unternehmens, für die es die Prozesse einzuführen gilt, zuerst eine kleine „Pilot-Einheit" auszuwählen. Diese Einheit sollte bereits über Projekte betrieben werden, weshalb sich am Anfang in der Regel Bereiche wie Engineering, Finanzen oder die IT-Organisation anbieten.

Für das initiale Portfolio empfehle ich: Konzentrieren Sie sich zunächst auf die wichtigen und kritischen Investitionen bzw. Projekte. Diese (strategisch oder wirtschaftlich wichtigen) Aktivitäten haben oft eine höhere Visibilität im Unternehmen und so zahlt es sich i. d. R. schnell aus, wenn man für deren Steuerung mehr Transparenz (über den gesamten Projektlebenszyklus) schafft, woraus mehr Sicherheit und folglich ein kleineres Risiko des Misserfolges resultiert.

Hinsichtlich der eingeführten Werkzeuge und der damit generierten Informationen rate ich dringend, am Anfang nicht in „Schönheit Sterben zu wollen"! Starten Sie einfach, jedoch wohl strukturiert, und lernen Sie erst einmal, ob die Gedanken, die Sie sich im Vorfeld gemacht haben, auch richtig waren und ob alles wie geplant angewendet werden kann bzw. ob die gewünschten Resultate erzielt werden können. Später, wenn Sie Ihre Verfahren auf weitere Teile der Organisation ausrollen, wird es so oder so zusätzliche Anforderungen geben.

Ein weiterer Vorteil einer dosierten Einführung ist, dass Sie relativ schnell etwas Anschauliches präsentieren können. Aufgrund der Komplexität des Themas ist dies sehr wichtig, da es Ihnen helfen wird, andere Stakeholder von der Notwendigkeit dieser Prozesse und Werkzeuge zu überzeugen.

10.5 Leben Sie die neuen Prozesse vor – Leading by Example

Haben Sie erst einmal alles ins Rollen gebracht, ist es wichtig, die Informationen und dazugehörigen Standards wirklich einzusetzen. Ich habe oft schon gesehen, dass auch nach der Einführung der neuen Methoden und Prozesse weiterhin genutzt wurde, was man „kannte“, und dadurch jeglicher Erfolg, der sich anfänglich einstellte, im weiteren Verlauf ausblieb. Also ... stellen Sie sicher, dass im zukünftigen Prozess ausschließlich die neu definierten Standards verwendet werden — angefangen bei der Dokumentation der Projektidee über regelmäßige Statusmeetings bis letztendlich zur abschließenden Bewertung der getätigten Projektinvestition. Am einfachsten können Sie das vorantreiben, wenn Sie selbst als gutes Beispiel vorangehen und z. B. in von Ihnen geleiteten Sitzungen keine nicht standardisierten Dokumenten behandeln. Zugegebenermaßen ist dies zeitweise eine drastische Vorgehensweise, aber glauben Sie mir, sie wirkt!

11 Kennzahlen und Informationen für optimale Entscheidungen

Sie haben jetzt die Prozesse, Organisationsstrukturen, Verantwortlichkeiten und auch Ausbildungskonzepte, die im Rahmen des Projektportfolio-Managements eine Rolle spielen, kennengelernt. In diesem Kapitel erfahren Sie, welche entscheidungs- und eskalationsrelevanten Informationen und Kennzahlen erforderlich sind, damit die Portfolioprozesse effizient unterstützt und gesteuert werden können. Ich werde dieses Thema entlang der Quality-Gate-Prozesse aufschlüsseln.

11.1 Die Wahrheit über Kennzahlen

Bei der näheren Betrachtung der von mir definierten Kennzahlen werden Sie feststellen, dass manche sehr gut, andere aber überhaupt nicht zu Ihren Ansprüchen passen. Das ist mit einer der Gründe, weshalb ich nicht alle Aspekte und Kennzahlen im Detail aufschlüssle. Bereits für die Herleitung des Projektnutzens können, je nach Unternehmen, Produkt- und Projektarten, die Vorgehensweisen komplett unterschiedlich sein.

Ich konzentriere mich daher auf die wichtigen Parameter bzw. konsolidierten Kennzahlen und nicht auf deren detaillierte Herleitung. Ich bin davon überzeugt, dass Ihnen das für Ihr Unternehmen selber bestens gelingen wird.

11.1.1 Die „ultimative" Kennzahl gibt es nicht

Falls Sie davon ausgegangen sind, in diesem Kapitel die „ultimativen Kennzahlen" zur Portfoliosteuerung zu finden, werden ich Sie unter Umständen enttäuschen. Da die Unternehmen und die damit verbundene Projektarbeit so unterschiedlich sind, habe ich noch nicht den **einen** Satz an Kennzahlen gefunden, der die allumfassende Informationsqualität und Wahrheit im Portfolio-Management liefert. Und – ich habe auch noch nicht die **eine**, ultimative und allesumfassende Kennzahl zur Projektpriorisierung gefunden. In der Regel benötigt man mehrere (multidimensionale) Perspektiven, aus denen man auf das Portfolio blickt, um eine Entscheidung herbeizuführen. Es lohnt sich aber, die definierten Priorisierungskennzahlen zur Querprüfung zu einer Kennzahl zusammenzuführen.

Nehmen Sie das Kapitel als Anregung. Die von mir dargestellten Informationen halte ich für wichtig und wertvoll. Weshalb nicht alle Unternehmen den kompletten Satz Kennzahlen verwenden, hängt neben der unterschiedlichen Projektlandschaft auch vom Reifegrad der Organisation ab.

Achten Sie darauf, dass die zur Verfügung gestellten Informationen nicht nur dem Reifegrad Ihres Unternehmens entsprechen und von allen Beteiligten verstanden werden, vielmehr müssen alle auch mit ihnen arbeiten können.

Den letzten Abschnitt dieses Kennzahlenkapitels habe ich gerne Herrn Max Zuber anvertraut. Wir kennen uns bereits seit Jahren und haben vielfach übereinstimmende Meinungen zum Thema Portfolio-Management. Max Zuber durfte in seiner beruflichen Karriere das Portfolio-Management sowohl national als auch international bei seinem Arbeitgeber aufbauen und konnte über viele Jahre Erfahrungen mit Kennzahlen sammeln.

!

WICHTIG: Zwei wichtige Punkte

1. **Die Anzahl der Informationen sagt nichts über deren Qualität aus. Arbeiten Sie lieber mit weniger Informationen und Kennzahlen als mit zu vielen, da sonst die Gefahr besteht, dass sie nicht im erforderlichen Umfang und in hochwertiger Qualität geliefert werden können. Ein unnötig hoher Detaillierungsgrad sorgt nicht für bessere Entscheidungen, sondern meist für Verwirrung und hindert uns daran, gute Entscheidungen zu treffen.**
2. **Ignorieren Sie nicht das Bauchgefühl der Beteiligten. Sie können nicht 100 % aller Entscheidungen auf optimalen Kennzahlen aufbauen. Lassen Sie sich und Ihrem Unternehmen die Flexibilität und Offenheit, auch noch die eine oder andere Gefühlsentscheidung zu treffen. Bis heute hat das ja auch ganz gut funktioniert.**

11.1.2 Informationen und Kennzahlen standardisieren – ein Muss

Im Rahmen des Portfolio-Managements können die verschiedenen Projektinvestitionen nur dann miteinander verglichen werden, wenn die der Entscheidungsfindung zugrunde liegenden Informationen und Kennzahlen dafür geeignet sind. Damit dies der Fall ist, müssen sie — unabhängig von Art, Größe oder von sonstigen Ausprägungen der Projekte — einheitlich und damit eben vergleichbar sein.

Selbstverständlich wird der Business Case für ein Produktentwicklungsprojekt auf eine andere Weise ermittelt als z. B. für ein IT-Projekt. Trotzdem muss die jeweils auf unterschiedlichen Details basierende Kennzahl vergleichbar sein.

Wie bereits erwähnt, entspringt es oftmals einem Wunschdenken, dass sämtliche Projektinvestitionen aller Unternehmensbereiche in einen „Entscheidungstopf" geworfen werden können. Aber selbst dann, wenn wir die Entscheidungen getrennt treffen (z. B. nach Bereichen wie Produktentwicklung, Informatik etc.), ist es hilfreich, den Entscheidungsträgern immer wieder die gleichen Kennzahlen vorzulegen. Wir gewährleisten damit eine einheitlich hohe Qualität bei der Projekteinsteuerung aller Projektinvestitionen im Unternehmen.

11.2 Projekte nach ihrem Wertschöpfungsbeitrag klassifizieren

Sie sollten sich darüber Gedanken machen, wie Sie Ihre Projekte klassifizieren. Gehen Sie hierbei auch auf die Art der Wertschöpfung der Projekte ein. Ergänzen Sie (sofern vorhanden) Ihre bewährten Methoden zur Projektklassifizierung um die Dimension „Art der Wertschöpfung". Analysieren Sie hierbei genau, wie viel Prozent ihrer Projektinvestitionen auf die jeweilige Projektart entfallen.

Basierend auf der Studie „Manfred Gröger: Projektmanagement: Abenteuer Wertvernichtung, München 2004", sind in der folgenden Übersicht die wichtigsten Projektarten aufgeführt, aus denen die Wertschöpfung im Unternehmen generiert wird. Gelingt es, die Projekte entsprechend zu klassifizieren, können die Budgets sinnvoller verteilt bzw. eingesetzt werden.

Projektart	Wertschöpfung	Beschreibung
Strategische Projekte	Wertvoll	Projekte, die eine oder mehrere Unternehmensstrategien unterstützen bzw. zu deren Zielerreichung beitragen
Performance Projekte	Wertvoll	Diese Projekte dienen in der Regel der Problemlösung und Optimierung im Unternehmen. Meist sind sie betriebswirtschaftlich motiviert.

Projektart	Wertschöpfung	Beschreibung
Organisationsprojekte	In Maßen wertvoll	Diese Projekte wirken sich immer auf die Organisation aus. Zu viele von ihnen sorgen dafür, dass wir uns mit uns selbst beschäftigen. Das Unternehmen verkraftet das nicht und in der Regel sorgt das für viel Unruhe und Demotivation der Mitarbeiter.
Prestigeprojekte	In der Außendarstellung wertvoll. In der Innendarstellung hinderlich z. T. negative Mitarbeitermotivation	Projekte, die gestartet werden um ein spezielles Image von Unternehmensbereichen oder des gesamten Unternehmens zu verbessern bzw. zu erarbeiten. Prestige Projekte sind meistens mit einem negativen Business Case ausgestattet und es lässt sich nur schwer darstellen, welcher Nutzen entsteht. Werden zu Zeiten von Sparmaßnahmen extrem teure Prestigeprojekte gestartet, kann das zu Unverständnis innerhalb der Organisation führen.
Profilierungsprojekte	Wertevernichtend	Projekte, die dazu dienen, ein Team, einen Bereich oder einzelne Personen zu profilieren. Sie werden meist aus Karrieregründen gestartet. Solche Projekte sind schwer zu identifizieren und grenzen sich nur schwer von den Prestigeprojekten ab.
U-Boot-Projekte	Wertevernichtend	Diese Projekte sind nicht offiziell beauftragt. Manchmal werden sie einfach gestartet, ohne dass eine regulierende Einheit wie ein PMO eingreift. Oftmals versucht man, solche Projekte in Teilprojekte bzw. -aufgaben zu untergliedern, sodass sie durch das „Raster" für Projekte fallen. U-Boot-Projekte sind schwer zu identifizieren. Es ist eine genaue Analyse der Budgetverwendungen erforderlich. In einigen Fällen tragen diese Projekte tatsächlich zur Optimierungen bei oder sie erwirtschaften einen Nutzen für das Unternehmen. In den meisten Fällen wurden diverse Versuche, die nicht erfolgreich waren, mit ihnen gestartet und sie wurden wieder eingestellt.
Alibiprojekte	Wertevernichtend	Diese Projektart wird inoffiziell gestartet und dient dazu, den Stakeholdern nachzuweisen, dass als relevant erachtete Themen bearbeitet werden. Meist glaubt die Basis nicht daran und legt keinen Fokus auf die erfolgreiche Umsetzung.

Aus der dargestellten Kategorisierung der Projekte lässt sich schließen, dass nur Projekte, die strategisch oder betriebswirtschaftlich sinnvoll sind, zur Wertschöpfung des Unternehmens beitragen. Die erwähnte damalige Studie hat ferner aufgezeigt: Lediglich 13 % der Projektarbeit leisten einen wertschöpfenden Beitrag. Nach meiner persönlichen Einschätzung hat sich in vielen Unternehmen dieser Anteil bis heute zwar erhöht, aber nicht wesentlich.

11.3 Mögliche Kennzahlen – zuerst beschreiben und dokumentieren

Bevor Sie Kennzahlen implementieren und etablieren, empfehle ich, sie genau zu beschreiben. Hierfür können Sie die in der folgenden Tabelle formulierten Fragen heranziehen. Gelingt es Ihnen nicht, die Fragen zu einer Kennzahl zu beantwortet, ist es oftmals sinnvoll, diese Kennzahl nicht weiter zu berücksichtigen bzw. zu erheben.

Sie sollten daher die in den nachfolgenden Kapiteln beschriebenen Kennzahlen diesen Fragen unterwerfen. Sofern Sie gerade ihr eigenes Kennzahlensystem aufbauen, hilft es vor allem, eine Struktur zu erarbeiten, die von Anfang an verhindert, dass nicht hilfreiche oder nicht lieferbare Kennzahlen etabliert werden.

Information	Beschreibung
Name	Ein allgemein verständlicher oder zumindest erklärter Name für die Kennzahl
Eigentümer	Wer ist für die Erhebung oder Generierung der Kennzahl verantwortlich?
Experte	Wer ist der Experte für die Definition und Generierung der Kennzahl und steht dem Eigentümer für Rückfragen zur Verfügung?
Prozess	In welchem Prozess bzw. Prozessschritt wird die Kennzahl ermittelt?
Erfolgsfaktor	Was ist der Erfolgsfaktor der Kennzahl bzw. um was geht es? Geht es z. B. um Qualitätssteigerung, Kostenreduktion, Reduktion von Durchlaufzeiten, einen strategischen Beitrag etc.?
Beschreibung	Beschreiben Sie die Kennzahl und auch, wie sie ermittelt wird. Ein Beispiel: periodengenaue Erhebung der Soll- und Ist-Kosten, die zueinander ins Verhältnis gesetzt werden.

Information	Beschreibung
Ziel	Was soll mit der Kennzahl genau erreicht werden? Dient sie der Einzelprojektsteuerung oder handelt es sich um eine Kennzahl, die sich auf dem Portfolio wiederspiegelt? Welchen Mehrwert generieren wir mit der Kennzahl (z. B. optimierte Ressourcensteuerung oder Budgetverteilung etc.)?
Formel	Die genaue Formel, wie die Kennzahl ermittelt wird.
Risiken	Welche Situationen können dafür sorgen, dass die Kennzahl nicht ermittelt werden kann? Welche Fehlinterpretationen können aus der alleinigen oder kombinierten Betrachtung dieser Kennzahl resultieren?
Kosten der Erhebung	Welcher Aufwand entsteht (Zeitaufwand bzw. bewerteter Zeitaufwand), um diese Kennzahl zu erheben? Wie oft tritt dieser Aufwand zur Erhebung auf?
Datenquelle	Woher kommen die Informationen für die Kennzahl — organisatorisch (also aus welchem Bereich des Unternehmens und (falls vorhanden) von welcher IT-Lösung?
Datenbeschreibung	Wie genau sehen die Daten aus, die geliefert werden können, um diese Kennzahl zu berechnen?
Plausibilität	Beschreiben Sie Plausibilitäten wie Minimum- oder Maximumwerte bzw. logisch mögliche Abweichungen etc.
Interpretation	Wie ist die Kennzahl genau zu interpretieren? Was sagen die verschiedenen Ausprägungen aus und sind bei gewissen Ausprägungen Maßnahmen einzuleiten?
Bezugswert	Gibt es Erfahrungs-/Bezugswerte, die zu erreichen sind bzw. in der Vergangenheit erreicht wurden? Was sagen diese Bezugswerte genau aus?
Rahmenbedingungen	Gibt es Rahmenbedingungen oder Voraussetzungen, die geschaffen werden müssen, um diese Kennzahl generieren zu können?
Zyklus/Periode	In welchen Zyklen bzw. Perioden wird die Kennzahl erhoben?
Erstellung	Wird die Kennzahl manuell, halbautomatisch oder vollautomatisch generiert?

11.4 Was Informationen und Kennzahlen im laufenden Prozess leisten müssen

Informationen und Kennzahlen im Projektportfolio-Management können ihre Wirkung auf vier Ebenen entfalten. Das bedeutet, wir müssen uns zu jeder Kennzahl genau überlegen, welchen Zweck sie hat und welche der Ebenen sie unterstützten soll. Dadurch erreichen wir zudem, dass wir die jeweiligen Gremien und Mitarbeiter der Projektorganisation mit den richtigen Informationen versorgen und nicht mit allen möglichen Detailinformationen überschütten.

Wie müssen die Informationen bzw. Kennzahlen für die jeweiligen Ebenen beschaffen sein und welche Inhalte sollten sie haben?

Ebene 1: Projektebene

Alle Informationen, die wir benötigen, um ein Projekt zu verstehen, einzuschätzen und bewerten zu können. Ferner Informationen, die dafür sorgen, dass dieses Projekt vergleichbar und messbar wird.

Ebene 2: Portfolioebene – aggregiert

Alle Informationen zu einem Projekt, die sich auf die unterschiedlichen Portfolioebenen aggregieren lassen. Hierzu zählen natürlich Finanzinformationen aber Ressourceninformationen.

Ebene 3: Portfolioebene – bewertet

Informationen, die aus der Projektebene herangezogen werden, um das Portfolio zu kategorisieren, zu bewerten und Priorisierungen zu unterstützen.

Ebene 4: Portfolioebene

Informationen, die auf der Portfolioebene erfasst und betrachtet werden. Hierzu zählen Budgetvorgaben für Perioden und Organisationseinheiten, Produktsegmente oder Strategien. Ganz wichtig sind die strategischen Vorgaben, aber auch die betriebswirtschaftlichen Ziele, die wir erreichen möchten.

Betrachtet man die Informationen und Kennzahlen immer aus diesen vier Blickwinkeln, erkennt man, wie sie beschaffen sein müssen, damit zum einen auf ihrer Grundlage Entscheidungen getroffen werden können und sie zum anderen zur Steigerung der Transparenz beitragen können.

11.4.1 Informationen und Kennzahlen für die Projekteinsteuerung/-selektion

Die folgenden Kennzahlen beziehen sich auf die Projekteinsteuerungsphase (Propose und Plan), also auf die Quality Gates 1, 2 und 3. Sie helfen uns bei der Priorisierung der einzelnen Projekte ebenso wie bei der Antwort auf die Frage, welche Projekt überhaupt in das Portfolio eingesteuert werden sollen.

Information/ Kennzahl	**Kurzbeschreibung**	**Ebenen***				**A ****
		1	**2**	**3**	**4**	
*** Ebene 1: Projektinformationen, Ebene 2: Portfolioebene aggregiert, Ebene 3: Portfolio bewertet; Ebene 4: Portfoliovorgaben** **** Beispielberechnung in der Anlage**						
Name	Kurzname des Projektes	X				
Beschreibung	Kurzbeschreibung des Projektes	X				
Ziele und Erfolgskriterien	Beschreibung der Projektziele und der Erfolgskriterien	X				
Motivation	Was ist die Motivation, das Projekt durchzuführen?	X				
Nicht-Ziele (Out of Scope)	Was ist das abzugrenzende „Nicht-Ziel" des Projektes?	X				
Voraus-setzungen	Was sind zwingende Voraussetzungen, um das Projekt überhaupt starten und durchführen zu können?	X				
Auswirkung bei Unterlassung	Was passiert, wenn dieses Projekt nicht durchgeführt wird?	X				
Zuordnung	Zuordnung zu bestehenden Programmen oder Portfolien	X	X			
Organisation	Die Organisationseinheit, die für die Durchführung des Projektes verantwortlich ist.	X	X			
Auftraggeber/ Sponsor	Wer möchte das Projekt haben und wird die Kosten dafür übernehmen?	X	X			
Produktgruppe	Wenn vorhanden, das Projekt einer Produktgruppe zuordnen.	X	X			
Kundengruppe	Wenn vorhanden, das Projekt einer Kundengruppe zuordnen.	X	X			
Nicht monetäre Nutzenkriterien	▪ Regulatorisch (gesetzlich) ▪ Imageprojekt (intern/extern) ▪ Prozessoptimierung	X	X			

Information/ Kennzahl	Kurzbeschreibung	Ebenen*				A **
		1	2	3	4	
*** Ebene 1: Projektinformationen, Ebene 2: Portfolioebene aggregiert, Ebene 3: Portfolio bewertet; Ebene 4: Portfoliovorgaben**	**** Beispielberechnung in der Anlage**					
Hauptstrategie	Zuordnung des Projektes zu einer unserer Strategien. Welche Strategie soll maßgeblich unterstützt werden? Keine Zuordnung ist auch möglich, da nicht jedes Projekt eine Strategie unterstützt.	X	X		X	
Strategie-beitragsindex	Bewertung des Beitrags zu einer oder mehrere Unternehmensstrategien. Ein Projekt kann auch mehrere Strategien unterstützen. Der Index kann im einfachsten Fall als hoch/mittel/niedrig bzw. mit entsprechenden Punktzahlen bewertet werden (siehe Kapitel 12 von Max Zuber).	X	X	X		X
Portfoliorisiko	Welches Risiko besteht aus Portfolio Sicht? Hierzu zählen Blockade von Key-Ressourcen, starker Budget-Verbrauch, weitere Projekte, die hiervon abhängig sind, Auswirkungen auf Produkt-Segmente, strategische Initiativen etc. (siehe auch Beitrag von Hannes Felchlin, Kapitel 9).	X	X	X		X
Risikoindex	Bewertetes Risiko des Einzelprojektes nach einer Punktematrix. Wir erkennen sowohl das Risiko eines einzelnen Projektes, als auch wie risikobehaftet unsere Portfolien sind.	X	X	X		X
Projektkosten	Pro Jahr (über drei Jahre) aufgeteilte Projektkosten gruppiert nach ▪ internen Mitarbeitern ▪ externen Mitarbeitern ▪ Investitionen	X	X		X	X
Projektnutzen-portfolio	Der bewertete Projektnutzen. Dieser wird untergliedert ab dem zu erwartenden Eintrittsjahr (für drei Folgejahre) in ▪ Top-Line (EUR): Mehr Gewinn oder Umsatz ▪ Bottom-Line (EUR): Kostenreduktion ▪ Personal (FTE[13]): Kann positiv (wir benötigen mehr Personal) oder negativ (wir reduzieren bestehendes Personal) sein	X	X	X	X	

Information/ Kennzahl	Kurzbeschreibung	Ebenen*				A **
		1	2	3	4	
*** Ebene 1: Projektinformationen, Ebene 2: Portfolioebene aggregiert, Ebene 3: Portfolio bewertet; Ebene 4: Portfoliovorgaben ** Beispielberechnung in der Anlage**						
Geschäftsnutzenindex	Der Geschäftsnutzenindex stellt die Kosten und den Nutzen eines Projektes ins Verhältnis. Die Kennzahl zeigt sofort auf, ob ein Projekt einen positiven oder negativen Gesamteffekt hat. Weiterhin kann dieser Index auch als Zielgröße für zukünftige Portfolioplanungsperioden genutzt werden. Wir möchten z. B. den durchschnittlichen Geschäftsnutzenindex von 0,3 auf 0,5 im nächsten Jahr erhöhen (siehe Beitrag von Max Zuber zum BVI, Kapitel 12.2.4).	X	X	X		X
Projektnutzen Sonstige	Sonstiger monetärer Projektnutzen wie z. B. höhere Produktionsmengen, mehr Kunden etc.	X				
Net Present Value	Der Kapitalwert des Projektes. Der NPV drückt den Nutzen eines Projektes meist besser aus als ein einfacher ROI. Oftmals reicht zum besseren Verständnis aber auch schon der ROI. Wir erkennen den Nutzen des Projektes, und zwar sowohl den Gesamtnutzen als auch den durchschnittlichen Nutzen in unseren Portfolien. Die Kennzahl kann im weiteren Verlauf auch genutzt werden, um die Qualität unseres Portfolio-Managements zu steigern, indem ein Mindestsatz im Portfolio erreicht werden muss.	X	X			
Kannibalisierungsrate	Die Kannibalisierungsrate beruht auf der Annahme, dass ein Produkt Effekte auf andere Produkte haben kann. Die Rate drückt aus, wie stark wir durch die Ergebnisse dieses Projektes andere Produkte bzw. Produktsegmente negativ oder auch positiv beeinflussen.	X	X			
Komplexität	Bewertung der Projektkomplexität	X	X	X		X

Information/ Kennzahl	Kurzbeschreibung	Ebenen*				A **
		1	2	3	4	
*** Ebene 1: Projektinformationen, Ebene 2: Portfolioebene aggregiert, Ebene 3: Portfolio bewertet; Ebene 4: Portfoliovorgaben ** Beispielberechnung in der Anlage**						
Geplantes Startdatum	Das Datum dient der Zuordnung, in welchem Zeitraum das Projekt durchgeführt werden soll. Auf Portfolioebene erkennen wir, wie viele Projekte im gleichen Monat gestartet werden und in welchen Monaten wie viele Projekte parallel laufen. Die mit dieser Kennzahl gewonnenen Erfahrungswerte werden zukünftig eine Aussage darüber zulassen, wie viele Projekte bzw. wie viele in die Projekte investierte Personentage unsere Organisation verkraftet.	X	X			
Geplantes Enddatum	Das Datum dient der Zuordnung, in welchem Zeitraum das Projekt durchgeführt werden soll.	X	X			
Durchlaufzeit des Projektes in Monaten	Berechnung anhand Start- und Enddatum Wir erkenne wie viele Kurz-/Mittel- und Langläuferprojekte wir im Portfolio haben und wie stark deren finanzielle und ressourcenbasierte Auswirkung auf die folgenden Planungsperioden ist (siehe Beitrag von Max Zuber, Kapitel 12).	X	X			X
Personalbedarf	Personalbedarf in Personentagen pro Jahr und mindestens untergliedert in die groben Organisationseinheiten.	X	X			
Abhängigkeiten	Gibt es andere Projekte, von denen das betrachtete Projekt abhängig ist bzw. gibt es Projekte, die vom betrachteten Projekt unterstützt werden? Ziel ist es, weitere Risiken zu identifizieren.					
Priorisierungsindex	Die Kombination unserer vorgegebenen Priorisierungskennzahlen nach einem Punktesystem.	X	X	X		

[13] FTE: Full Time Employee und steht für Vollzeitmitarbeiter.

Unter Umständen sind einige der Informationen gerade für Quality Gate 1 noch nicht in der optimalen Qualität verfügbar. Aber bei den finanziellen und ressourcenbezogenen Informationen benötigt man eine erste Schätzung. Die Erfahrung zeigt, dass diese meist recht genau sein kann.

Die Zusammenstellung dieser Informationen reicht in der Regel aus, um ein Projekt für die ersten Quality Gates zu beschreiben und es mit anderen Projekten vergleichbar zu machen.

11.4.2 Kennzahlen für die Projekteinsteuerung im Detail

Die nachfolgenden Informationen beziehen sich auf Quality Gate 1, 2 und 3.

Gliederung der Finanzdaten in der Planung

Die folgende Grobstruktur einer Gliederung der Finanzdaten hat sich aus meiner Sicht bewährt. Wie die Dateien dafür im Detail ermittelt werden, ist oft sehr unterschiedlich. Daher zeige ich die Finanzdaten lediglich auf der Aggregationsstufe.

	Total	**2014**	**2015**	**2016**
Budget — Intern	80.000		80.000	
Budget — Extern	70.000		70.000	
Budget — Investition				
Budget — Summe	150.000		150.000	

In diesem Beispiel wird das Projekt lediglich im Jahr 2015 Budget benötigen. Es soll aufzeigen, dass während der Planungsphase unbedingt auch Folgejahre berücksichtigt werden müssen.

Diese einheitliche Strukturierung erlaubt es, die Finanzdaten auf der Projektebene zu erfassen und über alle Portfoliostrukturen zu aggregieren.

Bei der Portfolioplanung wird für diese Ebene idealerweise Top-Down vom Management vorgegeben, welches Budget für die nächste Planungsperiode (Jahres- und Mehrjahresplanung) zur Verfügung steht.

Segmentierung/Kategorisierung von Kosten und Nutzen

Segment ist in diesem Kontext ein Synonym für Produktsegment, Unternehmensbereich etc. Wir zeigen also auf, welchen wirtschaftlichen Nutzen wir mit welcher Investitionssumme erreichen.

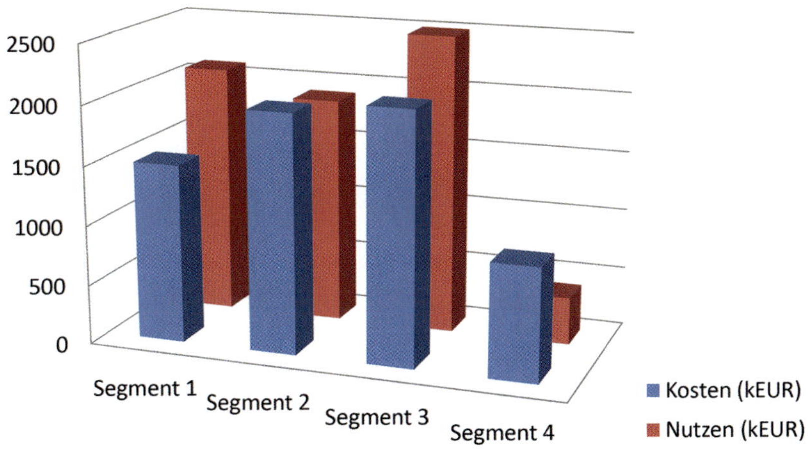

Abb. 24: Segmentierung der Projektlandschaft

Den Gesamtkosten von 6.150 kEUR[14] steht ein Gesamtnutzen von 8.450 kEUR zur Verfügung. Obwohl zwei Segmente ein Defizit ausweisen, geht die Gesamtrechnung auf.

Die Informationen sind noch nicht in vollem Umfang dargestellt. Eventuell bedarf es einer Ausweitung, da die Zeitachse ein wichtiges Kriterium bei der Darstellung der Nutzengewinnung ist. Wie schnell also kann der versprochene Nutzen realisiert werden?

Aus diesem Grund sollte die Betrachtung um eine Dimension erweitert werden: Welche Zeit benötigt man, um den versprochenen Nutzen zu erzielen?

[14] kEUR entspricht Tausend Euro.

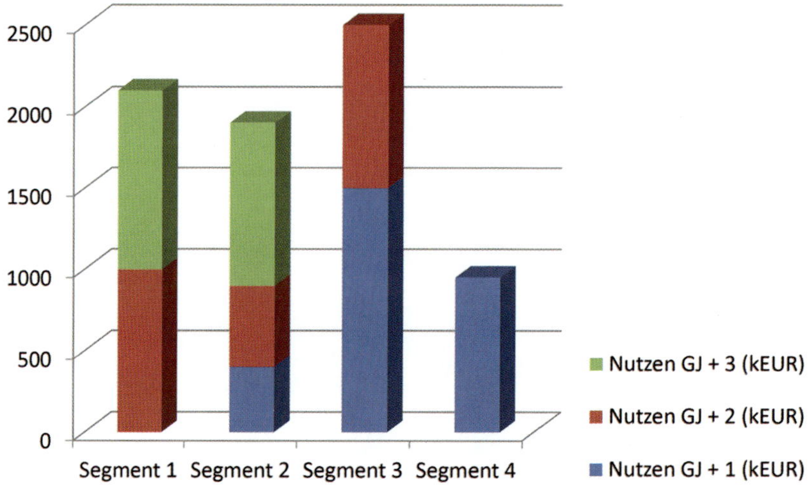

Abb. 25: Interpretation Finanzdaten nach Segmenten und Zeit

Segment 1 hatte in den obigen Auswertungen ein guten Kosten-/Nutzen-Effekt. Bis der erste Nutzen eintritt, benötigen wir aber 2 bzw. 3 Jahre. Segment 3 dagegen bringt schon im ersten Jahr nach Projektende (GJ + 1) einen hohen Nutzen, während sich Segment 4 im ersten Jahr nach Projektende komplett amortisiert.

Top-Down-Planung und Bottom-Up-Betrachtung und Abweichung

Die Möglichkeit, die betriebswirtschaftlichen Informationen im Hinblick auf Projektkategorien und Strategien auszuwerten, stehen ebenfalls zur Verfügung.

Top-Down bedeutet in diesem Kontext, sich genau zu überlegen, welchen Gesamtbetrag man in das Portfolio investieren möchte. Idealerweise wird der Gesamtbetrag auf Kategorien bzw. Strategien heruntergebrochen.

Eine für mich wichtige Denkweise und damit verbundene Aufgabenstellung im strategischen Portfolio-Management lässt sich wie folgt darstellen:

Top-down Investitionsbereitschaft	1.000.000	1.600.000	1.500.000	800.000
Gesamtkosten (Bottom-up)	1.250.000	1.500.000	1.800.000	950.000
Abweichung Invest-Bereitschaft zu Projektanträgen	+250.000	-100.000	+300.000	+150.000

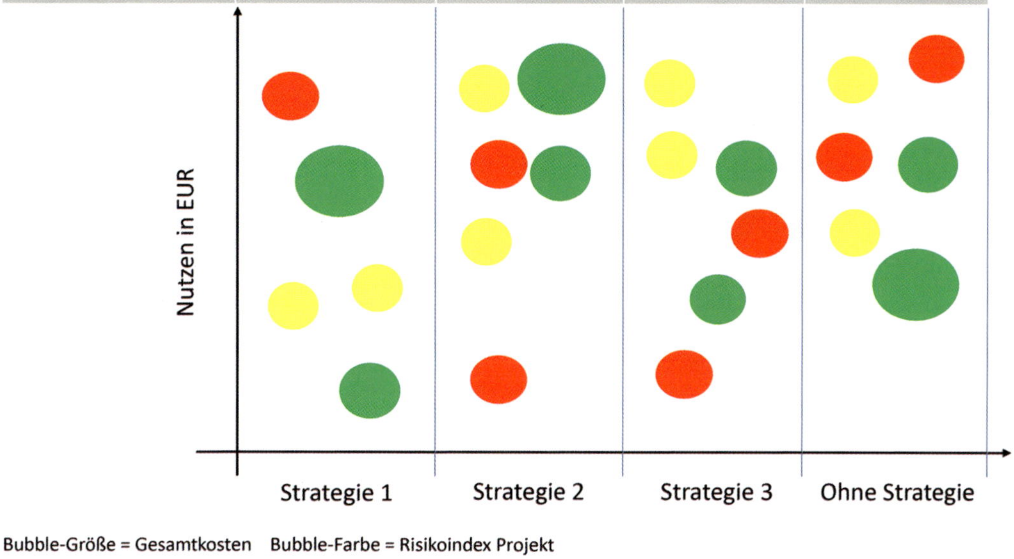

Abb. 26: Strategische Portfoliobetrachtung (Top-Down und Bottom-Up)

Die Farbe der „Bubbles" orientiert sich an den Ampelfarben: Grün bedeutet kein Risiko der Projekte, während die Farbe Rot ein hohes Risiko ausdrückt.

Die Grafik bildet die Investitionsbereitschaft in eine Strategie ab, sie kann aber auch für Budgetvorgaben für Organisationseinheiten oder die Investitionsbereitschaft in Produkt- oder Kundensegmente verwendet werden: Wir sind z. B. bereit, 1.000.000 EUR für Strategie 1 zu investieren. Die Summe der eingeleiteten Projekte sowie der Projekteanträge, die Bottom-Up zur Verfügung stehen, beläuft sich auf 1.250.000 EUR. Die entstandene Abweichung ist genau zu analysieren und mit der Investitionsbereichtschaft in Einklang zu bringen. Eventuell wird das Gesamtbudget auch neu verteilt. Wir haben also eine Top-Down Planung (Investitionsbereitschaft) der Kostenaggregation aus den Projektanträgen gegenübergestellt.

Die grafische Darstellung erleichtert es, zu erkennen, ob zielgerichtet investiert wurde und wo Kosten eingespart werden können bzw. müssen.

Selbstverständlich müssen die Detailinformationen zu den jeweiligen Projekten bereit stehen.

Verteilung von Investitionen auf wichtige Segmente/Gruppen

Ergänzend zur strategieorientierten Betrachtung ist es notwendig, die Investitionsverteilung im Hinblick auf die verschiedenen Kategorien wie Kundengruppen, Produktgruppen etc. zu analysieren. Wir verfolgen auch innerhalb dieser Kategorien gewisse Ziele. Gibt es Kundengruppen, die durch die Projektinvestitionen vernachlässigt werden obwohl wir diese als wichtig identifiziert haben?

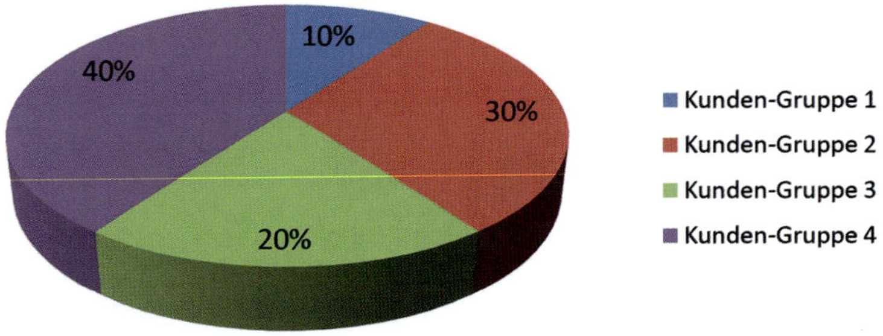

Abb. 27: Investitionsverteilung auf Segmente

Ressourcenplanung

Die folgende Grafik zeigt pro Quartal und Organisationseinheit, welche Abweichung es zwischen den geplanten Personentagen und den tatsächlich zur Verfügung stehenden Kapazitäten gibt. Es geht hier um eine Grobplanung auf Ebene der Organisationseinheit. Eine detaillierte Planung auf der Ebene einzelner Mitarbeiter und in kürzeren Zeiteinheiten (z. B. Wochen/Monate) ist zu diesem Zeitpunkt nicht realsitisch, da die erforderlichen Daten nicht ermittelbar sind.

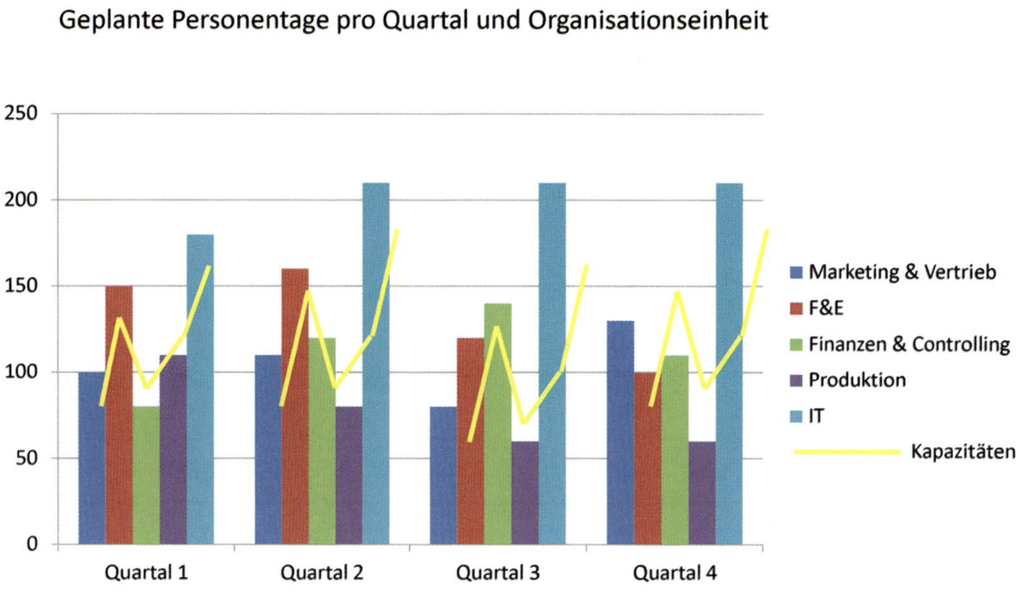

Abb. 28: Ressourcenplanung im Portfolio

Im ersten Zyklus der Portfolioplanung kann eine Betrachtung pro Jahr schon aussagekräftig sein. Allerdings müssen urlaubsbedingte Kapazitätsschwankungen ebenso berücksichtigt werden wie mögliche Auslastungsschwankungen, die dadurch entstehen können, dass zur gleichen Zeit viele Projekte auf eine Abteilung wie z. B. die IT oder die QS-Abteilungen zugreifen wollen.

Betrachtung Nutzenindex/Risikoindex

Der Nutzenindex kann ein reiner Deckungsbeitrag, der NPV oder auch der Strategieindex sein. Wenn es für diejenigen, die die Kennzahlen lesen, noch nachvollziehbar ist, bietet sich als Priorisierungskennzahl eine Kombination aus Strategiepunkten und Wirtschaftlichkeitspunkten an. Das kann der oben beschriebene Priorisierungsindex sein.

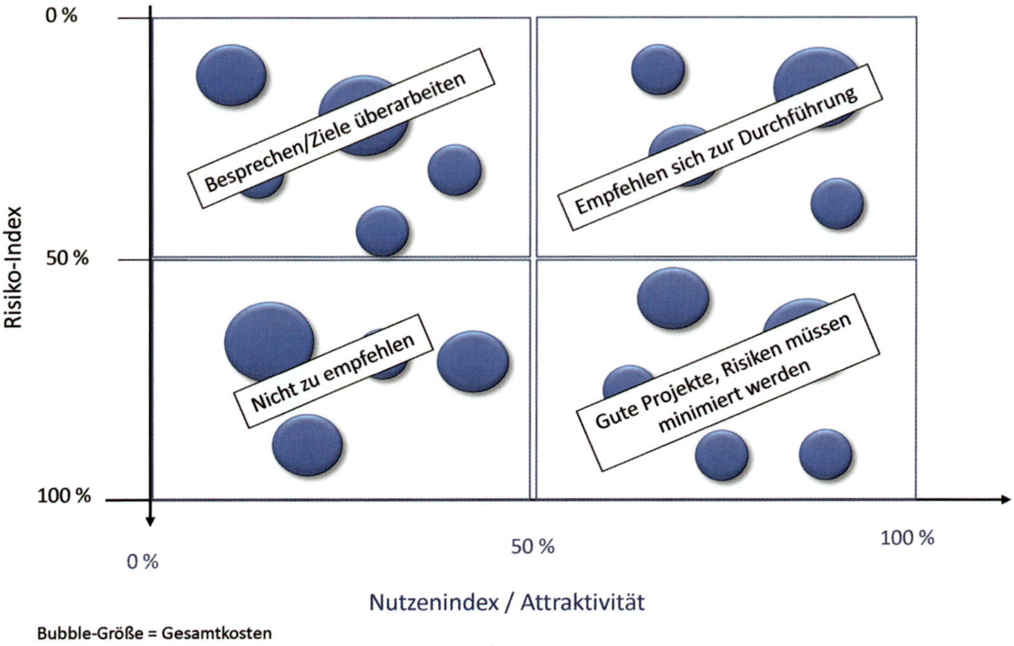

Abb. 29: Projektselektion nach Nutzen- und Risikobewertung

Eine Darstellung dieser Art erlaubt es, auf den ersten Blick die attraktivsten Projekte zu identifizieren. Unter Umständen sind mehrere Vergleiche der Projekte notwendig. Ändern wir den Blickwinkel auf das Portfolio und berücksichtigen weitere Rahmenbedingungen wie regulatorische Vorgaben, technische Notwendigkeiten etc., können wir das hier vorgeschlagene Portfolio nicht als Endergebnis heranziehen.

Betrachtung gruppierter Ebenen

Gerade dann, wenn es eine große Anzahl an Projekten gibt, ist es hilfreich, die gruppierten Ebenen (Portfolios nach Strategien, Kundensegmenten, Programmen etc.) grafisch darzustellen.

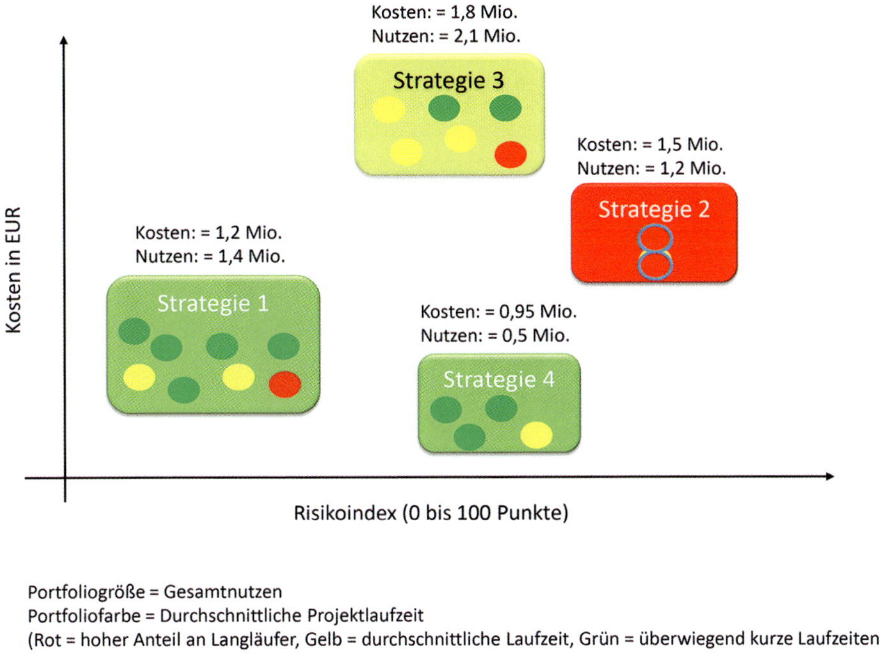

Abb. 30: Gruppierte Portfoliobetrachtung

In diesem Beispiel werden die Strategieportfolien im Hinblick auf Risiken und Kosten miteinander verglichen. Als weitere Dimension wird der entstehende Nutzen dargestellt. Man erkennt durch diese Darstellungsweise sehr schnell, welche Strategien hoch risikobehaftet sind und besondere Aufmerksamkeit benötigen.

Projektrisiken im Portfolio und deren Auswirkung

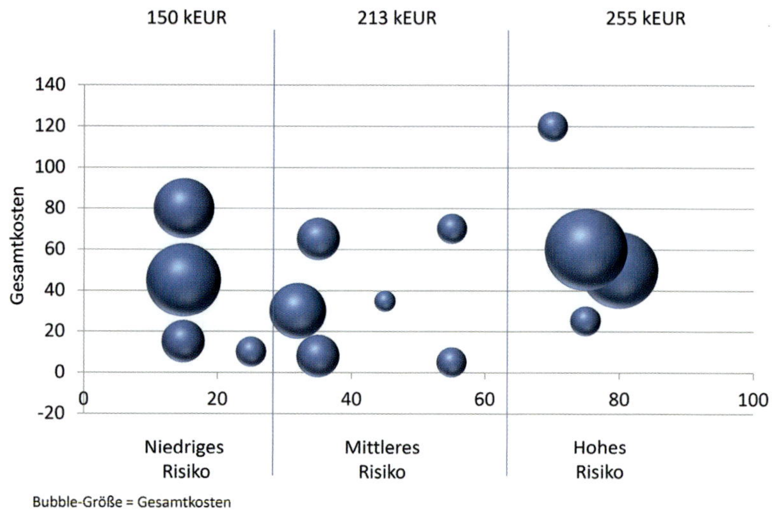

Abb. 31: Projektrisiken im Portfolio

Die Analyse — hier wird ein Teilportfolio einer Organisationseinheit betrachtet — ergibt, dass 255 kEUR in hoch-risikobehaftete Projekte investiert werden sollen.

Beispiel: Die Erfahrung aus den letzten Jahren zeigt, dass bei den hoch-risikobehafteten Projekten im Schnitt mit einer Budgeterhöhung gerechnet werden muss, die sich zwischen 30 % und 50 % bewegt. Bei mittel-risikobehafteten Projekten kommen wir auf eine durchschnittliche Budgetabweichung von 10 %.

Was bedeutet das für unser Portfolio?

	Investion, geplant und freigegeben in kEUR	Risiko bewertet in kEUR
Niedriges Risiko	150	150
Mittleres Risiko	213	234,3
Hohes Risiko	255	357
Summe	618	741,3
Abweichung %		20
Abweichung absolut		123,3

Abb. 32: Budgetverteilung auf Risiken und Bewertung (Puffer)

Wir müssen also eine Budgetüberschreitung von 20 % einkalkulieren. Das bedeutet, wir können uns schon in der Planungsphase überlegen, ob dieser Budgetpuffer zur Verfügung gestellt werden kann oder ob wir bereits jetzt Projekte streichen und somit auf unnötige Reibungsverluste verzichten. Der frühzeitige Verzicht bedeutet, dass es mit hoher Wahrscheinlichkeit gelingen wird, das verabschiedete Portfolio erfolgreich umzusetzen.

Bewertung der Projektkomplexität

Bewertung der Projektkomplexität in 4-Gruppen

Gesamtkomplexität	2,2	Durchschnitt aller Gruppen			
1 - Projektmanagement-komplexität	1,5				
Teamgröße	2	0 = kleiner 3	1 = 3 bis 6	2 = 7 bis 10	3 = größer 10
Involvierte Geschäftseinheiten	1	0 = 1 Einheit	1 = 2 Einheiten	2 = 3 Einheiten	3 = mehr als 3 Einheiten
Aufwand in Personentagen	2	0 = 15 bis 100	1 = 101 bis 200	2 = 201 bis 300	3 = mehr als 300
Projekt Durchlaufzeit	1	0 = kleiner 1 J.	1 = 1 J. bis 1,5 J.	2 = 1, 5 bis 2 J.	3 = länger als 2 J.
2 - Organisatorische Komplexität	2,3				
Einfluss auf Unternehmens-prozesse	2	0 = Geschäfts-einheit	1 = Funktional	2 = Multi-funktional	3 = Unterneh-mensweit
Betroffener Personenkreis	2	0 = Personal einer Geschäftseinheit	1 = Funktional/ Regional	2 = Mehrere Funktionen/ Regionen	3 = Alle Mitarbei-ter und/oder Lieferanten/ Kunden
Projektprofil	3	0 = Volle Akzeptanz beim betroffenen Personenkreis	1 = Akzeptiert aber hoch transparent	2 = Teilweise kritisch oder zwingend not-wendig	3 = Umstritten beim betroffenen Personenkreis
Projektmotivation	2	0 = keine gesetzliche Vorgabe	1 = gesetzliche Vorgabe kommt in mehr als einem Jahr	2 = gesetzliche Vorgabe kommt in weniger als einem Jahr	3 = gesetzliche Vorgabe ist schon vorhanden
3 - IT-Komplexität	2,3				
Erfahrung mit IT-Lösung	2	0 = Interne Erfahrung	1 = Vertrautes Verfahren	2 = Neu	3 = Technischer Durchbruch
Applikationsreifegrad	1	0 = bereits in mehreren Bereichen implementiert	1 = bereits in einem Bereich implementiert	2 = bereits in ähnlichen Unternehmen implementiert	3 = noch nirgends implementiert
Lösungskomplexität	3	0 = Lösung ist optimal doku-mentiert und es sind keine Prob-leme zu erwarten	1 = Mehr als ein Problem vor der Implementierung zu lösen	2 = Die Lösung ist bekannt, es sind aber viele Prob-leme und Unbe-kannte zu lösen	3 = Die Lösungs ist noch nicht bekannt oder nur grobe Ideen vorhanden
Schnittstellenprofil	3	0 = Keine System-schnittstellen	1 = 1 bis 2	2 = 3 bis 4	3 = mehr als 4
Architekturvorgaben	3	0 = Entspricht der IT-Strategie	1 = Entspricht größtenteils der IT-Strategie	2 = Entspricht teilweise der IT-Strategie	3 = entspricht nicht der IT-Strategie
Wartung und Betrieb	2	0 = Betrieb und Wartung ohne Probleme möglich	1 = Betrieb und Wartung erfor-dern kleinere Ergänzungen	2 = Betrieb und Wartung mit Zusatzausbildung machbar	3 = Betrieb und Wartung müssen komplett neu aufgebaut wer-den
4 - Projektfinanzen	2,7				
Implementierungs-kosten	2	0 = < 100 kEUR	1 = 100 bis 200 kEUR	2 = 200 bis 300 kEUR	3 = mehr als 300 kEUR
5-Jahres-Betriebs-kosteneinschätzung	3	0 = gering	1 = mittel	2 = hoch	3 = sehr hoch
Nutzeneinschätzung/ Prozessoptimierung	3	0 = sehr hoch	1 = hoch	2 = mittel	3 = niedrig

Abb. 33: Bewertung der Projektkomplexität

Sie finden diese Grafik als Excel-Datei in den Arbeitshilfen online.

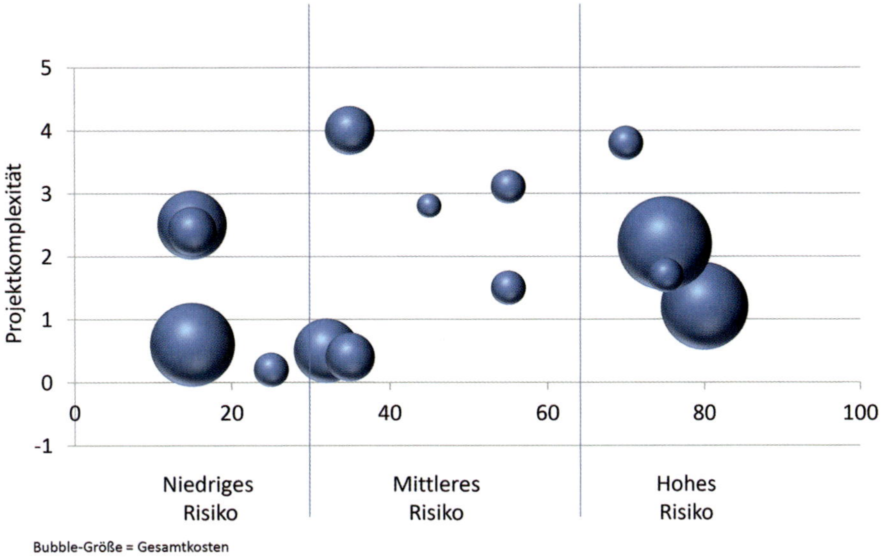

Abb. 34: Komplexitäts- und Risikobewertung

Die Kombination aus Projektkomplexität und Risikoindex zeigt genau, welche Projekte nach Möglichkeit weggelassen werden sollen oder einer ganz besonderen Aufmerksamkeit bedürfen, damit der Portfolioerfolg gewährleistet ist und auch die strategischen und wirtschaftlichen Ziele nicht gefährdet werden.

Projektpriorisierung mit einem Priorisierungsindex

Wie kann die Gesamtpriorität eines Projektes für das Portfolio oder Teilportfolio ermittelt werden? Idealerweise sollte es uns gelingen, wirtschaftliche Kriterien, den strategischen Beitrag, die Risiken und sonstige Nutzenkriterien zu einer Gesamtkennzahl zu kombinieren.

Beachten Sie bitte, dass eine solche Kennzahl, sofern es sich um eine einzelne Zahl handelt, für die meisten Beteiligten nicht mehr nachvollziehbar ist, da die einzelnen Parameter, aus denen sie gebildet wurde, aus ihr nicht mehr hervorgehen. Seien Sie also vorsichtig mit solchen Kennzahlen und stellen Sie diese für die Entscheider so dar, dass sie möglichst gut zu verstehen sind und somit das Vertrauen in diese Kennzahlen wächst. Blindes Vertrauen wiederum ist nicht zu empfehlen. Sie sollten diese Kennzahl lediglich als Anhaltspunkt verwenden und im Rahmen Ihrer multidimensionalen Analysen querprüfen.

Beispiel aus der Praxis: Priorisierungsindex berechnen

Die folgende Grafik finden Sie als Excel-Datei zum Download in den Arbeitshilfen online.

Priorisierungsmatrix zur Bewertung eines Projektes

Risikowert	Punkte	Gewichtung	Berechnung
Risikopunke (aus der Risikomatrix)	-85		Total Risk Points x -1 (Risk Matrix)
Kostenüberschreibung von Vorgängerprojekten	-20		Kostenüberschreitung vorhanden = -20 sonst 0
Zeitverzug von Vorgängerprojekten	0		Termin Status: Grün: = 0 Gelb = 10 Rot = 20
Risikopunkte (Gesamt)	-105	3,0	
Budgetbereich	40		bis 15k = 50 bis 50k = 40 bis 125k = 30 bis 500k = 20 > 500 k = 10 Punkte
Zeitachse	50		Kurz = 50 Mittel = 40 Lang (> 1 Jahr) = 30 Lang (> 2 Jahre) = 20 > 3 Jahre = 10 Points
Operative Ressourcen verfügbar	10		Ja = 10 sonst 0
Ressourcen aus dem Geschäftsbereich verfügbar	0		Ja = 10 sonst 0
Externe Ressourcen verfügbar	10		Ja = 10 sonst 0
Ressourcenverfügbarkeit – Priorisierungspunkte	20		Summe Ressourcen-Punkte
Kosten/Zeit und Ressourcenpunkte	110	2,0	
Ist der Business-Case geliefert und aussagekräftig?	10		Ja = 10 sonst 0
Projektbeschreibung verfügbar und verständlich?	10		Ja = 10 sonst 0
Ist der Projektplan verfügbar?	0		Ja = 10 sonst 0
Qualitätspunkte	20	1,5	
Projektkomplexität	22		Summe aus der Komplexitätsmatrix
Strategischer Beitrag	45		Summe aus der Strategiematrix
Priorität Auftraggeber/Sponsor	20		A = 30 B = 20 C = 10
Strategische und Prioritätspunkte	87	3,5	
Gesamtpriotität in Punkten (Gewichtet)	239,5	10,0	Gesamtpunkte (basierend auf der Gewichtung)

Abb. 35: Priosrisierungsindex

Die Gewichtung der einzelnen Kriterien muss unbedingt von der Geschäftsleitung oder dem Projektportfolio-Gremium durchgeführt werden. Das Gespräch über die Gewichtung der Priorisierungskriterien führt sehr früh zu einem regen Austausch und einem Konsens im Entscheidergremium hinsichtlich der Schwerpunkte, die im Portfolio zu setzen sind.

Die Minuswerte in der oben dargestellten Priorisierungsmatrix entstehen aufgrund von Negativbewertungen. Die Risikopunkte dürfen nicht als positiver Wert dargestellt werden, sondern müssen sich als Negativwert in der Gesamtsumme ausdrücken.

11.4.3 Die drei Ebenen des Risikomanagements im Projektportfolio

Risikomanagement ist immer noch eines der am meisten vernachlässigten Themen beim Projekt- und Projektportfolio-Management. Wer Portfolio-Management betreibt, muss sich darüber Gedanken machen, wie Risiken, die dem Portfolio und den Projekten anhaften, identifiziert und reduziert werden können, und zwar insbesondere auch im Rahmen der jeweiligen Phasen.

Das Risikomanagement im Projektportfolio läuft auf 3 Ebenen ab. Den Prozess habe ich in der folgenden Abbildung etwas verkürzt dargestellt.

In diesem Zusammenhang ist es wichtig, nicht dem Irrtum zu unterliegen, lediglich die in Punkten bewerteten Risiken der Projekte aggregieren zu müssen, um das Risiko auf Ebene des Projektportfolios zu erkennen. Gerade die detaillierte Einschätzung der Risiken auf Projektebene (z. B. Terminrisiko, Krankheit von Schlüsselpersonen, Ausfall wichtiger Technologien etc.) hat nichts mit dem Risiko auf Portfolioebene zu tun.

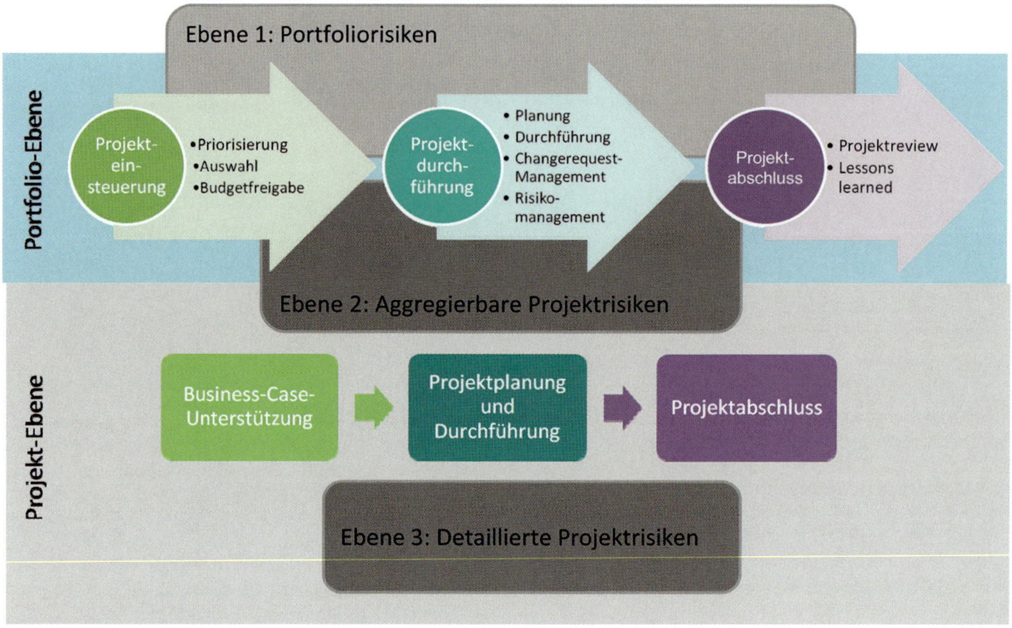

Abb. 36: Drei Ebenen Risikomanagement

Bei den oben ausgearbeiteten Kennzahlen hatte ich sowohl die Portfoliorisiken aufgelistet als auch die aggregierbaren Projektrisiken. Beim Thema Risikomanagement, das wie erwähnt in vielen Unternehmen immer noch vernachlässigt wird, betrachtet man in der Regel – wenn überhaupt – die detaillierten Projektrisiken. Dabei wird die Risikobetrachtung aus Portfoliosicht komplett vernachlässigt. Im besten Fall werden die in Punkten bewerteten Risiken der Einzelprojekte auf das Portfolio verdichtet.

Der Fachbeitrag von Johannes Felchlin, Kapitel 11.4.7, geht auf dieses Thema nochmals ein, daher verzichte ich an dieser Stelle auf die ausführliche Beschreibung einzelner Risikoarten, die es auf Ebene des Portfolios gibt.

11.4.4 Portfoliorisiken

In der Ebene 1 betrachten wir die Risiken für das Portfolio:

Finanzrisiken

Finanzrisiken sind die Risiken, die sich auf die Wirtschaftlichkeit des Unternehmens auswirken. Jedes Projekt hat ein gewisses Kostenvolumen und generiert teilweise einen erwarteten finanziellen Nutzen.

Kosten und Nutzen können sich folgendermaßen aufteilen:

Projektkosten:

- Reine Kosten für die Projektdurchführung
- Erwartete Betriebs-, Prozesskosten etc. nach der Projektdurchführung

Projektnutzen:

- Mehr Umsatz mit neuen Produkten und Dienstleistungen
- Kostenreduktion durch Prozessoptimierungen bzw. Produktivitätssteigerungen
- Mehr Umsatz durch Zukauf neuer Unternehmensteile

Was müssen Sie im Hinblick auf die Risiken betrachten?

1. Die Ausfallwahrscheinlichkeit des einzutretenden Projektnutzens
2. Der damit verbundene finanzielle Verlust der Projektinvestition bei gleichzeitigem Verlust des Nutzens
3. Folgekosten nach Projektabschluss im Verhältnis zum unsicheren Nutzen aus dem Projekt, der sich als Gewinnsteigerung bzw. Kostenreduktion ausdrückt.

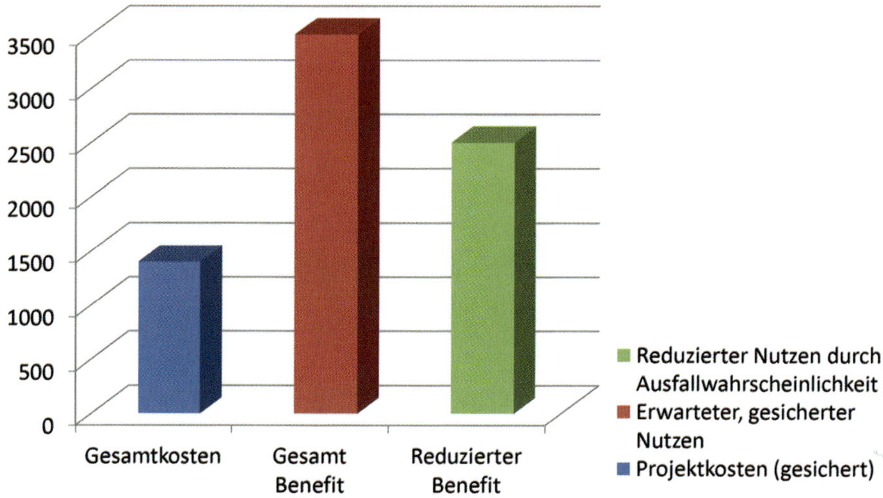

Abb. 37: Wirtschaftliches Risiko

In dieser Darstellung erkennen Sie, dass das wirtschaftliche Risiko recht gering ist und der gesicherte Gesamtnutzen immer noch höher ist als die Gesamtkosten.

Portfoliorisiken

Portfoliorisiken sind Risiken, die sich auf die Portfolien auswirken. Hier meine ich nicht nur das gesamte Projektportfolio, sondern im speziellen die Untergruppen (Portfolien), die gewisse Strategien und Ziele oder auch Unternehmensbereiche unterstützen.

Folgendes muss in diesem Kontext betrachtet werden:

- Strategieportfolio:
  Welchen Einfluss hat der Misserfolg eines oder mehrerer Projekte auf den Erfolg unserer Unternehmensstrategie? Was passiert beim Ausfall? Ist es möglich, dass infolge eines Misserfolgs Strategien teilweise oder auch ganz nicht umgesetzt werden können? Welche Auswirkung hat das auf unser Unternehmen?
- Produktportfolio:
  Welchen Einfluss hat der Misserfolg eines oder mehrerer Projekte auf das Produktportfolio? Können Produkte nicht rechtzeitig und damit nur zu reduzierten Erlösen auf den Markt gebracht werden? Wird uns die Konkurrenz überholen? Entsteht daraus in der Folge auch ein finanzielles Risiko?

- Kundenportfolio:
  Welchen Einfluss hat der Misserfolg eines oder mehrerer Projekte auf das Kundenportfolio? Können Kundensegmente nicht wie gewünscht bedient werden, ist damit zu rechnen, dass Kunden sogar abspringen? Entsteht daraus in der Folge auch ein finanzielles Risiko?
- Marketing- und Vertriebsportfolio:
  Welchen Einfluss hat der Misserfolg eines oder mehrerer Projekte auf die Außendarstellung und die Vertriebsaktivitäten des Unternehmens? Ist mit Imageverlust oder Störungen im Vertriebsprozess zu rechnen?
- Abhängigkeitsportfolio:
  Welchen Einfluss hat der Misserfolg eines oder mehrerer Projekte auf andere Projekte oder gar auf ganze Sub-Portfolios? Indem Sie die Ausfallwahrscheinlichkeit betrachten, erkennen Sie automatisch auch die danach auftretenden Probleme in anderen Projekten oder ganzen Unternehmensbereichen bzw. weiteren Sub-Portfolios. So hat beispielsweise der Misserfolg eines IT-Projektes im CRM (Customer Relationship Management) die Auswirkung, dass ganze Vertriebs- und Marketingaktionen nicht, nur teilweise oder stark verspätet stattfinden können.

Die folgende Grafik veranschaulicht die beschriebenen Zusammenhänge am Beispiel eines Produktportfolios:

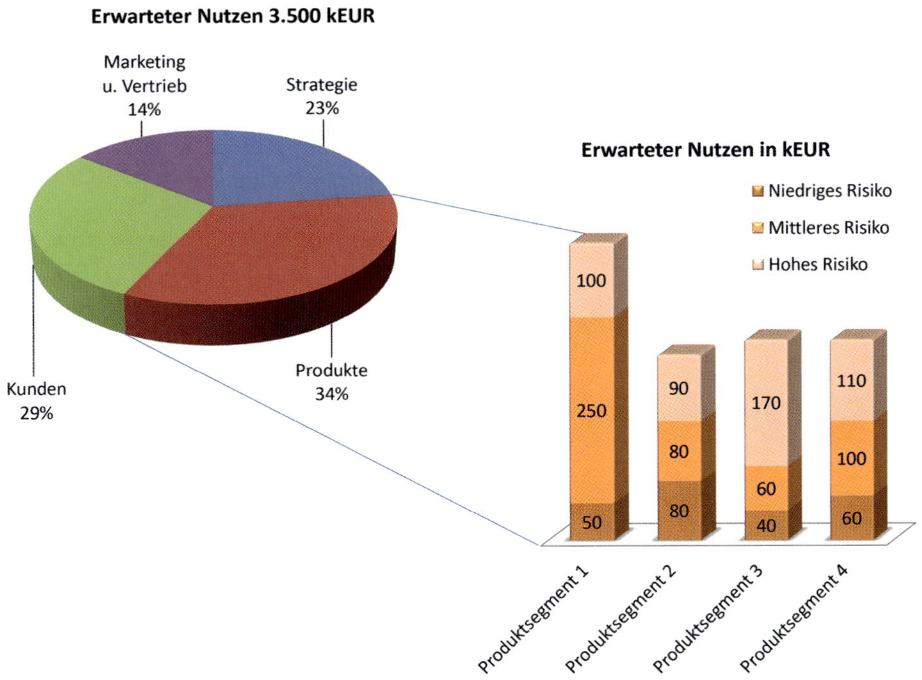

Abb. 38: Portfoliorisiken am Beispiel eines Produktportfolios

Am Beispiel des Portfolios für die verschiedenen Produktsegmente können Sie mithilfe der Risikobewertungen ableiten, in welchem Umfang der aus den Produktsegmenten generierte Gesamtnutzen stark gefährdet ist. Das bedeutet, in der Unternehmensplanung muss hier mit reduzierten Erlösen bzw. Umsätzen gerechnet werden.

Ca. 40 % des aus den Produktsegmenten erwarteten Nutzens sind hoch risikobehaftet. Jetzt kommen wieder Erfahrungswerte ins Spiel. Gehen Sie von einer Ausfallquote von konservativ geschätzten 20 % bei hoch risikobehafteten Projekten aus, müssen Sie in diesem Fall mit dem Ausfall von 95 kEUR rechnen. Die mittleren Risiken sind dabei noch nicht berücksichtigt.

Gemessen am erwarteten Gesamtnutzen von 3.500 kEUR aus allen Projektarten bewegt sich damit die Ausfallquote, die von den hoch risikobehafteten Projekte aller Produktsegmente zu erwarten ist, bei ca. 2,7 %.

Was soeben beispielhaft für die Produktsegmente gezeigt wurde, ist jetzt mit den Kunden-, Strategie- sowie Marketing- und Vertriebsprojekten durchzuführen.

Im Schnitt ist bei einer Portfoliozusammensetzung wie in unserem Beispiel eine — konservativ geschätzte — Nutzenausfallquote von 10 bis 15 % zu erwarten, die wir im Rahmen der Unternehmensplanung berücksichtigen können.

Interne Risiken

Ein weiterer Punkt, der dringend betrachtet werden muss, betrifft die Risiken, die im Rahmen des Portfolios für die internen Unternehmensabläufe etc. eingegangen werden.

Mitunter passiert es Unternehmen, die sich in einem Veränderungsprozess befinden, dass sie sich mit Projekten überfrachten, die sich auf die internen Belange auswirken. Das führt dazu, dass sich solche Unternehmen überwiegend mit sich selbst beschäftigen.

Folgendes muss betrachtet werden:

- Welchen Einfluss hat der Misserfolg eines oder mehrerer Projekte auf die internen Abläufe? Werden sie massiv gestört, können wir die geplanten Optimierungen nicht umsetzen etc.?
- Welchen Einfluss hat der Misserfolg eines oder mehrerer Projekte auf die Mitarbeiter, die Mitarbeiterkultur bzw. Unternehmenskultur und die damit verbundene Motivation/Demotivation?

- Welchen Einfluss hat der Misserfolg eines oder mehrerer Projekte auf Produktionsmethoden/-möglichkeiten und inwieweit sorgt das für massive Störungen in diesen Abläufen?
- In welchem Maß wirkt sich bei der Durchführung des Projektes die Projektkomplexität auf das Change Management aus? Wie viele Mitarbeiter und Unternehmensbereiche sind betroffen? Wie hoch sind die Anforderungen, damit neu geschaffene Lösungen und Prozesse im Anschluss an das Projektende beherrschbar sind? Muss z. B. neues technische Personal eingesetzt werden, sind neue Organisationseinheiten, Kontrollmechanismen etc. zu etablieren?
- Welchen Einfluss hat der Misserfolg eines oder mehrerer Projekte auf die eigenen Qualitätsanforderungen? Kann aus einem Misserfolg ein von außen wahrnehmbares Portfoliorisiko entstehen, da wir z. B. nicht mehr ISO-konform sind oder weil wir mit Vertrauensverlusten im Kundenportfolio rechnen müssen etc.?

Unterlassungsrisiko

Eine andere Perspektive innerhalb des Risikomanagements richtet sich darauf, welche Folgen es hat, wenn wir Projekte nicht durchführen. Welche Auswirkungen hat das auf die oben beschriebenen Portfolien, auf die Wirtschaftlichkeit und die Außendarstellung des Unternehmens?

11.4.5 Einzelprojektrisiken bewerten und auf Portfolioebene summieren

Für den Einstieg in die Analyse der Portfoliorisiken kann es im ersten Schritt hilfreich sein, die Projektrisiken bereits in der Projekteinsteuerungsphase einzuschätzen, zu bewerten und die Risikokennzahlen auf die unterschiedlichen Portfolien zu aggregieren.

Hieraus lassen sich wie oben aufgezeigt die Risiken der Portfolien und Sub-Portfolien sowohl hinsichtlich der Investitionssummen, aber vor allem auch im Hinblick auf den Nutzen bzw. die Ergebnisse ableiten.

Die Kernidee ist zu diesem Zeitpunkt nicht, die detaillierten Projektrisiken auszuarbeiten (das ist meist nicht in ausreichendem Umfang möglich), sondern die typischen Kernrisiken, die in unserer Projektlandschaft auftreten, zu bewerten.

Beispiel zur Bewertung eines Einzelprojektes:

Risiko	**Eintritts-wahrschein-lichkeit in %**	**Auswirkung: Hoch (3), Mittel (2), Niedrig (1)**	**Risiko-punktzahl**	**Gegen-maßnahme**
Finanzrisiko (Budget-überschreitung)	20	2	40	
Personalrisiko (Ausfall, Know-how etc.)	40	3	120	
Terminrisiko (z. B. aufgrund von Abhängigkeiten, parallele Projektanzahl, Zulieferer etc.)	50	2	100	
Portfoliorisiko (Auswirkung auf die Portfolioergebnisse	30	3	90	
Risikosumme			**350**	
Normalisiert auf 100 (max 1.200 Punkte)			**30**	

Die normalisierten Risikopunkte lassen sich nun auf die Portfolien aggregieren und zu diesem Zeitpunkt problemlos auswerten.

11.4.6 Detaillierte Projektrisiken

In der Ebene 2 wird das Projekt feingeplant und durchgeführt. Selbstverständlich ist es nun an der Zeit die detaillierten Projektrisiken zu erfassen und in einer Gesamtkennzahl an das Portfolio zu melden.

Die Berechnung erfolgt analog zu der bei den aggregierbaren Projektrisiken verwendeten Methode. Der Unterschied ist nun, dass detaillierte Projektrisiken aufgenommen und bewertet werden. Diese sind dann im Verhältnis zur Anzahl der Projektrisiken als Punktezahl auszudrücken.

Genügend Beispiele hierzu finden Sie in einschlägigen Handbüchern zum Thema Projekt-Management.

11.4.7 Projektportfolio Risikomanagement – Ein Beitrag von Johannes Felchlin

Eine Herausforderung der besonderen Art

Dass Risikomanagement im Zusammenhang mit Projekten wichtig ist, ja sogar zu den zentralen Erfolgsfaktoren für erfolgreiches Projekt-Management zählt, hat sich mittlerweile herumgesprochen. Die meisten Unternehmen legen großen Wert darauf und verlangen von ihren Projektleitern ein professionelles Projektrisiko-Management.

Doch wie sieht es mit dem Projektportfolio einer Organisation aus? Wie viele Unternehmen führen ein Projektportfolio Risikomanagement, das diesen Namen verdient? Es werden nicht viele sein. Untersuchungen von Universitäten bestätigen diese Einschätzung. So zeigt z. B. die 6. Multiprojekt-Management-Benchmark-Studie unter der Leitung von Prof. Dr. Hans Georg Gemünden, Technische Universität Berlin, von „multiprojectmanagemetn.org", einer Forschungsgruppe für Multiprojekt-Management, Folgendes: Auch Top Performer des Projekt-Managements haben großen Nachholbedarf im Bereich Projektportfolio-Risikomanagement und viele Prozesse werden nicht systematisch angegangen. Zudem gibt es eher wenig Literatur und kaum Erkenntnisse darüber, wie Risikomanagement im Hinblick auf Projektportfolien angewendet wird.

Das große Missverständnis in diesem Zusammenhang ist, dass die Kumulation aller Einzelprojektrisiken nur einen kleinen Teil des Projektportfolio-Risikomanagements ausmacht. Viele relevante Risiken zeigen sich erst, wenn man das Portfolio genauer betrachtet: Erst dann erkennt man z. B., dass allfällige Wechselwirkungen zwischen Projekten zu Risiken führen oder es werden Risiken transparent, die ein nicht ausbalanciertes Portfolio im Hinblick auf eine vorhandene Strategie verursacht.

Wie könnte man das Projektportfoliorisiko definieren? Hier einige Beispiele:

- An uncertain event, set of events or conditions that, if they occur, have one or more effects, either positive or negative, on at least one strategic business objective of the portfolio (Project Management Institute, 2008a: 85).
- Management von unsicheren Ereignissen und Umständen sowie deren Beziehungen auf Portfoliolevel, welche signifikant positive oder negative Auswirkungen auf mindestens eines der Projektportfoliogeschäftsziele hat, welches zudem den Projektportfolioerfolg beeinflusst (J. Tellers, 2013: 38–39).

Welche Ziele kann ein Portfolio Risikomanagement verfolgen? Die Ziele können sein:

- Das Unternehmen vor potenziellen Verlusten so abzusichern, dass es die Eintrittswahrscheinlichkeit und negativen Folgen der Risiken adäquat bewältigen kann.Spannend und beachtenswert ist, dass negative Auswirkungen auf einzelne Projekte auf das gesamte Projektportfolio durchaus auch positive langfristige Auswirkungen haben können, weil dadurch z. B. das organisationale Lernen einsetzt und die Fähigkeit der Organisation, mit solchen Risiken umzugehen, steigt. Zudem kann ein Ereignis für das eine Projekt ein Risiko und für ein zweites Projekt eine Chance darstellen.
- Effizientere Führung von gesamtheitlichen Risiken (koordiniertes Management von gleichen Risiken, die in verschiedenen Projekten auftreten).
- Mehr Transparenz über Projektrisikokategorien (Einzelrisiken werden nach Kategorien gruppiert)
- Mehr Transparenz über mögliche Unternehmensrisiken
- Weiterentwicklung der Projektrisiko Managementkultur durch mehr Erfahrung und erhöhte Aufmerksamkeit

Das Project Management Institute (2008a) definiert vier Prozesse für das Managen der Risiken im Projektportfolio:

1. Die Identifikation der Portfoliorisiken
2. Die Analyse der Portfoliorisiken
3. Die Entwicklung der Portfoliorisikenbehandlung
4. Das Monitoring und Controlling der Portfoliorisiken

Bei der Risikoidentifikation geht es nun, wie schon erwähnt, nicht nur um das Sammeln und Sortieren der Einzelprojektrisiken, sondern auch um die Analyse des Portfolios im Hinblick auf nur im gesamtheitlichen Kontext erfassbare Risiken.

Zudem kann zwischen drei verschiedenen Arten von Risiken unterschieden werden:

- Outside-in, externe Risiken (Markt, Technologie, Partner, usw.), die das Projektportfolio beeinflussen können
- Inside-in, interne Risiken (resultierend aus Projekten oder aus dem Portfolio, z. B. Kopfmonopol vor Pensionierung), die das Projektportfolio beeinflussen können
- Inside-out, Portfoliorisiken (z. B. nicht ausbalanciertes Portfolio) oder Projektrisiken (Imageschaden bei zu später Umsetzung), welche die Organisation beeinflussen können

Die folgende Tabelle listet potenzielle Risiken auf, zeigt Möglichkeiten, sie zu messen – was nicht immer einfach und häufig diskussionswürdig ist – und weist schließlich darauf hin, welche Auswirkungen die Risken haben können. Sie spiegelt den aktuellen Stand meiner praktischen Erfahrung wider und erhebt keinen Anspruch auf Vollständigkeit.

Risikoart	Risikotyp*	Projektportfoliorisiko	Risikofaktor, Messpunkte	Mögliche Effekte
Inside-in	EPR	Projektabhängigkeiten zwischen Projekten	Anzahl Projekte mit Abhängigkeiten zu anderen Projekten	Hohe Projektportfolio-komplexität
Inside-in	EPR	Projektrisiken, die andere Projekte beeinflussen	Anzahl Projekte mit Risiken auf andere Projekte	Kleinerer Projektportfolioerfolg
Inside-out	EPR	Projektrisiken, die das Unternehmen beeinflussen: ▪ Organisation ▪ Image ▪ Erfolg	Anzahl Projektrisiken mit relevantem Impakt auf das Unternehmen hinsichtlich: ▪ Reputation ▪ finanzielle Situation ▪ Betrieb	Mögliche negative finanzielle Folgen oder operationelle Störung
Inside-in	EPR	Schlechte Qualität des Einzelprojektrisikomanagements	Anzahl: ▪ Budgetüberschreitungen ▪ Terminüberschreitungen ▪ Projektmisserfolge ▪ Inkompatibilitäten mit Business- oder IT-Strategie ▪ Inkompatibilitäten mit Projektportfoliostrategie	Kleinerer Projektportfolioerfolg
Outside-in	EPR	Externe Effekte auf die Machbarkeit von Projekten	Anzahl ▪ Risiken in Geschäftsbereichen ▪ technologische Risiken ▪ Kunden-/Benutzerrisiken	Portfolio- oder Organisationsrisiko

Risikoart	Risikotyp*	Projektportfoliorisiko	Risikofaktor, Messpunkte	Mögliche Effekte
Inside-in	PPR	Unbalanciertes Projektportfolio	▪ Zuordnung von Projekten auf Strategien nicht ideal (strategic fit) ▪ zu viele komplexe/schwierig umsetzbare Projekte ▪ nicht ausbalancierte Typen von Projekten ▪ nicht ausbalancierter Charakter von Projekten (service/compliance/strategic) ▪ nicht ausbalancierte Verteilung von Projekten auf Geschäftsfähigkeiten ▪ nicht ausbalanciertes Verhältnis von externem und internem Personal ▪ nicht ausbalancierte Größen von Projekten im Portfolio ▪ nicht ausbalancierte Dauer von Projekten im Portfolio	Erhöhtes Portfolio-Risikopotenzial
Inside-in	PPR	Ressourcenkonflikt	Anzahl: ▪ Personalressourcenkonflikte ▪ Teamüberlasten ▪ Kopfmonopole ▪ Finanzressourcenkonflikte ▪ Investitionsrisiken	Überziehen des Portfoliobudgets, Change Requests, Verzögerungen
Inside-in	PPR	Zielkonflikt	Anzahl: ▪ Zielkonflikte zwischen zwei Projekten ▪ Projektziele, die nicht mit der Strategie oder den Portfoliozielen übereinstimmen	Unharmonisches Portfolio
Inside-in	PPR	Ungenutzte oder unentdeckte Synergien	Anzahl: ▪ Redundanzen in Projektaufgaben, Lieferobjekten und Zielen	Unharmonisches Portfolio

Risiko-art	Risiko-typ*	Projektportfolio-risiko	Risikofaktor, Messpunkte	Mögliche Effekte
Out-side-in	PPR	Externe Dynamik	Anzahl: ▪ Markt-/Industrie-turbulenzen ▪ technologische Turbulenzen	Falsche oder fehlende Projekte
Inside-in	PPR	Interne Dynamik	▪ Hohe Portfoliokomplexität ▪ viele Änderungen in der Portfoliostruktur (change of strategic fit) ▪ viele neue Projekte	Negative Auswirkungen auf Effektivität (Portfolioerfolg)

* EPR = Einzelprojektrisiko (auf Ebene des Einzelprojekts oder zwischen zwei Projekten sichtbar)
* PPR = Projektportfoliorisiko (nur durch eine Analyse des Portfolios sichtbar)

Es stellt sich die Frage, mit welchen möglichst einfachen „Key Risikomanagementfaktoren“ man die Risikogruppen bewerten kann. Hier habe ich noch keine praktikable Lösung gefunden. Das Risikomanagement sollte aus meiner Sicht nicht zu mathematisch betrieben sein, aber auch nicht zu subjektiv. Dies bleibt eine Herausforderung.

Vielleicht hilft es, wenn man alles aus Entscheidungssicht betrachtet und sich fragt, welche Antworten gegeben oder welche nützliche Basisinformationen erstellt werden können, um eine sinnvolle Projektportfoliopriorisierung vorzunehmen und die Ressourcenzuordnung zu optimieren.

Fazit

Vielen Unternehmen sehen mehr und mehr den Bedarf, die Risiken projektportfolioübergreifend zu erfassen und zu steuern, doch den meisten Unternehmen fehlen die Tools (Methoden, Prozesse, Systeme) dazu. Der entsprechende Reifegrad ist in den mir bekannten Organisationen noch sehr gering.

Aus meiner Sicht ist ein pragmatischer, nicht zu mathematischer Ansatz der Richtige. Die Kumulation und Analyse der Einzelrisiken und daraus abgeleitet die Definition von Projektportfoliorisiken ist schnell möglich. Für die Analyse des Portfolios als Gesamtes benötigt man aber viel Erfahrung, ein großes, funktionierendes internes Netzwerk und relativ tiefe inhaltliche Kenntnis im Hinblick auf die Projekte. Nur so können relevante Risiken zum Vorschein kommen, die auf den ersten Blick nicht offensichtlich sind.

11.4.8 Informationen und Kennzahlen für die Umsetzungsphase

Die nachfolgenden Kennzahlen beziehen sich auf die Realisierungsphase des Portfolios (Control) und somit auf Quality Gate 4, 5 und 6:

Information/ Kennzahl	**Kurzbeschreibung**	**Ebenen***				**A ****
		1	**2**	**3**	**4**	
*** Ebene 1: Projektinformationen, Ebene 2: Portfolioebene aggregiert bar, Ebene 3: Portfolio bewertet; Ebene 4: Portfoliovorgaben**						
**** Beispielberechnung in der Anlage**						
Risikoindex	Bewertetes Risiko des Einzelprojektes nach einer Punktematrix. Wir erkennen sowohl das Risiko eines einzelnen Projektes als auch, wie risikobehaftet unsere Portfolien sind.	x	x	x	x	x
Projektkosten	Pro Jahr (über drei Jahre) aufgeteilte Projektkosten gruppiert nach ▪ interne Mitarbeiter ▪ externe Mitarbeiter ▪ Investitionen Budget, Baseline, Aktuell, Rest, Prognose, belegt und verfügbar	x	x	x	x	x
Projektnutzen-portfolio	Der bewertete Projektnutzen. Dieser wird untergliedert ab dem zu erwartenden Eintrittsjahr (für drei Folgejahre) in ▪ Top-Line (EUR): Mehr Gewinn oder Umsatz ▪ Bottom-Line (EUR): Kostenreduktion ▪ Personal (FTE[15]): Kann positiv (wir benötigen mehr Personal) oder negativ (wir reduzieren bestehendes Personal) sein Der Projektnutzen wird wie bereits erläutert in Quality Gate 6 nochmals überprüft und endgültig festgeschrieben bzw. in das Budget für die Folgejahre übernommen.	x	x	x	x	

Information/ Kennzahl	**Kurzbeschreibung**	**Ebenen***				**A ****
		1	**2**	**3**	**4**	
*** Ebene 1: Projektinformationen, Ebene 2: Portfolioebene aggregiert bar, Ebene 3: Portfolio bewertet; Ebene 4: Portfoliovorgaben**						
**** Beispielberechnung in der Anlage**						
Geplantes Startdatum	Das Datum dient der Zuordnung, in welchem Zeitraum das Projekt durchgeführt werden soll. Auf Portfolioebene erkennen wir, wie viele Projekte im gleichen Monat gestartet und in welchen Monaten wie viele Projekte parallel laufen. Unsere Erfahrungswerte werden zukünftig eine Aussage darüber zulassen, wie viele Projekte bzw. wie viele in Porjekte „investierte" Personentage unsere Organisation verkraftet.	x	x			
Geplantes Enddatum	Das Datum dient der Zuordnung, in welchem Zeitraum das Projekt durchgeführt werden soll.	x	x			
Forecast Start/ Ende	Einschätzung der Terminsituation auf Basis der aktuellen Erkenntnisse (Statusbericht). Idealerweise werden die Termine bis auf die Meilensteinebene heruntergebrochen.	x	x			
Terminverzug	Differenz zwischen Plan- und Forecast-Termin	x	x	x		
Geplante Durchlaufzeit des Projektes in Monaten	Berechnung anhand Start- und Enddatum; Wir erkennen, wie viele Kurz-/Mittel- und Langläuferprojekte wir im Portfolio haben und in welchem Umfang sie sich finanziell und ressourcenbezogen auf die folgenden Planungsperioden auswirken (siehe Beitrag von Max Zuber).	x	x			x
Forecast Durchlaufzeit des Projektes in Monaten	Aktuelle Schätzung der Terminsituation (z. T. auf Meilensteinebene).					

Information/ Kennzahl	Kurzbeschreibung	Ebenen*				A **
		1	2	3	4	
* Ebene 1: Projektinformationen, Ebene 2: Portfolioebene aggregiert bar, Ebene 3: Portfolio bewertet; Ebene 4: Portfoliovorgaben						
** Beispielberechnung in der Anlage						
Personalbedarf	Personalbedarf in Personentagen pro Jahr und mindestens untergliedert in die groben Organisationseinheiten. Der Personalbedarf sollte nach den Kriterien intern und extern aufgegliedert werden und kann analog zu den Finanzinformationen geführt wer-den. Unter Umständen berechnen sich die Finanzen (interne Ressourcen) aus diesen Informationen und dem internen Kostensatz. Die Fortschreibung der Personaldaten erfolgt idealerweise auf die gleiche Art und Weise wie bei den Finanzen. Budget, Baseline, Aktuell, Rest, Prognose, belegt und verfügbar	x	x	x		
Abhängigkeiten	Gibt es Projekte, von denen dieses Projekt abhängig ist bzw. solche, die von diesem Projekt unterstützt werden? Ziel ist es, weitere Risiken zu identifizieren.					

Projektstatus als Basis für die Portfoliobewertung

Die folgende Abbildung zeigt beispielhaft einen Projektstatusbericht:

[15] FTE: Full Time Employee und steht für Vollzeitmitarbeiter.

Projekt Name	Testprojekt 1	**Termine**			
Status Bericht-Datum	15.08.2014	**Geplanter Start**	10.04.2014	**Geplantes Ende**	30.11.2014
		Tatsächlicher Start	10.04.2014	**Geschätztes Ende**	15.12.2014

Zusammenfassung Projektstatus

Hier beschreiben wir den Gesamstatus des Projektes

Zusammenfassung Finanzen

Gesamt Budget	250.000,0		**Baseline YTD**	66.250,0		
Gesamt Baseline	265.000,0		**Aktuell**	52.000,0	78,49	%
Gesamt Restaufwand	270.000,0					
Gesamt Prognose	218.000,0		**Status Trend**	01.05.2014	Grün	
Gesamt Belegt	60.000,0			01.06.2014	Gelb	↓
Gesamt Verfügbar	153.000,0			01.07.2014	Gelb	→
Abweichung Total	5.000,0	✓		01.08.2014	Grün ↑	↑
Abweichung Urbudget	20.000,0	!				

Einschätzung Projektstatus Gelb ↓ Rot/Gelb/Grün

Zusammenfassung der wichtigen erreichten bzw. umgesetzen Themen

Zusammenfassung der nächsten Schritte

Entscheidungen

Beschreibung	Zuständig	Maßnahme	Fälligkeits-Datum

Risiken

Beschreibung	Zuständig	Einschätzung (Hoch/Mittel/Niedrig)	Maßnahme	Fälligkeits-Datum

Abb. 39: Projektstatusbericht

11.4.9 Beispiele für die Interpretation von Informationen zur Umsetzung des Projektportfolios

Die folgenden Erläuterungen beziehen sich auf die Quality Gates 4, 5 und 6.

Finanzinformationen darstellen und verfolgen

Die folgende Grafik steht Ihnen als Excel-Datei auf den Arbeitshilfen online zum Download zur Verfügung.

	Total	2014	2015	2016
Budget – Intern	140.000	60.000	80.000	
Budget – Extern	100.000	30.000	70.000	
Budget – Invest	40.000	40.000		
Budget – Sum	280.000	130.000	150.000	0
Baseline – Intern	140.000	60.000	80.000	
Baseline – Extern	105.000	35.000	70.000	
Baseline – Invest	50.000	50.000		
Baseline – Sum	295.000	145.000	150.000	0
Aktuell – Intern	10.000	10.000		
Aktuell – Extern	20.000	20.000		
Aktuell – Invest	25.000	25.000		
Aktuell – Sum	55.000	55.000	0	0
Restaufwand Schätzung Gesamt – Intern	140.000	60.000	80.000	
Restaufwand Schätzung Gesamt – Extern	108.000	38.000	70.000	
Restaufwand Schätzung Gesamt– Invest	50.000	50.000		
Restaufwand Schätzung Gesamt– Sum	298.000	148.000	150.000	0
Prognose = Restaufwand Schätzung – Aktuell				
Prognose – Intern	130.000	50.000	80.000	0
Prognose – Extern	88.000	18.000	70.000	0
Prognose – Invest	25.000	25.000	0	0
Prognose – Sum	243.000	93.000	150.000	0
Belegt – Intern	0			
Belegt – Extern	10.000	10.000		
Belegt – Invest	15.000	15.000		
Belegt – Sum	25.000	25.000	0	0
Verfügbar = Base – Aktuell – Belegt				
Verfügbar – Intern	130.000	50.000	80.000	0
Verfügbar – Extern	75.000	5.000	70.000	0
Verfügbar – Invest	10.000	10.000	0	0
Verfügbar – Sum	215.000	65.000	150.000	0
Differenz = Base – Restaufwand Schätzung				
Differenz – Intern	0	0	0	0
Differenz – Extern	-3.000	-3.000	0	0
Differenz – Invest	0	0	0	0
Differenz – Sum	-3.000	-3.000	0	0

Abb. 40: Darstellung und Verfolgung von Finanzinformationen

Eine Zusammenstellung der Finanzinformationen auf diese Art bringt folgende Vorteile:

1. Sie funktioniert auf der Projektebene und lässt sich auf die Portfolioebene aggregieren.
2. Wir haben immer einen Blick auf das Originalbudget und die durch Änderungsanträge bedingten Abweichungen, die sich nicht im Originalbudget, sondern in der Baseline[16] finden. Die Baseline ist immer das aktuell genehmigte Budget.
3. Durch die laufende Erhebung der aktuellen Kosten können wir sehr schnell eine Prognose hinsichtlich des zeitlichen und inhaltlichen Fortschritts eines Projektes treffen und somit abschätzen, ob das Einzelprojekt noch wie geplant fertig gestellt werden kann. Auf der Portfolioebene erkennen wir sehr schnell, ob die Portfolien überhaupt noch innerhalb des geplanten Zeitraums umsetzbar sind. Daraus können Sie zudem schließen, ob Programme oder Strategien gefährdet sind (siehe hierzu auch „Burned Ratio“ im Kapitel 12.2.5 von Max Zuber.
4. Die Restaufwandschätzung (gesamt) motiviert den Projektleiter, sich regelmäßig zeitnah Gedanken über sein Projekt und mögliche Abweichungen zu machen. Diese werden sofort erfasst und können in die Entscheidungsprozesse eingesteuert werden.
5. Die Prognose zeigt auf, welches Budget noch abzuarbeiten ist.
6. Bei vielen Unternehmen werden die bereits entstandenen Kosten zwar aktuell erhoben. Oftmals sind Teile des Budgets jedoch schon durch Verträge mit internen Bereichen oder externen Dienstleistern und Lieferanten geblockt. Dieser Fall wird hier erfasst, sodass wir nicht der Vermutung unterliegen, dass noch zu viel Budget zur Verfügung steht.
7. Zur Dispostion steht das noch verfügbare Budget zur Abwicklung des Projektes.
8. Die Differenz zeigt uns die Abweichung zwischen der genehmigten Baseline und der aktuellen Restaufwandsschätzung (gesamt). Wir haben wiederum sehr früh die Möglichkeit, Budgetschwankungen sowohl auf Einzelprojektebene als auch auf Portfolioebene zu erkennen. Mit diesen Informationen lassen sich Budgets, falls dringend erforderlich, umverteilen.

[16] Genehmigtes Originalbudget plus genehmigte Änderungsanträge.

Finanzdaten interpretieren

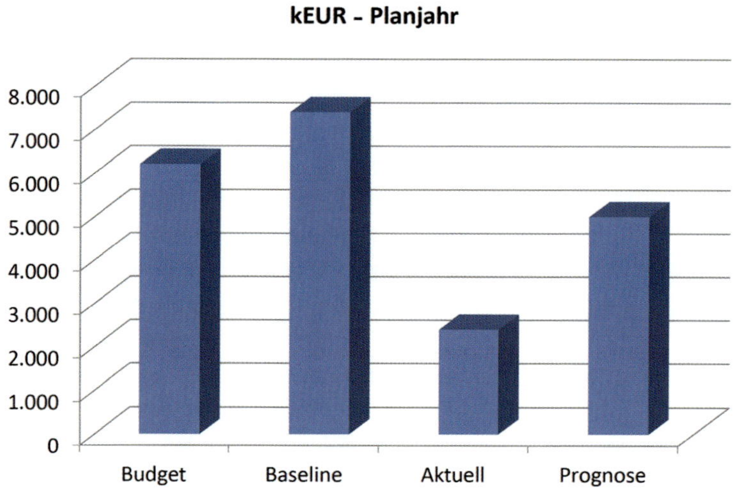

Abb. 41: Finanzdaten im Rahmen der Portfolioumsetzung

Eine verkürzte Interpretation der Finanzdaten auf Portfolioebene stellt sich folgendermaßen dar:

1. Mit der für alle Projekte aktuell genehmigten Baseline haben wir das Budget schon um 1.2 Mio. EUR überschritten.
2. Davon abgearbeitet sind aktuell 2.4 Mio. EUR. Das entspricht 32 % der genehmigten Baseline.

Dazu folgendes Beispiel: Im Juni (sechster Monat) des aktuellen Geschäftsjahres hätte man davon ausgehen müssen, dass mindestens 50 % des genehmigten Budgets abgearbeitet sind. Ferner wurde mit der Baseline das Originalplanbudget um fast 20 % überschritten. Die 2.4 Mio. EUR entsprechen 38 % des Originalbudgets, was ja eigentlich die verkraftbare Plangröße ist – wenn wir keine Puffer freihalten.

Man kann davon ausgehen, dass das Portfolio in diesem Jahr nicht mehr wie geplant abgearbeitet werden kann. Es ist dringend zu empfehlen, Maßnahmen einzuleiten. Das kann der Stopp weniger kritischer Projekte sein, um die Ressourcen zu bündeln und sicherzustellen, dass die „richtigen" und „wichtigen" Projekte fertiggestellt werden. Weiterhin ist es möglich, zusätzliche Unterstützung gezielt einzukaufen. Das wird aber die Baseline weiterhin erhöhen und es ist zu prüfen, ob wir das verkraften.

Die Situation lässt sich auch wie folgt darstellen:

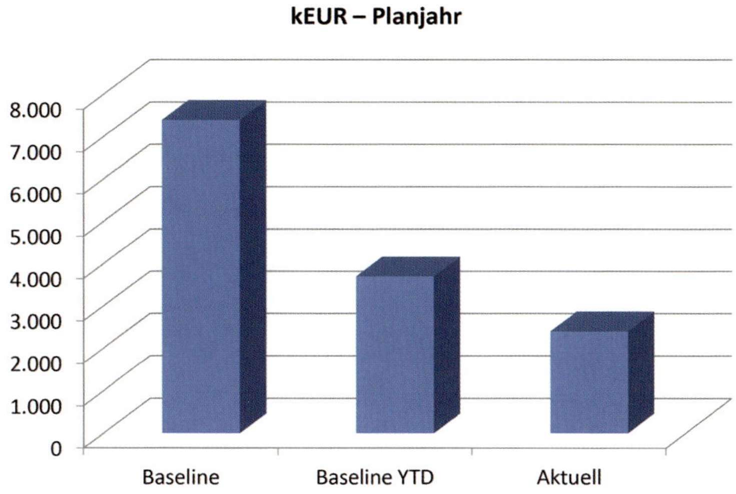

Abb. 42: Baseline/Erwartete Baseline

Zum heutigen Zeitpunkt (Juni) wäre zu erwarten, dass 50 % abgearbeitet wurden (Baseline YTD – Year To Date). Aktuell sind aber nur 32 % abgearbeitet.

Den Projektstatus auf Portfolioebene interpretieren

Hier geht es darum, das Portfolio im Hinblick auf den Projektstatus zu betrachten.

1. Wie viel des Budgets ist genehmigt, allerdings noch nicht von den laufenden Projekten beansprucht? Diese Information gibt darüber Auskunft, inwieweit es – abhängig davon, wie weit das Planjahr fortgeschritten ist – noch möglich ist, das Budget, das sowohl interne Ressourcen als auch Investitionen umfasst, auszugeben.
2. Wie viel des Budgets ist in die gestarteten Projekte geflossen?
3. Wie viel Budget ist bereits abgearbeitet (beendete Projekte)?

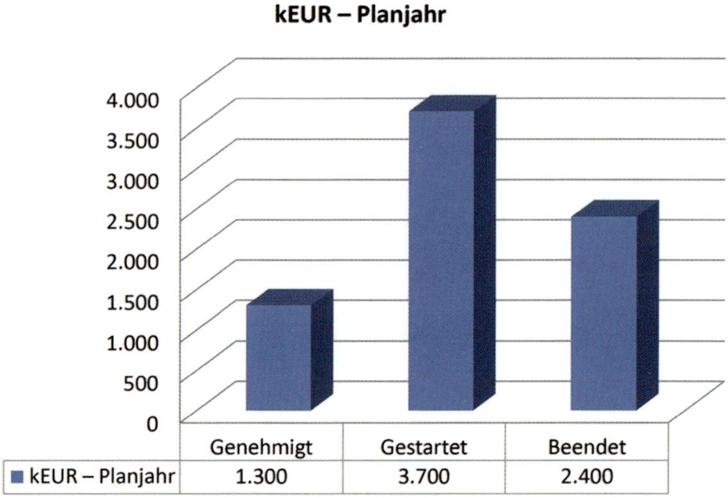

Abb. 43: Finanzielle Bewertung nach Projektstatus

Zunächst ergibt sich ein ganz gutes Bild. Allerdings steht es im Widerspruch zu den oben getroffenen Aussagen. Unter Umständen wird es uns sehr schwer fallen, Projekte gar nicht erst zu starten oder zu stoppen, da viel Budget in laufenden Projekten gebunden ist. Es bleibt uns nichts anderes übrig, als uns auf die Einzelprojekte zu fokussieren und herauszufinden, wo genau die Lösungsmöglichkeiten liegen.

Ein weiterer Indikator ist es, nur die Anzahl der Projekte zu betrachten:

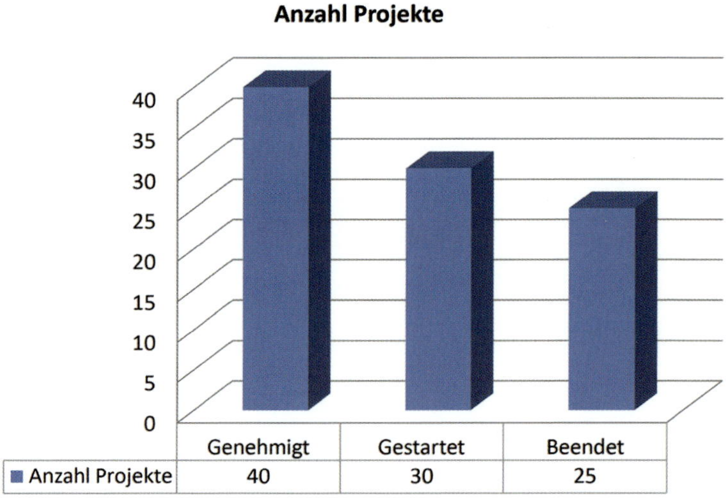

Abb. 44: Projekte nach Projektstatus

Betrachtet man diese Grafik, erkennt man einen erheblichen Widerspruch zu den oben dargestellten Finanzdaten: In Relation zum beanspruchten Budget sind zu wenige Projekte gestartet. Das kann aber daraus resultieren, dass wir die finanzintensiven Projekte bereits gestartet haben und noch viele „kleinere" Projekte nicht begonnen wurden.

Für sich alleine betrachtet ist die Situation für Mitte des Geschäftsjahres bereits ein Alarmsignal. Wir werden unseren Plan vermutlich nicht erfüllen.

Betrachten wir die Anzahl der Projekte aber nicht nur verkürzt auf den Hauptstatus bezogen, sondern auf die Quality Gates, wird die Aussage noch schärfer. In diesem Fall wird sie sogar beängstigend, da sich doch noch viele Projekte in der Phase zwischen Quality Gate 3 und Quality Gate 4 befinden:

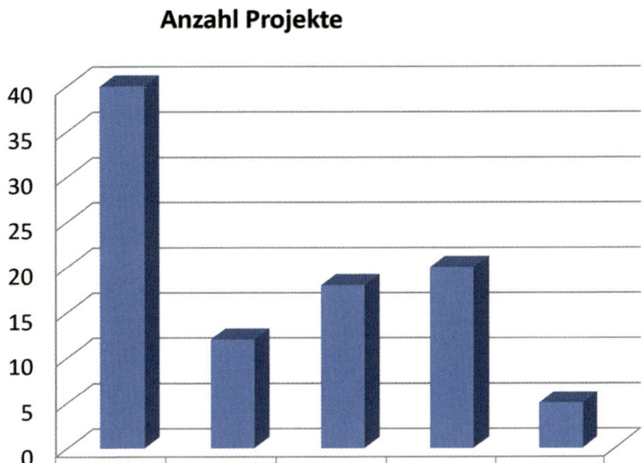

	Gate 3	Gate 4	Gate 5	Gate 6	Gate 7
Anzahl Projekte	40	12	18	20	5

Abb. 45: Projekte nach Quality Gates

11.5 Finanzkennzahlen im Prozess

Gerade die Finanzkennzahlen können nicht lediglich einmal festgehalten und dann als unwiderruflich eingestuft werden. Wie bereits erwähnt unterliegt ein Projekt Veränderungen. Dieser Situation muss Rechnung getragen werden. Das bedeutet zum einen, dass man mehr oder weniger Geld als ursprünglich geplant benötigt, sich zum anderen aber (und das halte ich für elementar) auch der erwartete

Nutzen eines Projektes verändern kann. Da dies Auswirkung auf den zukünftigen Unternehmenserfolg haben kann, müssen solche Informationen möglichst schnell und transparent zur Verfügung stehen.

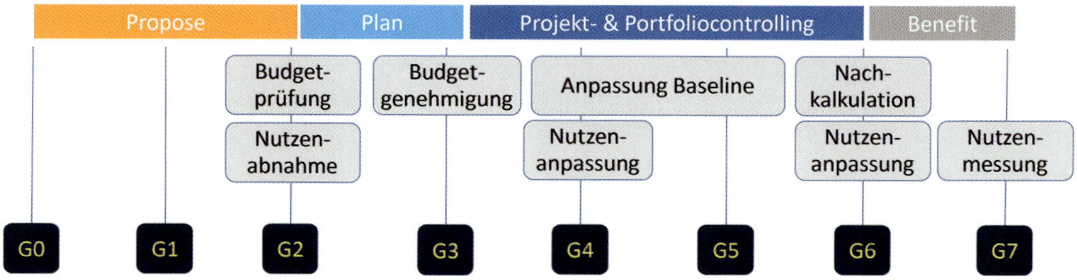

Abb. 46: Finanzkennzahlen im Quality-Gate-Prozess

Die Finanzkennzahlen können bzw. müssen im Laufe des Prozesses angepasst werden:

1. Kosten (Budget):
   Das Budget wird bei G2 geprüft und für die Portfolioplanung freigegeben. Bei G3 wird das Budget für das jeweilige Projekt genehmigt. Im Rahmen der Projektabwicklung kann es zu Änderungsanträgen kommen. Anpassungen im Hinblick auf die Kosten werden als Baseline festgehalten. Somit ist laufend eine Veränderung zwischen ursprünglichem Budget und der aktuellen Budgetsituation erkennbar.
2. Baseline:
   Wie oben bereits erwähnt, verändern sich Projekte und wir benötigen — abgesehen von terminlichen oder inhaltlichen Änderungen — auch mehr oder (manchmal) weniger Personalressourcen und finanzielle Mittel. Im Rahmen der Projektdurchführung muss zwingend jede Veränderung durch einen Änderungsantrag genehmigt werden und sich in der Baseline wiederspiegeln.
3. Nutzen (Benefit):
   Der Nutzen wird bei G2 geprüft, für die Portfolioplanung freigegeben und dies behält bei der Genehmigung des Projektes seine Gültigkeit. Im Rahmen der Detailstudie können neue Erkenntnisse hinzukommen, die eine Anpassung des zu erwartenden Nutzens erfordern. Dieser ist aus Gründen der Planungssicherheit und zur Portfolioüberwachung zwingend festzuhalten. Veränderungen müssen gespeichert und für den späteren Lernprozess auswertbar sein. Es gibt z. B. spezielle Projektarten, bei denen immer eine massive Abweichung zwischen dem versprochenen Nutzen und dem erwarteten Nutzen bei G4 auftritt.

In der Phase der Projektabwicklung können neuerlich Erkenntnisse gewonnen werden, vielleicht haben sich auch Veränderungen am Markt ergeben, die dafür sorgen, dass der angepasste Nutzen nicht erreicht oder sogar überschritten werden kann. Diese Veränderungen sind wiederum festzuhalten, sodass wir in dieser Phase eine Nutzenplanung für die Unternehmensplanung ableiten bzw. sie unterstützen können.

Dieser zuletzt festgeschriebene Nutzen ist die Basis für die Nutzenmessung nach einem oder zwei Jahren. Idealerweise wird dieser Nutzen in die Zielvorgaben des Auftraggebers übernommen. Somit gewährleisten Sie eine sehr realistische Einschätzung des zu erwartenden Nutzens. Dass wir uns zukünftig Projekte schönrechnen wird von Anfang an vermieden.

12 Key Performance Indikatoren im Projektportfolio-Management

Ein Praxisbeitrag von Max Zuber

Danksagung

Seit gut 10 Jahren begleitet mich nun das Thema Projektportfolio-Management. Fast alle der hier vorgestellten Konzepte beruhen auf Vorarbeiten, Inputs, Gedanken und vor allem Erfahrungen, die ich von und mit Freunden, Kollegen, Firmen und Projekten machen durfte. Die Konzepte zu BVI z. B. beruhen auf Vorarbeiten bei ING, die wir später bei Axa Versicherungen weiterentwickelt haben. Dank gebührt hier Wim Vlack und Jean-Luc W. Die Axa-Winterthur Schweiz gab mir die Gelegenheit, alle diese Konzepte einzuführen und auszutesten. Ich bedanke mich hier vor allem bei Dr. Johannes Schaller (ehemaliger Head Strategy Management) und Philippe Egger (ehemaliger CEO) für all ihren Input, ihre Geduld und Reibungsflächen, die sie mir in den Jahren 2005–2008 zum Thema boten. Veronique Weill — COO Axa Gruppe — förderte und führte mich später und gab mir den „push", das Projekt Portfolio-Management-Konzept für Axa MedLa (Mediterranean und Latin American Region) in Spanien einzuführen. Christina Garcia von IIL danke ich für ihre Bereitschaft, mich in der Entwicklung von Projekt-Management und Projektportfolio-Management-Konzepten mit ihrem PMI Know-how zu unterstützen. Jörg Rietsch von adensio durfte ich mit meiner Vision von Projektportfolio-Management solange quälen, bis er tat, worum ich ihn bat. Er war einer der Wenigen, die schon im 2005 meine Visionen verstanden. Last but not least danke ich meiner Familie, die sich oft mit meiner Abwesenheit bescheiden musste, weil ich wieder irgendwo auf der Welt jemanden mit meiner Vision von Projektportfolio-Management beglücken wollte.

12.1 Einführung

Vor gut einem Jahr bat mich Jörg Rietsch (Geschäftsführer von adensio), einen Workshop zum Thema „KPIs im Projektportfolio-Management" zu erarbeiten und zu begleiten. Meine erste Reaktion war: „Mensch, das interessiert doch keinen. Staubtrocken". Nach etwas Widerstand gab ich dem Drängen von Jörg nach. Der Workshop war ein Erfolg. Basierend darauf, bat mich Jörg nun um diesen Artikel. Sie haben nun das Resultat vor sich.

12.1.1 Projektportfolio-Management – im Spannungsfeld von Strategie und operativer Umsetzung

Projektportfolio-Management definiere ich aus meiner Praxis heraus als Teil des Strategy Managements — als die operative Umsetzung der Geschäftsstrategie mittels Projekten. Dabei betrachte ich Projekt-Management und Projektportfolio-Management zwar als miteinander eng verwoben, aber eben doch als unterschiedliche Ebenen.

Abb. 47: KPIs im Projektportfolio-Management

12.1.2 Strategy Management

Projekte dienen im Allgemeinen dazu, Veränderungsvorhaben zur Erreichung der strategischen Unternehmensziele durchzuführen. Die Gesamtheit dieser Projekte bezeichne ich als Projektportfolio. Projektportfolio-Management sehe ich somit als Glied zwischen Strategie und Projekten. Nur die Steuerung dieses Portfolios in seiner Gesamtheit garantiert das Erreichen des gewünschten strategischen Nutzens für die Unternehmung. Die folgende Illustration verdeutlicht diesen Zusammenhang:

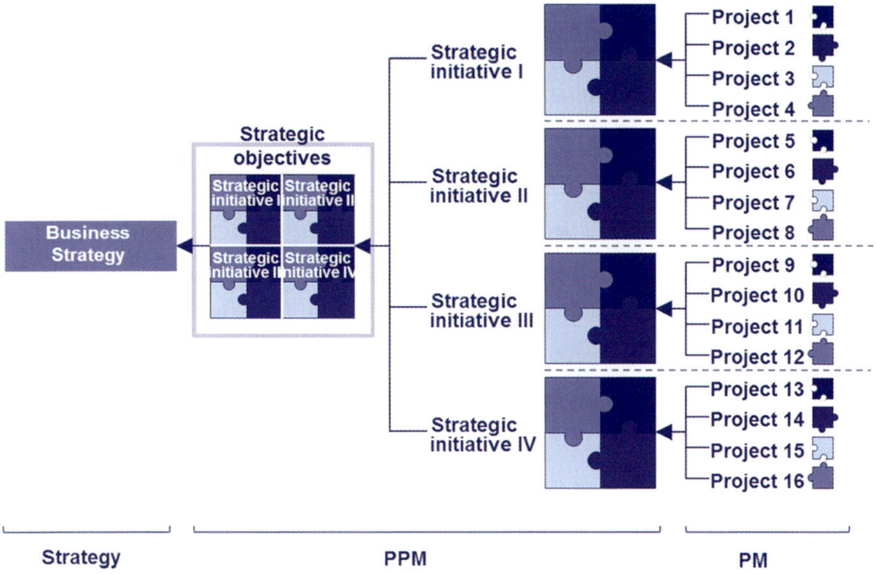

Abb. 48: Von der Geschäftsstrategie zum Projekt

Da Projektportfolio-Management das wesentliche Element ist, um die Geschäftsstrategie eines Unternehmens mittels Durchführung von Projekten erfolgreich zu implementieren und zu steuern, sollen es Kennzahlen im Projektportfolio-Management somit ermöglichen, genau diesen Sachverhalt messbar und damit steuerbar zu machen.

12.1.3 Das Tandem Projektportfolio-Management & Projekt-Management

Die Grafik im vorherigen Abschnitt stellt den Zusammenhang zwischen Projekt-Management und Projektportfolio-Management her. Dieser lässt sich auch ganz einfach in zwei Sätzen ausdrücken:

- Projektportfolio-Management: „Do the right projects" → Die richtigen Projekte machen
- Projekt-Management: „Do the projects right" → Projekte richtig machen

In die tägliche Praxis übersetzt bedeutet dies, dass das bestgeführte Projekt nicht den erhofften Nutzen für die Unternehmung bringen kann, wenn es nicht in die Unternehmensstrategie eingebettet ist. Andererseits ist gutes Projekt-Management die zwingende Voraussetzung, um die Geschäftsstrategie eines Unternehmens operativ „auf den Boden“ zu bringen. Projekte sollen unter Einhaltung der Zeit-, Kosten- und Inhaltsvorgaben erfolgreich umgesetzt werden. Wer sich detaillierter mit diesem Thema auseinandersetzen will, dem empfehle ich einerseits das Projektportfolio-Management-Framework von PMI oder ValIT von ISACA.

12.1.4 Portfolio Lifecycle

Projektportfolios werden in der Industrie üblicherweise in einem jährlichen Priorisierungszyklus als Teil des Budgetprozesses neu aufgebaut und validiert. Damit soll sichergestellt werden, dass die Projekte auf die Unternehmensziele ausgerichtet sind und vorhandene Ressourcen (Kapazitäten, Geld) möglichst effizient eingesetzt werden. Im Projektportfolio lassen sich einzelne Phasen und Element definieren:

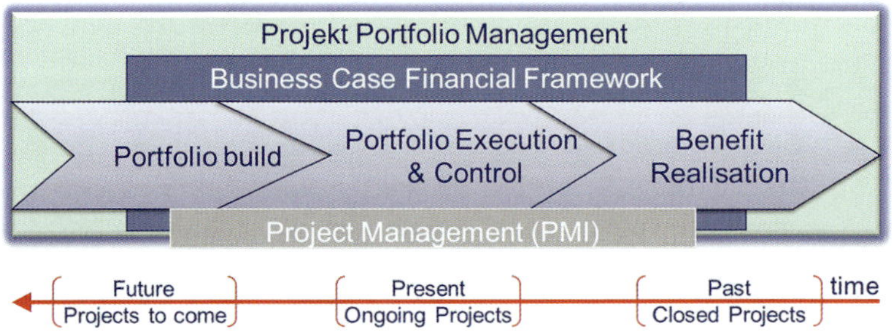

Abb. 49: Portfolio Lifecycle (Max Zuber)

12.1.5 Portfolioaufbau (build)

In dieser Phase findet der Aufbau des Projektportfolios statt. Sie dient dazu, die Gesamtheit aller Projekte in einem Portfolio zu bündeln und nach den Unternehmenszielen auszurichten. Meistens erfolgt dies einmal jährlich als Teil des jährlichen Strategieprozesszyklus. Hier ist wichtig, dass die Gesamtheit der Projekte (also laufende und neue, insbesondere sogenannte Muss Projekte) betrachtet wird. Spezifische KPIs sind so zu definieren, dass eine möglichst vorurteilsfreie Auswahl an Projekten erfolgen kann. Beispiele für solche KPIs sind der BVI und der SAI.

Portfoliodurchführung

In enger Zusammenarbeit mit den Projekt-Managementinstanzen einer Unternehmung wird in dieser Phase das Projektportfolio in seiner Gesamtheit verfolgt. Die hier verwendeten KPIs werden oft aus den einzelnen Projekten auf die Portfolioebene hochaggregiert (z. B. Portfolio Gesamtkosten, Nutzen etc.), aber teilweise auch auf der Ebene der Einzelprojekte verfolgt (Burned Ratio).

Benefit Realisation

Ein wesentliches Element, um die Zielerreichung im Portfolio sicherzustellen, besteht darin, den Nutzen, der sich aus den einzelnen Projekten ergibt, zu verfolgen. Die „Post-Mortem-Analyse“ eines Projektes soll aufzeigen, inwieweit der versprochene Nutzen aus dem Business Case erreicht und sichergestellt werden kann. Dies setzt voraus, dass Nutzen-KPIs bereits zu Beginn des Projektprozesses definiert sind und nachverfolgt werden.

Projekt-Management

Projekt-Management ist die operative Umsetzungsbasis für das Projektportfolio-Management, ohne das ein PPM nicht funktionieren kann. Typische Frameworks kommen von PMI, IPMA, ISACAl.

Financial Framework

Ein klares Regelwerk zur Berechnung von Finanzkennzahlen in Projekten, aber auch klare Vorgaben aus der Finanzplanung sind eine der Hauptvoraussetzungen, um Projektportfolio-Management überhaupt betreiben zu können. Projekte können nur miteinander verglichen und gegeneinander priorisiert werden, wenn klare Vorgaben aus der Finanzplanung gemacht werden und Regeln zur Berechnung von Business Cases implementiert sind. Ich habe gute Erfahrungen damit gemacht, im Projektportfolio-Management-Team einen dezidierten Finanzcontroller, der dem CFO unterstellt ist, zu platzieren.

12.2 Wie KPIs für das Projektportfolio-Management aufgebaut sind

Damit KPIs erfolgreich aufgebaut und verankert werden können, sind einige Rahmenbedingungen und Regeln zu beachten. Darauf wird in diesem Kapitel näher eingegangen.

12.2.1 Rahmenbedingungen für den erfolgreichen Aufbau von KPIs

Projektportfolio-Management kann nur gelingen, wenn vonseiten des Projekt-Managements periodisch zuverlässig die operativen Kennzahlen geliefert werden — idealerweise monatlich. KPIs sind nur wirksame Mittel zur Kontrolle, wenn Sie zeitnah zur Verfügung gestellt werden und aktuell sind. Es gilt das Prinzip: Weniger ist mehr.

Die folgende Übersicht fasst die entscheidenden Rahmenbedingen, die für KPIs gelten sollten, zusammen:

Einfach • Wählen Sie wenige dafür aussagekräftige KPI • Sie sollen vor dem Start des einzelnen Projektes festgelegt werden (ermöglicht Baselining)	Nachvollziehbar • Die Festlegung und Berechnung muss für alle Stakeholder transparent sein und deren Interesse an den Projekten im Portfolio reflektieren • Sie müssen auf den Nutzen ausgerichtet werden
Messbar • Messen Sie die KPI in Ihrem Portfolio von Beginn an • Ohne eine regelmässige Nachverfolgung (monatlich) sind KPI wertlos	Kommunizierbar • KPI die nicht regelmässig an die Stakeholder kommuniziert werden sind wertlos

Abb. 50: Rahmenbedingungen für KPIs

12.2.2 Projekt-Management-Prozesse

Wie bereits aufgeführt ist ein funktionierendes Projekt-Management eine conditio sine qua non für ein funktionierendes Projektportfolio-Management. Dabei ist eigentlich egal, welche Methode oder welches Framework zugrunde liegt, es muss aber gelebt werden. Essenziell dabei ist, dass in den Projektprozess Entscheidungspunkte, sogenannte Quality Gates, eingebaut werden. Im klassischen Wasserfallmodell sind das typischerweise die Phasenübergänge. Diese Quality Gates werden dann als Schnittstellen zum Projektportfolio-Management verwendet.

Praktisches Beispiel: Quality Gates im Wasserfallmodell[17]

Basierend auf dem PMI-Modell kann ein Projektablauf grob in 5 Phasen und die entsprechenden Quality Gates aufgeteilt werden.

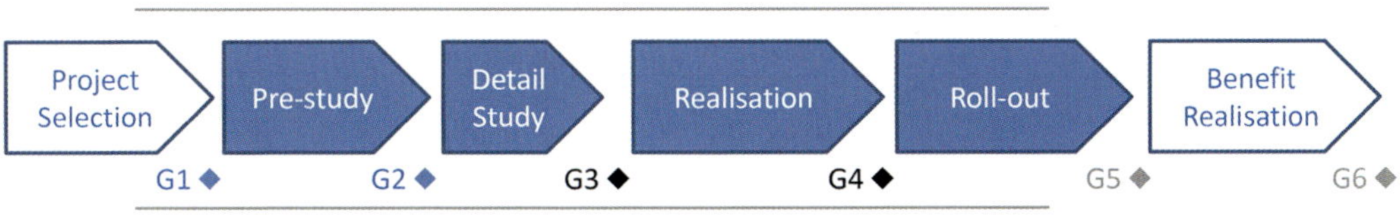

Abb. 51: Quality Gates im Wasserfallmodell

Ich konzentriere mich an dieser Stelle auf G1, G2, G5 und G6:

- G1: Das Projekt ist im Portfolio definiert, die Rahmenbedingungen sind geklärt: Der Projektauftrag ist definiert, die Grobplanung ist erfolgt, Sponsor und Projektleiter sind bestimmt.
- G2: Der Business Case wird berechnet, das definitive Go für das Projekt liegt vor. Planung, Funding, Ressourcen etc. liegen vor. Die Projektbaseline ist definiert, insbesondere für die Benefits.
- G5: Projektabschluss. Der Business Case wird validiert, der Projektleiter wird entlassen, die Benefitrealisation (Tracking) wird an das Portfolio-Management gemeldet und die Verantwortung wird an den Auftraggeber übertragen.
- Zwischen G2 und G5 laufen die üblichen Projekt-Management-Steuerungsprozesse, das Projektportfolio-Management wird automatisch aus dem Projekt mit Daten beliefert und wird dann aktiv, wenn eine Eskalation wie z. B. ein Pro-

[17] Wasserfallmodell: Die Projektphasen werden nacheinader abgearbeitet, wobei die einzelnen Phasenergebnisse immer bindend in die nächsttiefere Phase eingehen.

jektabbruch gemeldet wird. Der Vorteil des Quality-Gate-Ansatzes liegt darin, dass wir den Projekt-Management-Prozess vom Projektportfolio-Management-Prozess entkoppeln. Solange entlang der Gates die Daten aus dem Projekt-Management an das Projektportfolio-Management gemeldet werden, kann das Projekt-Management mit seinen eigenen Tools und Prozessen arbeiten. Insbesondere heißt das auch, dass innerhalb des Quality-Gate-Prozesses für die Einzelprojektabwicklung z. B. agile PM-Methoden, aber auch SixSigma Elemente problemlos in den PPM Prozess eingebaut werden können

12.2.3 Welche Prozesse auf Portfolioebene ablaufen

Ein funktionierendes Projektportfolio-Management beruht auf klar kommunizierten und gelebeten Projektportfolio-Management-Prozessen. Im Folgenden stelle ich Ihnen die wesentlichen Prozesse vor:

Portfolio Build

Der Aufbau des Projektportfolios ist eng an die Strategie und den Finanzprozess gekoppelt. Es stellt die Top-down-Eingabegrößen für die Portfoliostruktur zur Verfügung. Die Strategie gibt die Rahmenbedingungen für die auszuwählenden Projekte im Portfolio vor (Markt, Line of Business, strategisches Geschäftsziel). Die Finanziellen Rahmenbedingungen (Kosten, Benefits, Kapazitäten, Rentabilität) kommen aus dem Finanzplanungsprozess.

Beispiele von relevanten KPIs sind: SAI, BVI, Portfolio Value.

Portfolio Control

Die Kontrolle des Portfolios erfolgt über den Abgleich der strategischen Vorgaben (Top down) und der relevanten Projektkennzahlen. Diese werden via den oben beschriebenen Projekt-Quality-Gates zur Verfügung gestellt (bottom-up). Es findet also im Projektportfolio-Management ein kontinuierlicher Abgleich zwischen den Top down Vorgaben und der Bottom-up Realität statt. Notfalls kann dies auch einen Portfolioumbau auslösen.

Beispiele relevanter KPIs sind: Burned Ratio, Total Portfolio Cost, Project Run Time, NPV.

Benefit control

Teil des Projektabschlussverfahrens eines beendeten Projektes ist immer auch eine Validierung des entsprechenden Projektbusinesscases. Dieser wird vom Sponsor validiert und dann an das Projektportfolio-Management übergeben, wo die Kennzahlen auch nachverfolgt werden.

Beispiel relevanter KPIs sind: NPV, BVI.

Typen von Projektportfolio-Management-Kennzahlen

Typischerweise durchläuft ein Projektportfolio einen Jahreszyklus. D. h., einmal jährlich wird das Portfolio als Teil des Strategie- und Finanzplanungsprozesses komplett neu aufgebaut. Dieser Aspekt ist beim Aufbau und beim Messen der Kennzahlen zu berücksichtigen. Projekte hingegen haben immer einen zeitlichen Aspekt, der einerseits durch ihren Startzeitpunkt und andererseits durch ihre Laufzeit vorgegeben ist. Diese Zeitpunkte laufen in der Regel nicht synchron mit den Strategieprozessen. Beispiel: Ein Projekt mit einer Laufzeit von 6 Monaten, das im Oktober startet und im März des Folgejahres endet, muss in beiden Jahresportfolien entsprechend abgebildet werden (jeweils 3 Monate).

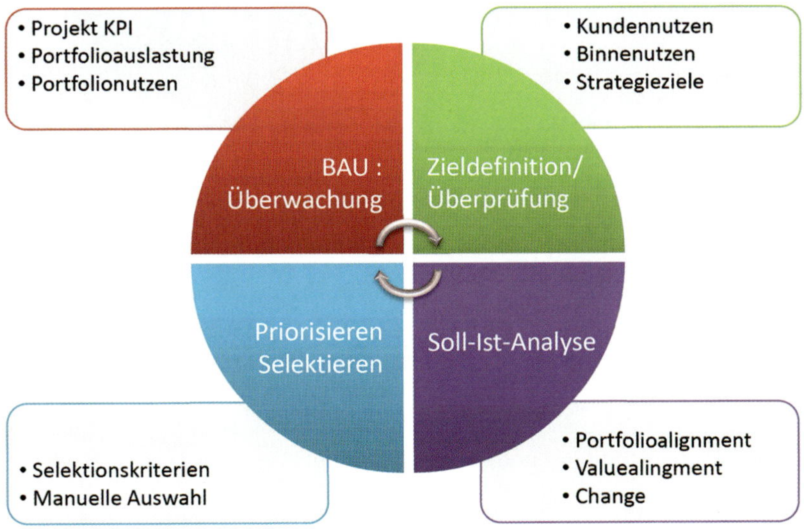

Abb. 52: Kennzahlentypen

Ein weiteres Unterscheidungskriterium ist, ob es sich um monetäre oder nicht monetäre KPIs handelt. Dies ist insofern nützlich, als bei kleineren Projekten oder während der Projektinitialiseriung detaillierte Kosten-Nutzen-Informationen noch nicht vorliegen.

KPIs können somit folgende Ausprägungen haben:

- Qualitative KPIs: Kennzahlen, die auf nicht monetären Messgrössen beruhen , z. B. Laufzeiten, Terminen etc.
- Quantitative KPIs: Kennzahlen, die auf Finanzgrössen beruhen, z. B. NPV, Total Cost etc.
- Periodizität: Alle KPIs müssen sowohl auf Jahressichten als auch auf Projektlaufzeiten berechnet werden. Z. B. Projektkosten/Jahr, Totalprojektkosten.

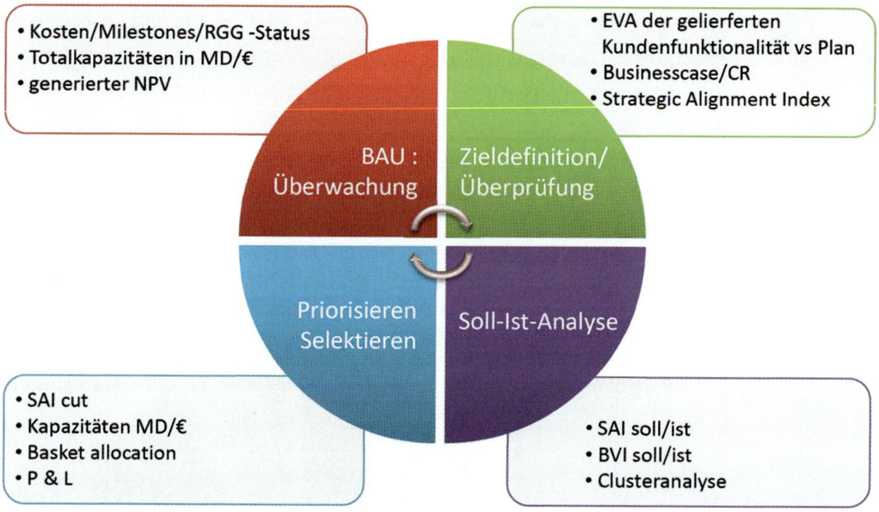

Abb. 53: Kennzahlentypen im Detail

12.2.4 Strategische KPIs für den Portfolioaufbau

Der Aufbau eines jährlichen Projektportfolios muss in enger Zusammenarbeit mit dem Strategie- und dem Finanzplanungsprozess erfolgen. Üblicherweise ist es in einem Unternehmen ja so, dass die Projektwunschliste oft den Rahmen der verfügbaren Kapazitäten um ein Mehrfaches übersteigt. Viele Firmen, die ich kenne, wenden deshalb einen jährlichen Prioriserungsprozess an. In diesem können spezifische Kennzahlen die Selektion der durchzuführenden Projekte unterstützen. Beispielhaft ist in der folgenden Abbildung ein möglicher Ablauf skizziert:

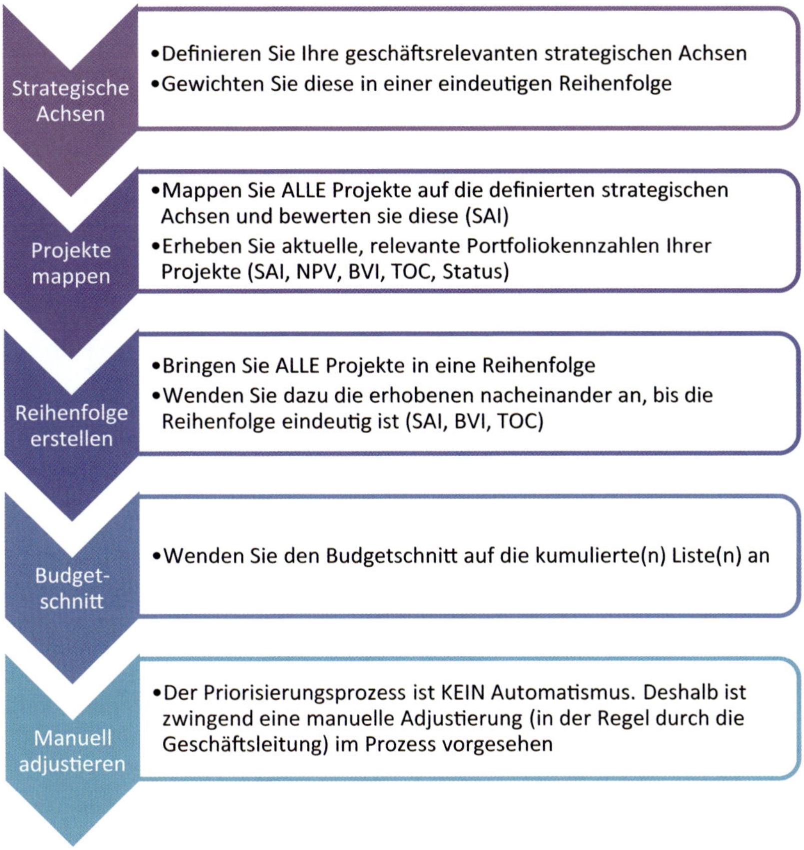

Abb. 54: Möglicher Ablauf eines jährlichen Priorisierungprozesses[18]

SAI – der Strategic Alignment Index

Der SAI dient kurz gesagt dazu, die Projekte eines Unternehmens auf ihren Strategiebeitrag hin zu prüfen. Hier nun ein „Kochrezept" zur Erarbeitung des Strategic Alignment Indexes.

[18] Der in der Grafik verwendete Begriff „mappen" bedeutet, die Strategien zuordnen.

Die Notwendigkeit, Hauptstrategien zu definieren

Die Definition der Hauptstrategien stellt das Grundgerüst für das Projektportfolio zur Verfügung. Dieser Vorgang erfolgt typischerweise auf Ebene der Geschäftsleitung eines Unternehmens und dient dazu, die Strategien eindeutig auszudrücken.

Ich habe gute Erfahrungen damit gemacht, ca. 4 bis 6 generische strategische Hauptachsen zu definieren, welche die Geschäftsstrategie abbilden. Hier ein Beispiel eines großen Versicherers, der folgende Hauptstrategien definiert hat:

	Product Innovation	Distribution	Productivity	Quality of Service	Technical Excellence	Business Acceleration	Total

Priorisieren Sie die Hauptachsen

Sind die Hauptstrategien definiert ist es im nächsten Schritt notwendig, sie gegeneinander zu priorisieren. Meist sind die Strategien nämlich nicht gleichwertig und dieser Unterschied soll sich in der Priorisierung ausdrücken.

In diesem Beispiel geschieht das, indem ein Total von 15 Punkten (auf jeden Fall eine ungerade Zahl) auf die Hauptstrategien verteilt wird. Es ist darauf zu achten, dass die Verteilung nicht gleichmäßig erfolgt, da nicht alles gleich wichtig ist. Hier wurden die 15 Punkte wie folgt verteilt:

	Product Innovation	Distribution	Productivity	Quality of Service	Technical Excellence	Business Acceleration	Total
Strategy	4	5	2	1	2	1	15

Bewerten der Projekte

Jedes Projekt wird nun auf den Beitrag hin überprüft, den es zu den Hauptstrategien leistet. In unserem Beispiel können maximal vier Punkte pro Hauptstrategie vergeben werden. Das entspricht der Vereinbarung, die in einem Gespräch mit der Geschäftsleitung getroffen wurde. Dazu ein illustratives Beispiel:

Spalte 1	Product Innovation	Distribution	Productivity	Quality of Service	Technical Excellence	Business Acceleration	Total
Projekt A	4		1		2	3	10
Projekt B		4		3			7
Projekt C		1		3	4		8
Projekt D		3				4	7

Berechnung des SAI

- Die mögliche zu erreichende Punktzahl ist 4 × 15 = 60 Punkte
- Die Werte aus der strategischen Priorisierung werden nun mit den entsprechenden Werten aus den Projekten multipliziert
- Beispiel Projekt A, Product Innovation 4 × 4 = 16
- Diese Berechnung wird pro Projekt und Zylinder gemacht und zusammengezählt

Spalte 1	Product Innovation	Distribution	Productivity	Quality of Service	Technical Excellence	Business Acceleration	Total
Strategie	4	5	2	1	2	1	
Projekt A	4		1		2	3	
Total	16	0	2	0	4	3	25

Die Kennzahlen durch Normalisierung miteinander vergleichbar machen

Normalisierung bedeutet, verschiedene Kennzahlen, die unterschiedliche Höchstwerte wie z. B. 60 oder 120 etc. haben, miteinander vergleichbar zu machen.

- Den SAI erhält man durch Normalisierung auf 10 (Einzelwert/60*10)

Beispiel Projekt A hat einen SAI von SAI A = 25/60*10 = 4.2

Für die Projekte A–D ergibt sich daraus:

Spalte 1	Product Inno-vation	Distri-bution	Produc-tivity	Quality of Service	Technical Excel-lence	Business Accele-ration	Total	Sai
Projekt A	16	0	2	0	4	3	25	4,2
Projekt B	0	20	0	3	0	0	23	3,8
Projekt C	0	5	0	3	8	0	16	2,7
Projekt D	0	15	0	0	0	4	19	3,2

In diesem Beispiel leistet somit das Projekt A den höchsten Strategiebeitrag mit 4.2 und Projekt C den niedrigsten mit 2.7.

BVI: Der Business Value Index

Das Pendant zum SAI aus finanzieller Sicht bildet der BVI. Er stellt den auf maximal 10 Punkte normalisierten Businessnutzen eines Projektes dar. Zu beachten ist hier, dass der BVI zu Beginn des Portfoliozyklus ein Näherungswert ist und eigentlich erst nach Abschluss eines Projektes definitiv quantifiziert werden kann.

Berechnung des BVI

Der BVI ist der Quotient aus NPV und Projekt Gesamtkosten:

BVI = NPV/Totalcost (P).

Zu beachten ist, dass die Finanzabteilung die Rahmenbedingungen zur Berechnung der Finanzkennzahlen festlegt. Das bedeutet, dass beispielsweise zur Berechnung des Net Present Values die Finanzabteilung den Diskontierungssatz (z. B. 10 %), die Laufzeit (oft 5 Jahre), die Aktivierungsrenzen, Kostensätze, Risikorückstellungen etc. vorgibt.

Interpretation des BVI

- Ist der Wert des BVI < 0 hat das Projekt einen negativen Nutzen
- Liegt der Wert zwischen 0 und 1 (0 < BVI < 1) hat das Projekt zwar einen positiven Business Case, der aber lediglich eine durchschnittliche Rendite verspricht.
- Ein BVI > 1 liefert einen wesentlichen Nutzenbeitrag

Anwendung der Kennzahlen SAI und BVI

Die Kombination von SAI und BVI ist ein einfaches Hilfsmittel, um die strategische Relevanz ihres Portfolios zu beurteilen. Basierend auf dem oben aufgebauten Beispiel habe ich nun zu den SAI-Werten noch den BVI hinzugefügt:

	SAI	BVI	TPC kEUR
Projekt A	4,2	0,5	200
Projekt B	3,8	2,5	150
Projekt C	2,7	–3	450
Projekt D	3,2	0	12

Dies lässt sich nun grafisch einfach darstellen und interpretieren. Die x-Achse bildet dabei den BVI ab, die Y-Achse den SAI und die Blasengröße die Projektkosten.

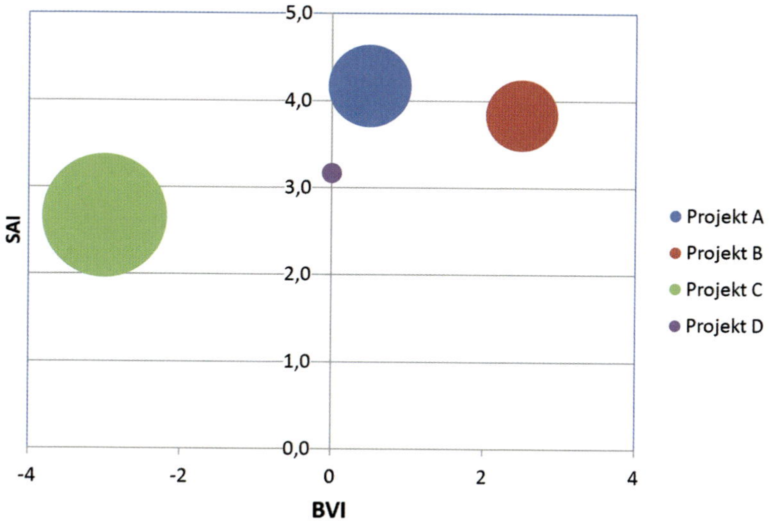

Abb. 55: BVI, SAI und Projektkosten

- Projekt B verspricht den höchsten Nutzen/Strategiebeitrag.
- Projekt A hat zwar einen hohen Strategiebeitrag (SAI), aber der Nutzen (BVI = 0.5) begrenzt diesen Vorteil bei relativ hohen Kosten (200 kEUR).
- Projekt D ist ein kleines, kostenneutrales Projekt, das aber die Strategieumsetzung unterstützt.
- Projekt C ist teuer und hat einen negativen Nutzenbeitrag mit einem geringen Strategieanteil. Im Versicherungsumfeld sind solche Projekte oft notwendige IT-Infrastrukturprojekte.

Ich möchte hier aber nochmals betonen, dass die Selektion eines Projektportfolios Kernaufgabe der Geschäftsleitung eines Unternehmens ist — unter Zuhilfenahme der beschriebenen Kennzahlen — und nicht ausschließlich „mechanisch" durch den hier vorgestellten Prozess erfolgen sollte.

Ein Beispiel aus der Praxis

Ich möchte anhand eines (leicht) abgewandelten Beispiels die vorherigen Ausführungen veranschaulichen: Die Versicherung InsX hat sich zum Ziel gesetzt, den Kunden noch stärker in den Fokus zu setzen und ihn künftig auch über digitale Kanäle zu erreichen. Im ersten Schritt hat sie ihre strategischen Prioritäten mit Hilfe des SAI definiert:

1. Neue Produkte	2. Umbau Vertrieb	3. Kundenzufriedenheit	4. Digitalisierung	5. Optimierung Prozesse	6. IT-Kosten	Total
1	2	5	4	1	2	15

Diese strategische Ausrichtung lässt sich gut mittels eines Spinnendiagramms darstellen:

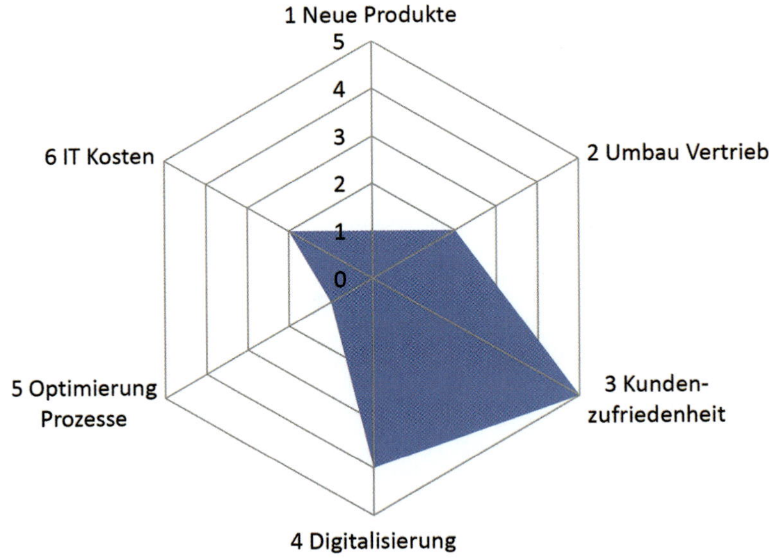

Abb. 56: Strategische Ausrichtung mittels Spinnendiagramm dargestellt

Das Projektportfolio von InsX ergab folgende SAI-Werte:

	1 Neue Produkte	2 Umbau Vertrieb	3 Kunden-zufriedenheit	4 Digitalisierung	5 Optimierung Prozesse	6 IT-Kosten	Total
Strategy			**5**	**4**	**1**	**2**	**15**
P 1	4		2				6
P 2		4					4
P 3	4			3			7
P 4			3	1	4	2	10
P 5	3	4					7
P 6				4		1	5
P 7		2			4		6
P 8			1		3	2	6
P 9	4	3		1			8
P 10						4	4
	1 Neue Produkte-	**2 Umbau Vertrieb**	**3 Kundenzu-friedenheit**	**4 Digitalisierung**	**5 Optimierung Prozesse**	**6 IT-Kosten**	**SAI**
P 1	4	0	10	0	0	0	2.3
P 2	0	8	0	0	0	0	1.3
P 3	4	0	0	12	0	0	2.7
P 4	0	0	15	4	4	4	4.5
P 5	3	8	0	0	0	0	1.8
P 6	0	0	0	16	0	2	3.0
P 7	0	4	0	0	4	0	1.3
P 8	0	0	5	0	3	4	2.0
P 9	4	6	0	4	0	0	2.3
P 10	0	0	0	0	0	8	1.3
Total 136	**15**	**26**	**30**	**36**	**11**	**18**	**2.5**

Abb. 57: SAI-Werte InsX

Grafisch dargestellt lässt sich gut herauslesen, dass die Projekte 4, 6 und 3 die Strategie wesentlich unterstützen:

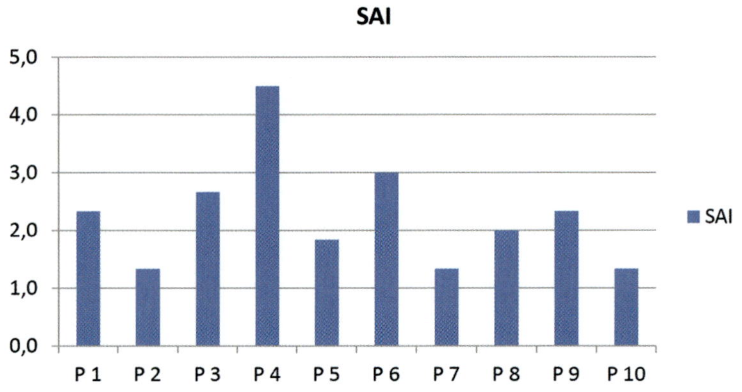

Abb. 58: Grafische Darstellung der SAI-Werte

Der Portfolio-SAI von durchschnittlich 2.3 zeigt aber auch auf, dass hier Optimierungspotenzial besteht.

Ein weiterer Schritt besteht nun darin, die normalisierten Werte auf einem Netzgrafen darzustellen.

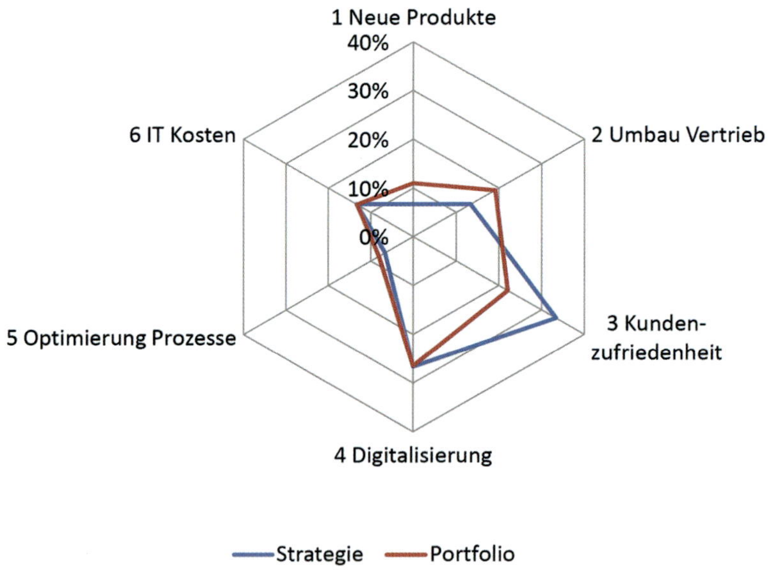

Abb. 59: Normalisierte Werte auf einem Netzgrafen

Die Grafik zeigt, dass gegenwärtig der Umbau des Vertriebes und die Ausrichtung auf neue Produkte die Projektressourcen binden. Das Portfolio sollte in Richtung Projekte zur Kundenzufriedenheit umgeschichtet werden.

PPV Portfolio Value

Das Zusammenspiel von BVI und SAI lässt sich mit Hilfe der Formel

PPV = SAI × BVI

in eine eigene Kennzahl überführen. Damit lassen sich die Aussagen von SAI und BVI kombinieren. Auf unser vorheriges Beispiel angewandt heißt dies:

	SAI	BVI	TPC k€
Projekt A	4.2	0.5	200
Projekt B	3.8	2.5	150
Projekt C	2.7	-3	450
Projekt D	3.2	0	12

	PPV
Projekt A	2.1
Projekt B	9.6
Projekt C	-8.0
Projekt D	0.0

Abb. 60: Kombination SAI und BVI

Der Auswertung entnimmt man, dass – gemessen an ihrem strategischem Nutzen – die Projekte folgendermaßen eingeordnet werden müssen: B > A > D > C. Aber Achtung: Dies bedeutet keinesfalls automatisch, dass Projekt C nicht durchgeführt wird. Handelt es sich z. B. um ein wichtiges IT Infrastrukturprojekt, bleibt einem aus strategischer Sicht nichts anderes übrig, als in den „sauren Apfel" zu beißen und das Projekt C aufgrund operativer Notwendigkeiten durchzuführen!

12.2.5 Portfoliokontrolle und Steuerung: Operative KPIs

Operative KPIs dienen dazu, das laufende Portfolio fortzuschreiben und zu steuern, damit die strategischen Vorgaben eingehalten werden. Die Basis dazu liefern die Detaildaten des Projektcontrollings, das in der Regel monatlich seine Kennzahlen an das Projektportfolio-Management „hochliefert“. Dort werden sie aggregiert und mit den Portfoliorahmenbedingungen abgeglichen.

Beispiel aus der Praxis

Ein einfaches Beispiel ist die Budgetkontrolle: Die Firma InsX hat für das Jahr 2014 ein IT-Budget von 100 MEUR festgelegt. Davon sind 40 MEUR (40 %) für Change (Veränderungsvorhaben) vorgesehen, also für Projekte. Im Portfoliprozess wurden 20 Projekte ausgewählt und in das Budget eingepasst. Zu Beginn des Jahres 2014 wurden 10 Projekte gestartet, die dafür geplanten Kosten betrugen 16 MEUR in 2014. Mitte des Jahres betrugen die aufgelaufenen Kosten jedoch bereits 12 MEUR. Bei einer linearen Burn Ratio beträgt die Ist/Soll-Ratio auf diesen Projekten 8 MEUR bzw. 12 MEUR. Die Unterdeckung beträgt also rund 4 MEUR. Diese müssen nun aus dem Portfolio ausgebucht werden. In unserem Beispiel heißt das, dass für die restlichen 10 Projekte noch 24 – 4 = 20 MEUR zur Verfügung stehen. Daraus ergibt sich als mögliche Konsequenz, dass eines der Projekte des Portfolios gestoppt werden muss.

Zeitliche Dimensionen der KPI-Erhebung

Effektive Portfoliosteuerung erfordert, dass operative KPIs periodisch (meist monatlich) in mehreren zeitlichen Dimensionen erhoben werden:

- CY: Current Year, laufendes Jahr
- PRT: Project Runtime, Projektlaufzeit
- BP: Business Plan, bildet die Baseline, dies ist der Wert nach Abnahme des Business Cases
- ToV: Today Value, Ist-Wert
- FC: Forecast, Planwert ausgehend vom Ist-Wert

Qualitative KPIs

Qualitative KPIs dienen dazu, möglichst einfach und schnell ein paar grundlegende Aussagen zum Portfoliostatus zu machen.

Qualitativer KPI: TPC (Total Project Cost)

Das oben dargestellte Beispiel veranschaulicht die Anwendung des TPC. Der TPC drückt die Gesamtkosten des Portfolios aus:

- TPC_{PRT} = Gesamtkosten eines Projektes
- TPC_{CY} = Gesamtkosten eines Projektes im laufenden Jahr

Für die Anwendung des TPC im Projektportfolio-Management ist wichtig, die richtigen zeitlichen Ebenen zu betrachten. Beispielhaft sei hier das imaginäre Portfolio der Versicherung InsX aufgeführt:

	PRT	TPC CY-1	TPC CY	TPC CY+1	TPC PRT	Bur Av
P 1	6 Mt.	100 k€	500 k€		600 k€	100 k€
P 2	12 Mt.		2'000 k€		2'000 k€	167 k€
P 3	*24 Mt.*		*300 k€*	*300 k€*	*600 k€*	*25 k€*
P 4	3 Mt.		100 k€		100 k€	33 k€
P 5	4 Mt.		200 k€		200 k€	50 k€
P 6	8 Mt.		100 k€	700 k€	800 k€	100 k€
P 7	*15 Mt.*		*300 k€*	*1'200 k€*	*1'500 k€*	*100 k€*
P 8	13 Mt.		1'200 k€	100 k€	1'300 k€	100 k€
P 9	20 Mt.	800 k€	1'200 k€		2'000 k€	100 k€
P 10	16 Mt.		800 k€	800 k€	1'600 k€	100 k€
P 11	20 Mt.	400 k€	1'200 k€	400 k€	2'000 k€	100 k€
11 Projekte	**13 Mt.**	**1'300 k€**	**7'900 k€**	**3'500 k€**	**12'700 k€**	**975 k€**
Total	Mittelwert	Total	Total	Total	Total	Mittelwert

Abb. 61: Portfolio der Versicherung InsX

Für Projekt P 7 gilt: TPC_{PRT} = 1,7 MEUR und TPC_{CY} = 0,3 MEUR.

Bei der Betrachtung der Projekte ist es wesentlich, mehrere Blickwinkel miteinander zu verknüpfen, um sinnvolle Entscheidungen für das Portfolio treffen zu können. Vergleichen wir z. B. die beiden Kennzahlen zwischen den Projekten P7 und P3. Beide Projekte haben ein TPC_{CY} = 300 kEUR, also den gleichen finanziellen

Impact im laufenden Jahr. Die TPC_{PRT} = von 1.5 MEUR bzw. 0.6 MEUR differieren jedoch signifikant.

Der TPC_{PRT} auf Portfolioebene beträgt 12.7 MEUR, für das laufende Jahr beträgt er jedoch TPC_{CY} = 7.9 MEUR. Kombinieren wir die TPC-KPIs mit den BVI und SAI, haben wir ein sehr effizientes Instrument der Portfoliosteuerung im Hinblick auf die Kosten.

Beispiel : Aufgrund von Budgetkürzungen bei InsX muss auch das Portfolio gekürzt werden. Die Vorgabe lautet, dieses Jahr (CY) mindestens 300 kEUR einzusparen und nächstes Jahr mindestens 600 kEUR. Es stellt sich nun die Frage, welches Projekt depriorisiert werden soll. Aufgrund der Analyse der Daten und der Feedbacks der Projektleiter hat man sich auf zwei Kandidaten geeinigt: P3 und P7. Die Auswahl ist nun relativ einfach, da nur P7 die Anforderungen erfüllt.

Der TPC im Projektportfolio-Management

Die Gesamtkostenberechnung für die einzelnen Projekte gibt immer wieder zu Diskussionen Anlass. Oft wird dabei angeführt, dass interne — also ohnehin vorhandene — Kosten von Mitarbeitern nicht einzurechnen sind. Dem widerspreche ich eindeutig. Projektmitarbeiter binden Ressourcen im Change Bereich eines Unternehmens, die ansonsten für den Run Anteil (den Betrieb) zur Verfügung stehen würden. Es ist wiederum die Aufgabe des Financial Frameworks, die internen Grenzkosten zu bestimmen. Ich habe gute Erfahrungen damit gemacht, mit zwei internen Tagessätzen zu rechnen: mit einem für die IT und einem für die Business Ressourcen. Ob eine Vollkosten oder Grenzkosten Bewertung zugrunde gelegt wird, ist meiner Meinung nach eher nebensächlich.

Somit lassen sich die TPC eines Projektes mit folgender Formel ausdrücken:

TPC = TMD × ICR + TCO

TMD = Total Man Days (Personentage)

ICR = Internal Conversion Rate (Tagessatz)

TCO = Total Cash-out (externe Kosten, inkl. externe Beratungsleistungen)

PRT Project Run Time

Eingangs habe ich erwähnt, dass Projektportfolio-Management ein zyklischer Prozess ist, der einerseits vom jährlichen Strategie-/Budgetprozess getrieben ist, andererseits aber auch durch die Projektlaufzeiten bestimmt wird. Das oben dargestellte Beispiel zeigt diesen Sachverhalt bereits auf. Die Projektlaufzeiten lassen sich ebenfalls einfach in Projektkennzahlen überführen:

PRT = Project Run Time (Laufzeit eines Projektes in Monaten)

PRT_{CY} = Laufzeit des Projektes im laufenden Jahr

PRT_{AV} = Mittlere Projektlaufzeit im Portfolio

Die PRT ist ein nützliches Hilfsmittel, um „Langläufer" im Portfolio zu identifizieren. Zu viele Langläufer im Portfolio deuten oft auf ungenügende Projekt-Management-Prozesse und einen geringen Projekt Management Reifegrad hin. Zudem kann man mithilfe des PRT sogenannte „U-Boot" Projekte, die über Monaten vor sich „hindämmern" ohne wirklich erkannt zu werden, einfach identifizieren.

Die mittlere Projektlaufzeit PRT_{AV} beträgt im Beispiel oben 13 Monate.

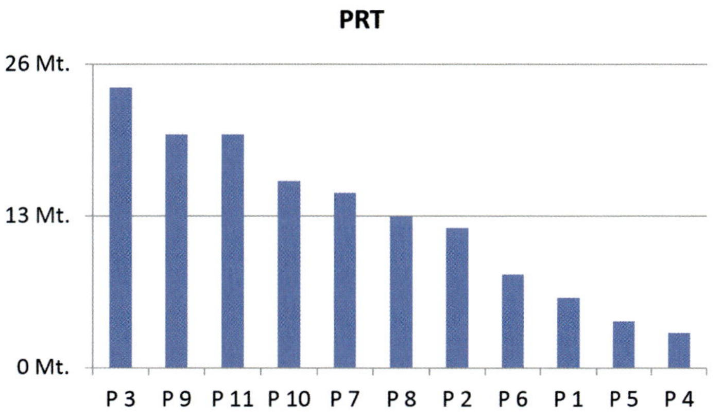

Abb. 62: Projektlaufzeiten bei InsX

Auch wenn der PRT_{AV} nur ein Durchschnittswert ist, ist er doch ein guter Indikator für den „Turnaround" im Portfolio und dessen möglichen Flexibilitätsgrad. Bei langen Projektlaufzeiten ist es beispielsweise viel einfacher, Repriorisierungen durchzuführen oder Projekte umzuschichten. Eine kontinuierliche Messung des PRT ermöglicht zudem recht früh, „Projektleichen" zu identifizieren. Im Beispiel oben ist P3 mit einer PRT von 24 MT und einem TPC von 600 kEUR zu hinterfragen.

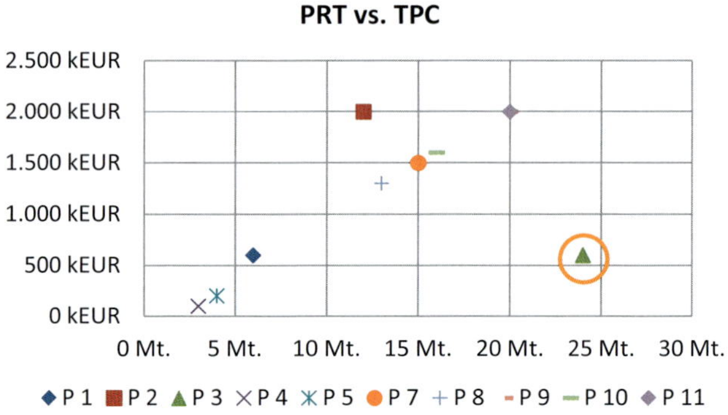

Abb. 63: PRT versus TPC

BuR – Burned Ratio

Ein weiteres einfaches Mittel, um die Verteilung innerhalb eines Portfolios zu betrachten, ist die Burned Ratio. Diese Kennzahl drückt das Vehältnis von abgelaufener Zeit zu bereits verbrauchten Kosten (Budget) im laufenden Portfolio aus.

Sie wird mit folgender Formel berechnet:

BuR = (TPCCY / TPC) / (PRTCY / PRT)

Nehmen wir wieder das bekannte Beispiel. Stichtag sei der erste Juli des laufenden Jahres. Es sind also bereits sechs Monate vergangen. Per 1.7. wurden die verbrauchten, also die „burned" Kosten des Projektes betrachtet. Die PRT-Ration ist in diesem Zusammenhang die verbrauchte Zeit im Verhältnis zur Gesamlaufzeit des Projekts (PRT):

	PRT	PRT Today	PRT Ratio	TPC PRT	TPC Today	TPC Ratio.	BuR
P 1	6 Mt.	6 Mt.	1.00	600 kEUR	600 kEUR	1.00	1.00
P 2	12 Mt.	6 Mt.	0.50	2'000 kEUR	1'000 kEUR	0.50	1.00
P 3	24 Mt.	6 Mt.	0.25	600 kEUR	150 kEUR	0.25	1.00
P 4	3 Mt.	3 Mt.	1.00	100 kEUR	100 kEUR	1.00	1.00
P 5	4 Mt.	4 Mt.	1.00	200 kEUR	200 kEUR	1.00	1.00
P 6	8 Mt.	6 Mt.	0.75	800 kEUR	300 kEUR	0.38	0.50
P 7	15 Mt.	6 Mt.	0.40	1'500 kEUR	600 kEUR	0.40	1.00
P 8	13 Mt.	6 Mt.	0.46	1'300 kEUR	600 kEUR	0.46	1.00
P 9	20 Mt.	14 Mt.	0.70	2'000 kEUR	1'800 kEUR	0.90	1.29
P 10	16 Mt.	2 Mt.	0.13	1'600 kEUR	200 kEUR	0.13	1.00
P 11	20 Mt.	10 Mt.	0.50	2'000 kEUR	1'500 kEUR	0.75	1.50

Abb. 64: Betrachtung der verbrauchten Kosten zum Stichtag 1.7.

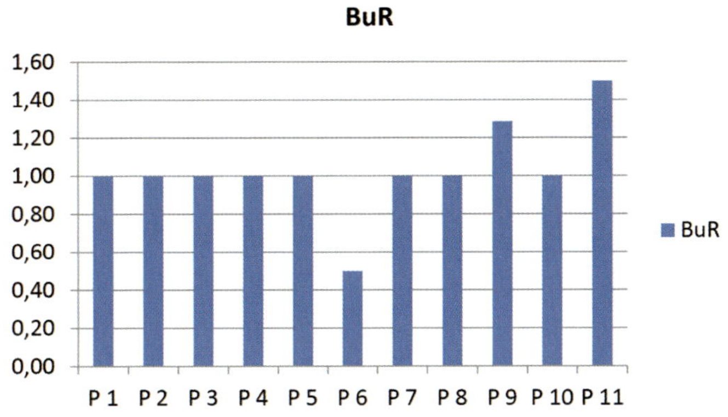

Abb. 65: Burned Ratio

Auffällig sind die Projekte P6, P9, P11, da sie Werte aufweisen, die höher oder niedriger als 1 sind.

Die Zahl 1 bedeutet, dass das Verhältnis der verbrauchten Kosten zur verbrauchten Zeit im Einklang ist. Entspricht die Burned Ratio einem abweichenden Wert, kann es bedeuten, dass wir entweder nicht am Projekt arbeiten (kein Budget verbrauchen) und die Zeit voran geht oder umgekehrt, dass wir schneller das Budget verbrauchen, als wir geplant haben.

Natürlich kann eine Abweichung auch noch anders erklärbar sein: Es kann z. B. am Anfang eines Projektes eine große Investition (z. B. Maschine, Server etc.) anstehen.

Ein XY-Chart ist zur Verdeutlichung hilfreich:

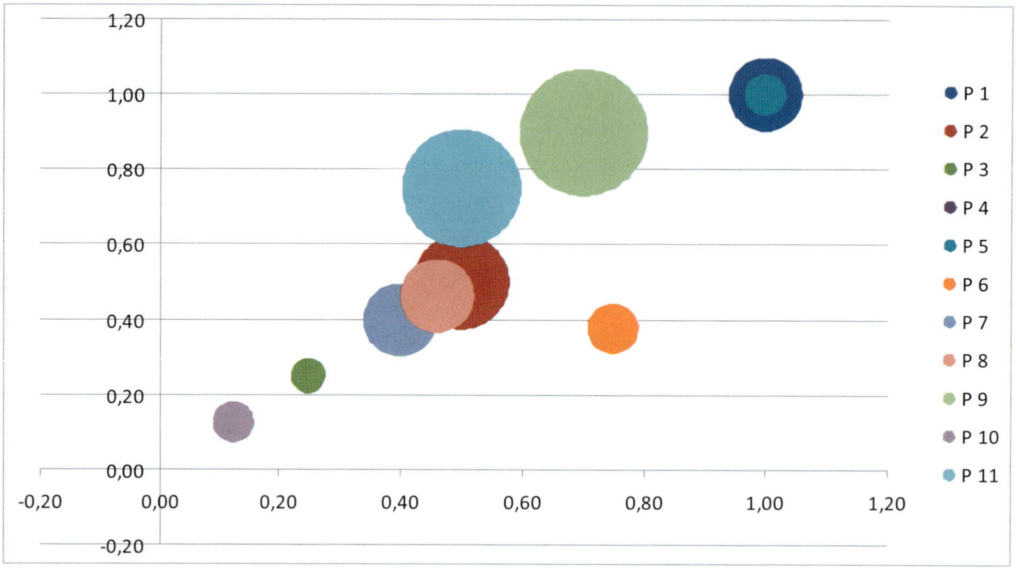

Abb. 66: Burned Ratio

P11 stellt im Portfolio das größte Risiko dar, da hier die Kosten im Vergleich zur Laufzeit bereits wesentlich überschritten sind. P6 weist einen schleppenden Verlauf auf. Das Projekt kommt nicht auf Touren. Für weitere Analysen müssen nun die detaillierten Projekt-Management-KPIs herangezogen werden (EVA, Milestone Trendanalysis etc.)

12.2.6 Nutzenrealisierung: Benefit KPIs

Die Nutzenrealisierung in Projekten ist eines der schwierigen Kapitel im Projektportfolio-Management-Prozess. Das Projekt ist abgeschlossen, der Abschlussbericht wurde gemacht, der Projektleiter ist entlassen. Nun liegt es am Sponsor und dem Projektportfolio-Management, den ausgewiesenen Nutzen im Projekt auch „einzufahren". Meine Erfahrung ist, dass viele Firmen diesen Punkt bei internen Projekten vernachlässigen. Eine der Schwierigkeiten liegt darin, dass in der Organisation das Projektportfolio-Management nicht über die notwendigen Mittel/Kompetenzen verfügt, um diese Aufgabe in Zusammenarbeit mit dem Projektsponsor wahrzunehmen. Meiner Ansicht nach ist es aber eine der Hauptaufgaben des Projektportfolio-Management, den Nutzen aus Projekten durch eine professionelle Nachverfolgung sicherzustellen.

12.2.7 Voraussetzungen für das Messen der Nutzenrealisierung

Ein effizient funktionierendes Benefittracking beginnt bereits früh im Projekt-Management-Prozess. Dies gilt sowohl für quantitative (monetäre) als auch qualitative (nicht monetäre) KPIs :

- Bei Abnahme des Projektauftrages wird der Business Case „eingefroren" und als Baseline (hier: letzter, festgeschriebener Wert des versprochenen Nutzen) festgelegt.
- Während der Delivery Phase unterliegt der Business Case denselben Change Prozessen im Projekt-Management wie die Kostenkontrolle. D. h.: Wird z. B. ein Schwellenwert von +/– 10 % der Gesamtkosten überschritten, müssen nicht nur die Projektkosten nachgeführt werden, sondern auch der Business Case muss neu berechnet werden.
- Bei Abschluss des Projektes findet ein Abgleich zwischen der Baseline und der finalen Business-Case-Berechnung im Abschlussbericht statt und wird fixiert, d. h., er wird in Absprache mit dem Sponsor fetsgeschrieben. Es kann nämlich während der Projektabwicklung zu neuen Erkenntnissen kommen, die dazu führen, dass der ursprünglich geplante Nutzen nicht realisiert werden kann. So könnte beispielsweise eine detaillierte Marktanalyse, bei der Abweichungen zur ursprünglichen Schätzung auftreten, Teil des Projekts gewesen sein.
- Das Projektportfolio-Management führt danach ein periodisches (quartalsweises) Tracking der Benefits durch

Quantitative KPI: NPV/BVI

Um im Rahmen des Nutzentrackings quantitative Aspekte zu messen, liegt es nahe, den NPV respektive den BVI heranzuziehen, da beide Kennzahlen ja die Kosten bzw. den Nutzen eines Projekts abbilden. Die beiden Kennzahlen können auch problemlos auf das gesamte Portfolio angewendet werden. Wichtig ist, dass — wie bereits erwähnt — die Überprüfung und Nachführung periodisch geschieht.

Qualitative KPI

Ergänzend zu den quantiativen KPIs werden pro Projekt, so wie im Business Case festgelegt, qualitative KPIs definiert. Für diese wird periodisch der Realisierungsgrad überprüft. Bei Effizienzprojekten werden hier oft Durchlaufzeiten, die Kundenzufriedenheit oder auch die Mitarbeiterzufriedenheiten erhoben.

12.2.8 Den Projektnutzen auf Portfolioebene abschließend beurteilen

Betrachten wir nochmals unser Portfolio, das sich aus elf Projekten zusammensetzt. Die Analyse nach BVI ergibt folgendes Bild:

	TPC PRT	NPV 5Y	BVI	NPV 5Y kummuliert
P 6	800 kEUR	1'200 kEUR	1.5	1'200 kEUR
P 7	1'500 kEUR	1'200 kEUR	0.8	2'400 kEUR
P 2	2'000 kEUR	1'000 kEUR	0.5	3'400 kEUR
P 4	100 kEUR	500 kEUR	5.0	3'900 kEUR
P 11	2'000 kEUR	400 kEUR	0.2	4'300 kEUR
P 8	1'300 kEUR	260 kEUR	0.2	4'560 kEUR
P 5	200 kEUR	200 kEUR	1.0	4'760 kEUR
P 10	1'600 kEUR	16 kEUR	0.0	4'776 kEUR
P 3	600 kEUR	-60 kEUR	-0.1	4'716 kEUR
P 9	2'000 kEUR	-600 kEUR	-0.3	4'116 kEUR
P 1	600 kEUR	-1'800 kEUR	-3.0	2'316 kEUR
11 Projekte	**12'700 k€**	**2'316 k€**	**0.2**	

Abb. 67: Portfolio-Analyse nach BVI

NPV = Net Present Value

NPV 5Y = Net Present Value auf 5 Jahre gerechnet

Das Portfolio hat gegenwärtig bei Kosten von 12.7 MEUR einen NPV von 2.3 MEUR, was einem (knappen) BVI von 0.2 entspricht. Ordnet man nun das Portfolio nach dem NPV absteigend und kumuliert den NPV, erhält man eine charakteristische Portfolio-Value-Curve. Aus dieser lassen sich auf einfache Weise die wertschöpfenden Projekte und die „Wertvernichter" identifizieren. In diesem Beispiel vor allem die Projekte P1 und P9.

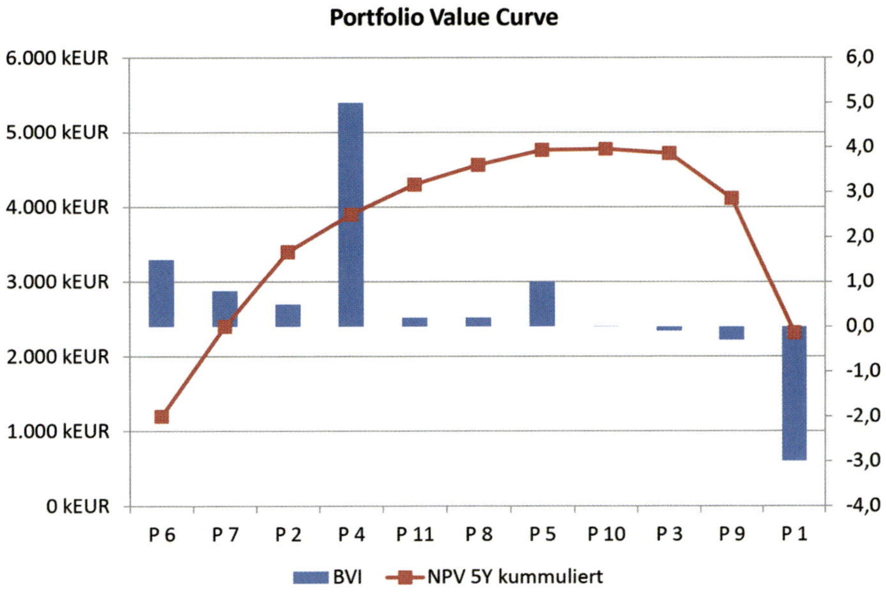

Abb. 68: Portfolio-Value-Curve

12.3 Gute Tools alleine sind keine Erfolgsgaranten

Im IT-Projektumfeld kursieren zahlreiche Sprüche, die zwar nicht durch Political Correctness glänzen, aber die häufige Realität hinter der — manchmal sektiererisch geführten — Diskussion um Projektportfolio-Management-Tools treffend auf den Punkt bringen: „A fool with a tool is still a fool" oder „Garbage in, garbage out" . Was ich damit sagen will: Beim Projektportfolio-Management bzw. Projekt-Management sind funktionierende Prozesse, das Engagement der Sponsoren oder fähige Projektleiter wichtiger als die Auswahl eines Tools. Projektportfolio-Management ist ein Prozess, der gelebt werden muss. Dies bedeutet aber auch, dass die Auswahl einer geeigneten Softwarelösung für das Portfolio-Management sehr individuell ist. Meine in diesem Zusammenhang gemachten Erfahrungen sind deshalb persönlicher Art und geben nur grobe Anhaltspunkte.

Befindet sich das Projektportfolio-Management noch im Aufbau und ist das Portfolio überschaubar, reicht normalerweise ein Tabellenkalkulationsprogramm wie beispielsweise MS Excel. Strategische Umschichtungen und Modelle lassen sich aber damit nicht abbilden.

Dezidierte Projektportfolio-Management-Lösungen gibt es (fast) keine auf dem Markt – das ist zumindest meine Meinung. Viele Anbieter von integrierten Projekt-Management-Systemen oder Projekt-Management-Weblösungen nehmen für sich zwar in Anspruch, dass sie Projektportfolio-Management beherrschen. Die von mir beobachtete Realität ist jedoch eine andere: Meistens handelt es sich um „aufgebohrte" Projekt-Management-Tools, die dann noch über eine weitere, darüberliegende Aggregationsstufe verfügen, weshalb sie eher als Multiprojekt- oder Programm-Management-Tool gelten können. Die einzige mir bekannte echte Projektportfolio-Management-Lösung ist „Primavera Portfolio Management" von Oracle. Sie bietet die Möglichkeit, die strategische und operative Projektportfolio-Managementebene zu verknüpfen, ohne an ein Projekt-Management-Tool gebunden zu sein (Schnittstellen bestehen). Aber, wie gesagt, das reflektiert nur meine Erfahrung und stellt keine Kaufempfehlung dar (siehe Beginn dieses Abschnitts).

Dezidierte Literatur zum Projektportfolio-Management gibt es nicht in großem Umfang. Im Literaturverzeichnis am Ende dieses Buchs empfehle ich Ihnen daher einige Basisquellen, die ich immer wieder hinzuziehe und benutze.

13 Reifegradanalyse „Light“

Bevor Sie mit der Implementierung oder Optimierung Ihrer Projektportfolio-Management-Organisation beginnen, kann es hilfreich sein, eine Reifegradanalyse durchzuführen. Eine solche Analyse kann zum einen als Argumentationskette in Ihren Projektantrag eingebaut werden. Zum anderen kann sie auch dabei helfen, Ihre anstehenden Aufgaben im Bereich des Portfolio-Managements zu priorisieren bzw. Schwerpunkte zu setzen.

Klar sollte immer sein: Es ist kaum möglich, den bestehenden Reifegrad von 0 % oder auch von 20 % direkt auf 100 % hochzufahren. Legen Sie daher immer einen Fahrplan und vor allem einen realistischen Zeitplan fest und setzen Sie dabei unterschiedliche Schwerpunkte.

Portfolio-Management lebt auch von Erfolgen. Diese sollten in überschaubaren Zeiträumen erreicht und dann weiter vorangetrieben werden.

Eine Reifegradanalyse kann auf unterschiedliche Weise gemacht werden. Sie können z. B. an der Multiprojekt-Management-Studie der TU-Berlin teilnehmen und dort ergänzend zu einer individuellen Analyse auch in den Benchmark mit anderen Unternehmen treten.

Wenn Sie eine Reifegradanalyse individueller und in einem überschaubaren Zeitraum durchführen möchten, können Sie auch die Projektkulturdiagnose meines Unternehmens heranziehen — ein Beratungsansatz, der neben der umfangreichen Analyse und Bewertung der Ist-Situation auch klare Handlungsempfehlungen zum weiteren Vorgehen zur Verfügung stellt. Der Hauptunterschied z. B. zur Studie der TU Berlin liegt nicht nur in den Fragen, die bei uns aus der langjährigen Praxis entstanden sind, sondern auch im Grad der Individualisierung von Teilbereichen des Fragenkataloges auf Ihre Unternehmensform. Wir fragen z. B. alle Mitarbeitergruppen in Ihrer Projektportfolio-Management-Organisation ab und vergleichen die aus der Befragung unterschiedlicher Mitarbeitergruppen gewonnenen Ergebnisse. Es kann enorm spannend sein, die Wahrnehmung unterschiedlicher Mitarbeitergruppen wie Abteilungsleiter, Projektleiter, Projektmitarbeiter, Geschäftsleitungs-Mitglieder etc. zu gleichen Fragestellungen gegenüberzustellen. Gerade hieraus erzielen wir die wertvollsten Informationen, um die richtigen Schwerpunkte für den weiteren Rollout Ihrer Projektportfolio-Management-Prozesse und Methoden festzulegen.

Ich möchte Ihnen hier ein paar Fragen und Informationen an die Hand geben, mit denen Sie eine grobe Reifegradanalyse des Projektportfolio-Managements durchführen können. Machen Sie sich doch bitte die Mühe, die folgenden Fragen unterschiedlichen Mitarbeitern vorzulegen und von diesen schriftlich beantworten zu lassen. Die Mitarbeiter sollten dies, ohne eine weitere Einflussnahme Ihrerseits oder auch ohne sich mit Kollegen abzustimmen, tun.

Vergleichen Sie danach die Antworten der unterschiedlichen Teilnehmer und nutzen Sie diese als weitere Gesprächsgrundlage.

13.1 Ihre Reifegradeinschätzung

Im Rahmen der Reifegradeinschätzung werden die folgenden Themen abgefragt:

Portfolio-Management-segment	Kernprozess	Prozessbeschreibung
Auswahl: Die Gruppe der Prozesse, die das Management einsetzt, um die beste Investition in Bezug auf die aktuelle Geschäftsentwicklung und Strategie zu treffen.	Clarify Objectives	Der Prozess, bei dem das Managementteam die Unternehmensziele definiert, priorisiert und in messbarer Form zur Verfügung stellt (Top-Down Planung).
	Prioritize Initiatives	Der Prozess, den das Managementteam verwendet, um seine bestehenden und potenziell neuen Initiativen zu bewerten und priorisieren.
	Select Investments	Der Prozess, den das Managementteam verwendet, um die Rangliste der Investitionen den Kapazitätsgrenzen gegenüber zu stellen. Hierbei werden finanzielle Rahmenbedingungen, Kompetenzen und auch regulatorische Vorgaben, Abhängigkeiten sowie Risiken betrachtet. Es werden Investitionsgruppen gebildet und diese werden sowohl unabhängig voneinander als auch im Zusammenspiel ausgewertet.

Portfolio-Management-segment	Kernprozess	Prozessbeschreibung
Durchführung: Die Gruppe der Prozesse, die das Management einsetzt, um sicherzustellen, dass das Unternehmen sich mit den besten Investitionen messbar und konsistent beschäftigt.	Communicate Status	Der Prozess, bei dem Teams den letzten Status Ihrer Projekte bzw. Projektbündel kommunizieren und die Ergebnisse zusammenführen.
	Review Portfolio	Der Prozess, durch den das Management Echtzeit-informationen in einer konsistenten Art und Weise auf allen Ebenen (Einzelprojekt, Programm, Portfolio, Strategie, Produktsegment etc.) erhält, Probleme identifiziert und überprüft.
	Adjust Course	Der Prozess, bei dem die Organisation Probleme frühzeitig identifiziert, korrigierende Entscheidungen trifft und Maßnahmen zur Beschleunigung oder Verlangsamung bzw. sogar den Stopp von Projekten einleitet.

Im Folgenden nun die detaillierte Frageliste:

Prozess	Ihre Einschätzung/ Übereinstimmung mit Aussage	Kommentar
Clarify Objectives		
Wir sind in der Lage unsere Strategien zu formulieren und messbar auszudrücken.	1 2 3 4 5 nie/niedrig manchmal/moderat immer/hoch	
Unsere Projekte sind mit unseren Strategien und Zielen vollständig abgestimmt.	1 2 3 4 5 nie/niedrig manchmal/moderat immer/hoch	
Die Verteilung der Ressourcen auf unsere Projekte reflektiert unsere Unternehmensstrategie.	1 2 3 4 5 nie/niedrig manchmal/moderat immer/hoch	
Wir haben parallel zum „klassischen" Budgetierungsprozess einen Projektportfolio Planungsprozess. Aufgrund dessen wissen wir z. B. wie viel Gesamtbudget für Projekte im lfd. und kommenden Geschäftsjahr zur Verfügung steht.	1 2 3 4 5 nie/niedrig manchmal/moderat immer/hoch	

Prozess	Ihre Einschätzung/ Übereinstimmung mit Aussage	Kommentar
Prioritize Initiatives		
Wir differenzieren zwischen Nutzenkriterien, Business Case, Kosten, Risiken und Statusindikatoren (bei laufenden Projekten)	1 2 3 4 5 nie/niedrig manchmal/moderat immer/hoch	
Uns ist es wichtig, eine gute Mischung aus strategischen, operativ notwendigen und gewinnbringenden Projekten bzw. Produkten/Dienstleistungen zu positionieren.	1 2 3 4 5 nie/niedrig manchmal/moderat immer/hoch	
Die Projekte in unserem Projektportfolio werden nach festgelegten Kriterien priorisiert und in eine Reihenfolge gebracht. Es gibt eine klare Rangfolge von 1 bis n in der Projektliste.	1 2 3 4 5 nie/niedrig manchmal/moderat immer/hoch	
Select Investments		
Die Entscheidungen für unsere Projektinvestitionen basieren auf unseren Kennzahlen und Daten und nicht auf Emotionen	1 2 3 4 5 nie/niedrig manchmal/moderat immer/hoch	
Wir haben ein standardisiertes Antragsverfahren für neue Projekte.	1 2 3 4 5 nie/niedrig manchmal/moderat immer/hoch	
Wir führen eine rollierende Ressourcenplanung durch und können jederzeit eine Aussage über die aktuelle und zukünftige Mitarbeiter-/Mitarbeitergruppenauslastung treffen. Wir leiten aktiv unseren Personalbedarf davon ab.	1 2 3 4 5 nie/niedrig manchmal/moderat immer/hoch	

Prozess	Ihre Einschätzung/ Übereinstimmung mit Aussage	Kommentar
Communicate Status		
Wir überprüfen regelmäßig unsere Projektinvestitionen auf der Basis konsistenter und einheitlich definierter Kennzahlen und Metriken.	1 2 3 4 5 nie/niedrig manchmal/moderat immer/hoch	
Das Management wird über weitreichende Abweichungen in der Kosten- oder Terminplanung oder über den Eintritt gefährlicher Risiken und die notwendigen Maßnahmen zeitnah informiert.	1 2 3 4 5 nie/niedrig manchmal/moderat immer/hoch	
Wir haben ein standardisiertes Verfahren und Regeln, wie bei Budget unter- oder -überschreitung vorzugehen ist. Beispielsweise erfolgt vor drohender Budget-Überschreitung eine Meldung an den Auftraggeber. Das weitere Vorgehen wird gemeinsam abgestimmt.	1 2 3 4 5 nie/niedrig manchmal/moderat immer/hoch	
Review Portfolio		
Wir überprüfen relevante Projektgruppen (Portfolien) regelmäßig, damit wir die bestmöglichen Gesamtentscheidungen treffen.	1 2 3 4 5 nie/niedrig manchmal/moderat immer/hoch	
Unser Hauptbestreben ist es, die Kosten aller Projekte und Investitionen unter Kontrolle zu halten.	1 2 3 4 5 nie/niedrig manchmal/moderat immer/hoch	
Informationen über die laufenden Projekte (z. B. Ziel, Dauer, Projektleiter) sind in anderen Ressorts und in den oberen Führungsebenen bekannt.	1 2 3 4 5 nie/niedrig manchmal/moderat immer/hoch	

Prozess	Ihre Einschätzung/ Übereinstimmung mit Aussage	Kommentar
Unsere Projektleiter kommunizieren alle wichtigen Informationen — auch Risiken und Probleme — in ausreichendem Umfang an das Portfolio-Management	1 2 3 4 5 nie/niedrig manchmal/moderat immer/hoch	
Unser Portfolioergebnis lässt sich jederzeit aus den Ergebnissen der einzelnen Projekte herleiten.	1 2 3 4 5 nie/niedrig manchmal/moderat immer/hoch	
Adjust Course		
Wenn Projektinvestitionen verschoben oder abgebrochen werden müssen, treffen wir die „harte“ Entscheidung im Sinne des Unternehmenserfolgs	1 2 3 4 5 nie/niedrig manchmal/moderat immer/hoch	
Wir haben ein bereichsübergreifendes Gremium für Portfolioreviews, das die Portfolien und zugehörige Projekte regelmäßig auf Fortschritt, Kostensituation usw. überprüft. Hierzu sind auch Controller eingeladen.	1 2 3 4 5 nie/niedrig manchmal/moderat immer/hoch	
Das Gesamtbudget für das Portfolio wird von einer zentralen Stelle überwacht. Budgetumverteilungen finden nach einem standardisierten Verfahren statt. Beispielsweise wird das Budget von Projekten, deren Starttermin sich verzögert, von den Projektleitern zu Umverteilung freigegeben.	1 2 3 4 5 nie/niedrig manchmal/moderat immer/hoch	

Prozess	Ihre Einschätzung/ Übereinstimmung mit Aussage	Kommentar
Wir haben Prozesse, die die Auswirkung von Portfolioänderungen (Projekte werden gestoppt, neue kommen hinzu etc.) auf unsere strategische Planung überprüfen.	1 2 3 4 5 nie/niedrig manchmal/moderat immer/hoch	
Organisation/ Unterstützende Prozesse		
Wir haben eine zentrale Portfolio-Management Funktion wie z. B. zentrales Controlling oder zentrale Portfoliomanager	1 2 3 4 5 nicht teilweise/Teilakzeptanz voll	
Wir haben ein standardisiertes Projektabschlussverfahren (z. B. Projektabschlussbericht, Abnahmeprotokoll). Alle Informationen werden in einen Lernprozess überführt.	1 2 3 4 5 nicht teilweise/Teilakzeptanz voll	
Wir haben in den Einzelbereichen standardisierte Projekt-Management-Werkzeuge im Einsatz, die als Datenbasis für das Portfolio-Management herangezogen werden können.	1 2 3 4 5 nicht teilweise/Teilakzeptanz voll	
Wir haben klar definierte Standardreports sowohl für Projektstatus Berichte als auch für Portfoliostatusberichte	1 2 3 4 5 nicht teilweise/Teilakzeptanz voll	

13.2 Ihr Projektportfolio-Management anhand des Reifegradmodells richtig einordnen

Ich orientiere mich in diesem Abschnitt an einem klassischen Reifegradmodell, wie Sie es vielfach vorfinden. Dabei habe ich kein spezielles oder festgeschriebenes Verfahren verwendet. Die von mir zugrunde gelegten fünf Levels erscheinen mir sehr sinnvoll, zudem passen sie gut zu den im vorherigen Abschnitt vorgegebenen Fragen.

Zählen Sie die Punkte aus dem vorherigen Fragenkatalog zusammen und übertragen Sie diese in das Reifegradmodell.

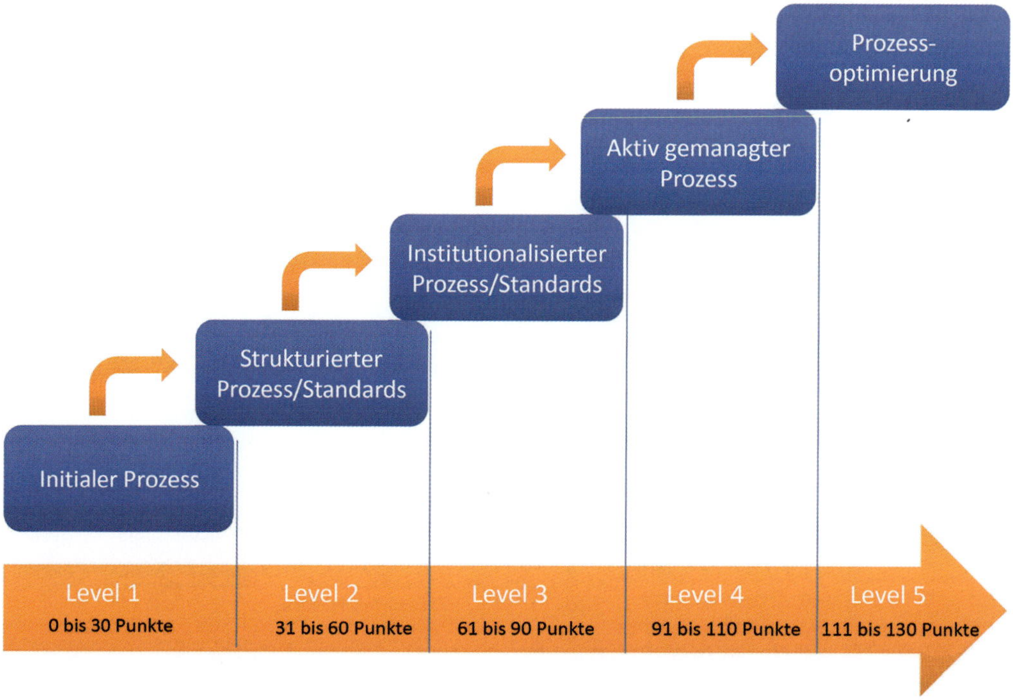

Abb. 69: Reifegradmodell Portfolio-Management

Was genau bedeutet das nun?

Level	Beschreibung
Level 1	Die Organisation ist sich bewusst, dass für das Portfolio-Management ein Prozess notwendig ist. Es sind keine festgeschriebenen Methoden und Prozesse vorhanden, aber es gibt Bestrebungen hier einheitlich vorzugehen.
Level 2	Es sind bereits Prozesse definiert, die teilweise auch bereichsübergreifend angesiedelt sind. Sie werden aber nicht vollumfänglich eingehalten. Es gibt weiterhin genügend Möglichkeiten, sie zu umgehen. Es gibt keine Organisationseinheit, die die Einhaltung der Prozesse überwacht bzw. die notwendige Kompetenz besitzt, sie vollumfänglich zu überwachen und ihre Einhaltung einzufordern.
Level 3	Die Methoden und Prozesse sind vollumfänglich standardisiert und werden großteils eingehalten. Die beteiligten Personen und Organisationseinheiten sind informiert, instruiert und angehalten sich nach den Vorgaben zu richten.
Level 4	Die Standards werden aktiv eingesetzt. Die verantwortliche Organisationseinheit hat alle notwendigen Kompetenzen. Sie sorgt dafür, dass alle beteiligten Personen und Organisationen optimal ausgebildet und unterstützt werden. Die Informationen aus dem Portfolio-Management werden in Entscheidersitzungen aktiv genutzt und auch aus der Führungsebene heraus eingefordert.
Level 5	Entspricht Level 4. Darüber hinaus werden die Informationen in einen Lernprozess überführt. Das bedeutet, dass aus der Vergangenheit Lerneffekte auf die zukünftige Portfolioplanung übertragen werden. Dadurch können sich Methoden und Kennzahlen verändern. Die Prozesse und Methoden werden aktiv überprüft und bei Bedarf angepasst. Die betroffenen Mitarbeiter und Organisationseinheiten werden regelmäßig ausgebildet.

Denken Sie daran, auch die Auswertung des Reifegradmodells den unterschiedlichen Gruppen der Befragten zuzuordnen. Erhalten Sie unterschiedliche Ergebnisse, wenn Sie z. B. die Projektleiter und die Abteilungs- oder Teamleiter befragen?

Gehen Sie eventuellen Abweichungen in der Wahrnehmung der einzelnen Befragten möglichst auf den Grund. Gerade in diesen Kleinigkeiten liegen die wertvollsten Informationen und auch die wichtigen Erfolgsfaktoren beim Auf- und Ausbau des Portfolio-Managements.

13.3 Lernen, lernen, lernen – Erfolg durch einen kontinuierlichen Verbesserungsprozess (KvP)

Ein wesentlicher Bestandteil eines erfolgreichen Portfolio-Managements ist es, Erfahrungen zu sichern, sie zu interpretieren und vor allem für die Zukunft aus ihnen zu lernen. Mit wachsendem Reifegrad sind Sie also in der Lage, immer mehr Erfahrungen zu sichern und für weitere Planungsphasen zu verwerten.

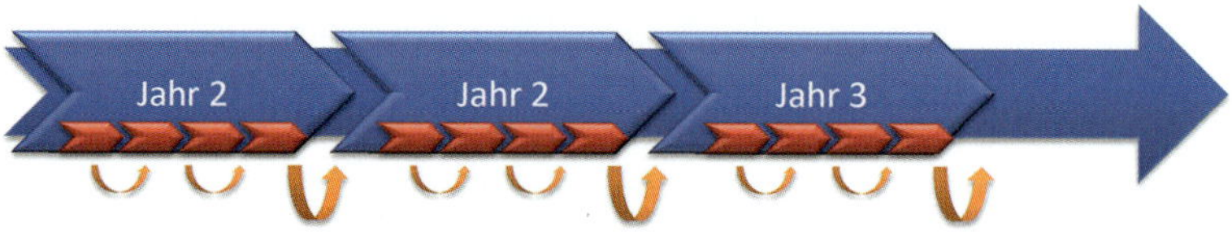

Abb. 70: Lernprozess im Projektportfolio-Management

Damit sich der gewünschte Lernerfolg einstellt, sollten Sie die in diesem Abschnitt zusammengefassten Punkte beachten:

Sie sollten folgende Erfahrungen sichern:

- Einzelprojekt: Welche Erfahrungen wurden bei der Abwicklung eines einzelnen Projekts gesammelt und wie werden sie in den Lernprozess überführt?
- Portfolioeffekte: Welche Auswirkung auf das Portfolio hatten z. B. Repriorisierungen, Riskobehaftung, Budgetkürzungen etc.? Wie können diese Erfahrungen gesichert und zukünftig verwendet werden?
- Portfolioentwicklungen: Welche Erfahrungen haben Sie mit den Kennzahlen während der Abarbeitung des Portfolios gemacht? Gibt es weitere Beobachtungen, die festzuhalten sind und in die zukünftige Betrachtung oder sogar in Form einer Kennzahl eingebracht werden müssen?

Aus Erfahrungen lernen:

- Kennzahlensysteme: Funktionieren die Kennzahlen, können Sie mit ihnen arbeiten und sind Sie in der Lage, die Kennzahlen optimal zu interpretieren? Müssen Sie Ihre Kennzahlen möglicherweise anpassen?
- Projekt- und Portfoliobewertung im Hinblick auf Lerneffekte: Welche Bewertungen (z. B. „hoch-risikobehaftete Projekte benötigen 30 % mehr Budget") können bei der Planung eingebracht werden, um damit zu optimistische oder auch falsche Budgetvergaben verhindern?
- Entwicklungen im Portfolio: Gibt es sich wiederholende Entwicklungen im Portfolio, die immer wieder auftreten oder bei bestimmten Rahmenbedingungen auftreten? Wie können diese Erfahrungen gesichert und ebenfalls den Entscheidergremien zur Verfügung gestellt werden?

Für die Praxis bedeutet das:

1. Die Daten müssen standardisiert und auch historisiert[19] zur Verfügung gestellt bzw. erhoben werden.
2. In Ihrem Unternehmen muss die nötigen Offenheit bestehen, um über aufgetretene Probleme sprechen und sie analysieren zu können
3. Es sollte ein Portfolio-Management-Governance-Gremium etabliert werden. Dieses Gremium trifft sich, um die Qualität des Portfolio-Managements zu analysieren, sie zu hinterfragen und Optimierungen bzw. Korrekturen einzuleiten.
4. In die aktuelle Portfolioplanungen fließen auch Voraussagen ein, die auf Kennzahlen und Erfahrungen basieren. Im Rahmen des Lernprozesses werden tatsächliche Abweichungen betrachtet, es wird aber auch geprüft, ob Prognosen eingetreten sind.

[19] Historisiert: Alle Veränderungen werden über die gesamte Laufzeit gespeichert.

14 Das Projekt- und Portfolio-Management erfolgreich implementieren

Portfolio-Management bzw. Projektportfolio-Management zu implementieren und etablieren bedeutet, dass wir neue Führungsmethoden, evtl. neue Organisationsstrukturen und neue Prozesse, sowie Arbeitsweisen im Unternehmen einsetzen.

Das ist ein starker bis massiver Eingriff in die Gesamtorganisation. Wir sprechen zu diesem Zeitpunkt noch nicht über Softwarelösungen. Auch wenn ich davon überzeugt bin, dass der manuelle Aufwand ab einer gewissen Unternehmensgröße oder einem gewissen Projektumfang ohne technische Unterstützung zu hoch ist.

Es müssen vor allem die Stakeholder/Manager eingebunden werden. Alle Beteiligten müssen sich bewusst für das Portfolio-Management bzw. Projektportfolio-Management entscheiden.

In diesem Zusammenhang stellen sich z. B. Fragen wie die folgenden:

- Möchten alle Beteiligten tatsächlich den Zustand des Portfolios und der einzelnen Projekte über den kompletten Lebenszyklus hinweg — beginnend bereits bei der Einsteuerung der Projekte — aufgezeigt bekommen und damit zum Teil mit unangenehmen Situationen konfrontiert werden?
- Ist die Organisation fähig, die für strategisch wichtige Entscheidungen notwendigen Informationen (Strategien, strategische Initiativen) und deren Priorisierung zu liefern?
- Sind die Stakeholder/Manager bereit, einheitliche Kennzahlen/Key Performance Indikatoren freizugeben und sich an diese zu halten?
- Sind alle Beteiligten bereit, Entscheidungen auf Basis der neu gewonnen Erkenntnisse und Empfehlungen zu treffen und die daraus entstehenden Konsequenzen zu tragen?
- Soll das Portfolio strukturiert, systematisch und gemäß der strategischen Ausrichtung des Unternehmens und der bestehenden wirtschaftlichen Notwendigkeiten geplant werden?
- Sind alle bereit, sich an den Prioritäten zu orientieren und Entscheidungen einzuhalten?

Das Einführen und Etablieren des Portfolio-Managements bedeutet, viele liebgewonnene Freiheiten und auch Entscheidungshoheiten aufzugeben und sich (überwiegend) dem Gesamtziel des Unternehmens unterzuordnen.

14.1 Welche Fragen sind vor einer Implementierung zu beantworten?

Die folgende Tabelle fasst die wichtigsten Fragen zusammen, die Sie sich stellen sollten, bevor Sie Portfolio-Management in Ihrem Unternehmen implementieren möchten:

Frage	Ergänzung
Wie setzt sich die Organisation zusammen, in die das Portfolio-Management eingebunden ist?	▪ Wie groß sind die einzelnen Organisationseinheiten (IT, F & E, Strategie etc.) und wie viele Mitarbeiter werden aus Ihrer Sicht mit den Prozessen und Methoden arbeiten? ▪ Wie hoch ist der Anteil der Organisationseinheiten und Verantwortlichen an Projektarbeit und Betrieb?
Wie werden heute Entscheidungen getroffen?	▪ Differenzieren Sie nach IT, F & E etc.? ▪ Gibt es eine Portfolio Governance und wird diese für Entscheidungen herangezogen?
Wie würden Sie die Unternehmenskultur beschreiben?	▪ Gibt es Unterschiede in den Organisationseinheiten hinsichtlich der Unternehmens-, Entscheidungs- und Streitkultur?
Welche Kernfragen möchten Sie mit dem Portfolio-Management lösen?	▪ Beschreiben Sie kurz Ihre heutigen Herausforderungen. ▪ Beschreiben Sie Prozess-Schnittstellen, die heute inhaltlich/funktional/vom Zeitaufwand her nicht optimal verlaufen bzw. beschreiben Sie, wo Sie Optimierungspotenzial sehen. ▪ Gibt es spezielle „Pain Points“ (z. B. müssen betriebliche Aufwendungen um X % reduziert werden, fehlt die strategische Transparenz, müssen Sie Ihre Ausrichtung auf dem Markt verändern etc.)?

Frage	Ergänzung
Wo sehen Sie den Nutzen/ Erfolg bei Ihren Portfoliobemühungen?	▪ Ist es wichtig, die erfolgreichen und nicht erfolgreichen Projekte zu erkennen bzw. zu identifizieren? Geht es weiterhin darum, komplexe Projekte in überschaubare Teilprojekte mit entsprechendem Nutzen zu splitten? ▪ Was ändert sich, wenn die Portfolio-Management-Implementierung erfolgreich ist? ▪ Was wird nach Ihrer Vorstellung spürbar anders?
Wer darf das Implementierungsprojekt als erfolgreich erklären (Stakeholder)?	▪ Wer hat Veto-Möglichkeiten/-Macht? ▪ Wer kann das Projekt behindern oder stoppen? ▪ Wer sind die positiv treibenden Kräfte für das Projekt?
Wer sind die Stakeholder im spätere PfM-Prozess?	▪ Wer muss schon in der Starphase möglichst stark in das Projekt eingebunden werden? ▪ Welche Widerstände erwarten Sie von den zukünftigen Stakeholdern? ▪ Erwarten Sie Verschiebungen in Verantwortungsbereichen der Stakeholder bzw. erwarten Sie Machtverschiebungen? ▪ Gibt es schon Pläne zur Ausbildung der Stakeholder bzw. steht das auf Ihrer Aufgabenliste?
Welche Hindernisse bzw. Risiken sehen Sie bei der Implementierung?	▪ Wo in der Organisation erwarten Sie Widerstände oder verhaltene Mitarbeit? ▪ Welches sind die wesentlichen Risiken, die das Projektteam erwarten?
Welche anfänglichen Risiken bzw. Hindernisse erwarten Sie in der Anfangsphase der Nutzung durch die Anwender-Community?	▪ Wo in der Organisation erwarten Sie Widerstände bzw. Verzögerung im Hinblick auf die Bereitschaft zur Mitarbeit? ▪ Welches sind die wesentlichen Risiken, die das Projektteam aus der Anwender-Community erwarten?
Welches sind die Schlüsselfaktoren für den konsequenten Einsatz des Portfolio-Managements in Ihrer Organisation?	▪ Was bringt die Mitarbeiter dazu, die Anwendung, die Governance bzw. die Spielregeln im Portfolioprozess einzuhalten bzw. zu verwenden?
Gibt es bereits Beispiele für Portfolio-Management-Bemühungen, die in Ihrer Organisation gescheitert sind?	▪ Was waren aus Ihrer Sicht die Gründe für den Misserfolg?
Gibt es konkurrierende Organisationseinheiten?	▪ Gibt es konkurrierende Organisationseinheiten, für die Portfolio-Management bereits ein Thema ist bzw. die es schon eingeführt haben? Wenn ja, wie und wo sehen Sie die Unterschiede bzw. die Möglichkeit zur Zusammenarbeit?

Frage	Ergänzung
Welche daraus resultierenden Themen wurden geändert bzw. sollen geändert werden?	▪ Welche Themen daraus könnten „Minenfelder" für das Projekt sein?
Welche zusätzlichen Informationen sind aus Sicht eines Projektleiters für die Implementierung einer PPM-Software wichtig und zu berücksichtigen?	▪ Aktuelle (wirtschaftliche etc.) Situationen ▪ Komplexitätsfaktoren ▪ Politische Einflüsse/Faktoren
Wie steht es um Kennzahlensysteme und Kategorisierungen?	▪ Gibt es heute schon Kennzahlensysteme (KPIs), die den gesamten oder einen Teil des Projektlebenszyklus beschreiben? Wenn ja, geben Sie eine kurze Übersicht. ▪ Gibt es Definitionen zu Projekten, Kleinaufträgen, Vorhaben etc.? ▪ Gibt es Projektgruppen bzw. Bündel (Portfolien) die strategisch, wirtschaftlich und operativ zu überwachen sind?
Wie steht es um das Zusammenspiel zwischen Projekt- und Portfolio-Management?	▪ Wie sieht die Zusammenarbeit zwischen Projekt-Management und Portfolio-Management aus: Handelt es sich um die gleiche Organisationseinheit, wie sind die Kompetenzen verteilt, wer ist für die jeweilige Governance verantwortlich? ▪ Wie und in welchen Zyklen werde Informationen zwischen beiden Ebenen ausgetauscht? ▪ Wie ist die Akzeptanz beider Themen bei der Geschäftsführung?
Haben Sie bereits eine definierte Strategie und leiten Sie strategische Initiativen daraus ab? Sind Sie in der Lage, diese zu priorisieren?	▪ Was sind die Strategien? ▪ Wie sieht der Strategieprozess aus? ▪ Wie oft und auf welche Art werden die Strategien priorisiert bzw. gewichtet? ▪ Gibt es bereits eine Verbindung zwischen strategischer Planung und operativer Umsetzung mittels Projekten?

14.2 Grundlagen und Rahmenbedingungen für erfolgreiches Portfolio-Management

Portfolio-Management funktioniert nicht nur auf Basis der gut ausgeprägten Prozesse und Methoden. Es gibt weitere und nicht zu unterschätzende Einflussfaktoren auf das Portfolio-Management.

Versuchen Sie für Ihr Portfolio-Management-Projekt die erfolgversprechenden Rahmenbedingungen zu ergründen bzw. herbeizuführen. Nicht alle Erfolgsfaktoren müssen von Anfang an oder durchgängig gegeben sein. Möchte man aber den Nutzen eines Portfolio-Managements voll ausschöpfen, gibt es ein paar wesentliche Punkte, die für den Aufbau und Erhalt einer wertvollen Projektportfolio-Management-Organisation essenziell sind.

Hierzu zählen insbesondere:

- **Reifegrad des Projekt-Managements**
  Viele Komponenten des Portfolio-Managements sind auch von der Qualität des Einzelprojekt-Managements betroffen. Hierzu zählt die Fähigkeit, aus den Einzelprojekten heraus einen hochwertigen Business Case bis hin zu qualitativ hochwertigen Projektstatusinformationen abzugeben.
- **Aktive Unterstützung durch das Topmanagement**
  Das Topmanagement muss wirklich an den Informationen, die das Portfolio-Management zur Verfügung stellt, und an den daraus resultierenden Möglichkeiten interessiert sein. Es muss diese Informationen zudem aktiv einfordern. Wenn Widerstände auftauchen, muss es unterstützend eingreifen, damit sie überwunden werden können. Nur dann ist es möglich, erfolgreich Portfolio-Management zu betreiben. Nicht jedes Managementteam ist auch bereit, mit den Erkenntnissen aus dem Portfolio-Management zu arbeiten. Zu offensichtlich werden Schwachstellen und notwendige Entscheidungen (die oft schmerzhaft sind) aufgezeigt. Die gewonnene Transparenz bezieht sich sehr stark auf Managemententscheidungen und deren Auswirkung. Nicht jeder möchte das, sondern hat stattdessen Angst vor den Auswirkungen einer höheren Transparenz. Überzeugen Sie mit dem Nutzen, den Chancen und neu gewonnen Möglichkeiten für das Management.
- **Fokussierung auf den richtigen Portfoliomix**
  Sind wirklich alle Beteiligten bereit, sich im Dienste des Gesamterfolgs auch einmal unterzuordnen und auf interessante bzw. „möchte ich gerne“ Projekte zu verzichten? Die Mischung aus strategisch relevanten und operativ notwendigen Projekten unter Berücksichtigung der wirtschaftlichen Notwendigkeiten ergibt nicht immer das „Wunschportfolio“.

- **Systematisches Nutzen von Synergien**
  Besteht wirklich das Interesse, Synergien zu nutzen? Oftmals ist das Nutzen von Synergien auch damit verbunden, Kompromisse einzugehen und Verantwortung in andere Bereiche oder an andere Personen zu übertragen. Nur wenn Synergien frühzeitig erkannt und auch hier wieder im Sinne des Gesamterfolgs genutzt werden, kann das Portfolio-Management seine volle Leistungsfähigkeit entfalten.
- **Flexibilität bei externen Einflüssen**
  Sind das Unternehmen und die Unternehmensorganisation gewohnt, flexibel auf Marktveränderungen bzw. strategische Veränderungen zu reagieren? Ist das nicht der Fall, wird das Portfolio-Management bei solchen Einflüssen eine gewichtige Rolle (man könnte auch von einer Herkulesaufgabe sprechen) spielen müssen, um das Portfolio erfolgreich auszurichten. Das Portfolio-Management führt das Unternehmen in einen Lernprozess und sichert den zukünftigen Erfolg.
- **Kommunikation im Unternehmen — Strategiedefinition**
  Wichtig für die Akzeptanz von Entscheidungen, die aus der Arbeit des Portfolio-Managements resultieren, ist die Kommunikation von Strategien und den damit verbundenen unternehmerischen Entscheidungen. Nur wenn die Strategien bzw. die daraus abgeleiteten strategischen Initiativen klar formuliert und auch kommuniziert werden, sind die Entscheidungen transparent und werden eher akzeptiert, als es bei Unternehmen mit einer intransparenten Unternehmensstrategie der Fall ist.
- **Berücksichtigung der Unternehmensform im Projekt- und Portfolio-Management**
  Abhängig von der Unternehmensausrichtung (z. B. innovative Unternehmen oder Unternehmen, die imitieren wie z. B. Generika Hersteller), müssen das Projekt- und auch das Portfolio-Management anderen Anforderungen genügen. Die Berücksichtigung solcher Spezifika hat großen Einfluss auf den Projekt- und Portfolioerfolg.

Eine große Herausforderung der Unternehmer von heute ist es, Strategien konsistent zu formulieren. Eine noch größere Herausforderung ist es, die zugehörigen Investitionen zu identifizieren und konsequent umzusetzen.

14.3 Methode 1: Bottom-Up-Implementierung

Die Bottom-Up-Methode ist der am meisten verwendete Ansatz zur Implementierung eines Projektportfolio-Managements. Dahinter steht die Erkenntnis, dass ein hoher Reifegrad im Projekt-Management für eine hohe Qualität der Projektabwicklung sorgt. Also sorgt man erst einmal im Basisgeschäft für ausgereifte Prozesse und eine ausreichende Qualität, sodass die Informationen/Daten auf eine Portfolioebene konsolidiert und dort ausgewertet werden können. Erst im nächsten Schritt werden diese Erfahrungen und Informationen genutzt, um in einen strukturierten Priorisierung- und Entscheidungsprozess überzugehen.

Diese Methode beschäftigt sich sehr intensiv mit dem Einzelprojekt-Management, der Steuerung der Ressourcen in der Multiprojektebene und dem Projekt-Controlling. Man baut eine zentrale PMO auf, welches das Projekt-Management-Handbuch erarbeitet und etabliert. Es wird für entsprechende Standardisierungen und eine einheitliche und hochwertige Ausbildung der Projektleiter gesorgt.

Aufgrund der beschriebenen Notwendigkeit eines gut ausgeprägten Projekt-Managements als wichtiger Datenlieferant für das Portfolio-Management ist dieser Ansatz richtig und auf keinen Fall zu vernachlässigen.

14.4 Methode 2: Top-Down-Implementierung

Je nach Unternehmensgröße und -komplexität kann der Bottom-Up-Ansatz sehr zeitaufwendig und lernintensiv sein. Inhomogene Unternehmens- und Verantwortlichkeitsstrukturen sorgen dafür, dass eine einheitliche Projektabwicklung (Prozesse, Methoden, Datenmodellierung) nicht oder nur schwer durchzusetzen ist. In diesem Fall kann es hilfreich sein, mit einem Top-Down-Ansatz die Bewertungs-, Entscheidungs- und Priorisierungskriterien zu definieren, einen klaren Prozess für Projektanträge und die Projektfreigabe durchzusetzen (evtl. von den eigenverantwortlichen Geschäftseinheiten geliefert) und auf dieser Ebene einen High-Level-Portfolio-Management-Prozess zu etablieren, ohne sich im Detail zu verlieren.

Ein mögliches erstes Motto in der Anfangsphase der Implementierung: „Es ist mir egal, wie die Projekte im Detail abgewickelt werden, ich verlasse mich darauf, dass die mir gelieferten Daten der Wahrheit entsprechen.“ Auf dieser Basis werden auch Entscheidungen getroffen. Über verschiedene und komplexe Geschäftseinheiten hinweg wird also der kleinste gemeinsame Nenner für die Portfoliosteuerung definiert und vorgegeben. Projekt- und Statusinformationen, finanzielle Informationen und Kennzahlen werden vereinheitlicht und dieser gemeinsame Nenner ist die Vorgabe an die Antragsteller und die projektdurchführenden Einheiten.

In der Regel wird mit einer Projektinventarisierung begonnen. Das bedeutet, man nimmt alle laufenden und anstehenden Projekte in eine Liste auf. Dafür können strukturierte Befragungen in allen Organisationseinheiten aber auch beim Controlling, sowie bei den Stabsstellen durchgeführt werden. Eines der wichtigen Teilziele ist es, U-Boot-Projekte aufzudecken und diese in offizielle Projekte umzuwandeln oder auch zu stoppen. Es muss klar werden, dass zukünftig Budgets nur für offiziell freigegebene Projekte zur Verfügung gestellt werden.

Nach der ersten Inventarisierung müssen Sie bei Auffälligkeiten (Langläufer, Budget-Gräber, schwammige Aussagen etc.) an den Ort des Geschehens gehen (unabhängig davon, ob das die lokale Organisationseinheit ist oder bei großen Unternehmen auch unterschiedliche Länder) und sich die Projekte genau ansehen und verstehen, was deren Sinn und Zweck ist und vor allem, wie der Status dieser Projekte ist. Treiben Sie Entscheidungen voran, diese Projekte mit Budget, Ressourcen oder wichtigen Unterstützungen vorwärts zu bringen oder endgültig zu stoppen.

Das Motto in der zweiten Stufe der Implementierung: „Für die Steigerung der Qualität auf Portfolioebene ist es mir nicht mehr egal, wie Projekte abgewickelt werden." Qualitätsvorgaben für das Einsteuerungs- und Projektabwicklungsverfahren werden erarbeitet und definiert. Es gibt detaillierte Lieferobjekte zu den Quality Gates und auch Anforderungen an das Ausbildungsniveau der Projektleiter, die auf die Projektgrößen und -komplexitätskriterien abgestimmt sind.

Die Gremienstrukturen sind etabliert und innerhalb der definierten Prozesse werden projektbezogene Entscheidungen getroffen.

Das Motto in der dritten Stufe der Implementierung: „Wir bringen Portfolio-Management und Projekt-Management in Einklang." Für das Projekt-Management werden ebenfalls die den Unternehmen angepassten Projekt-Management-Vorgehensmodelle erarbeitet. Das können je nach Projektart mehrere Modelle sein, die im Rahmen unserer Quality Gate-Prozesse allen zentralen Anforderungen genügen und auch der Individualität der einzelnen Projekte gerecht werden. Ein detailliertes Projekt-Management-Handbuch wird erarbeitet und ausgerollt.

Welcher Ansatz für das Unternehmen der richtige ist, hängt von den aktuell dringendsten Anforderungen an das Portfolio-Management ab. Inhalte, Qualität, Geschwindigkeit und die im Unternehmen gegebenen Möglichkeiten sind gegeneinander abzuwägen.

Bei den Arbeitshilfen online finden Sie eine Excel-Vorlage zur Projektinventarisierung zum Download.

14.5 Stufenweise Implementierung des Projektportfolio-Managements

Zu einem erfolgreichen Projektportfolio-Management gehören – wie bereits mehrfach erwähnt – die Themen Strategie, Portfolio-Management, Projekt- und Ressourcen-Management sowie das Nutzencontrolling (Benefit).

In welchem Umfang sind die genannten Faktoren jeweils einzuführen und welchen Beitrag leisten sie zur Wertschöpfung des Unternehmens? Selbstverständlich gehören alle Aspekte zusammen – und trotzdem betrachte ich sie an dieser Stelle getrennt voneinander. Mir geht es nicht darum, etwas wegzulassen, es sollten vielmehr bei der Einführung und Einschätzung der Rahmenbedingungen im Unternehmen die Prioritäten richtig gesetzt werden. Wir können (leider) nicht alles gleichzeitig und schon gar nicht alles auf einmal machen.

Um eine bessere Entscheidungsgrundlage dafür, worauf die Prioritäten gesetzt werden sollten, zu erhalten, habe ich, basierend auf Erfahrungswerten, diese vier Themenbereiche „auseinander genommen" und in einem Bubble Chart zum Thema Wertschöpfung, Umsetzungsdauer und Umsetzungskomplexität dargestellt.

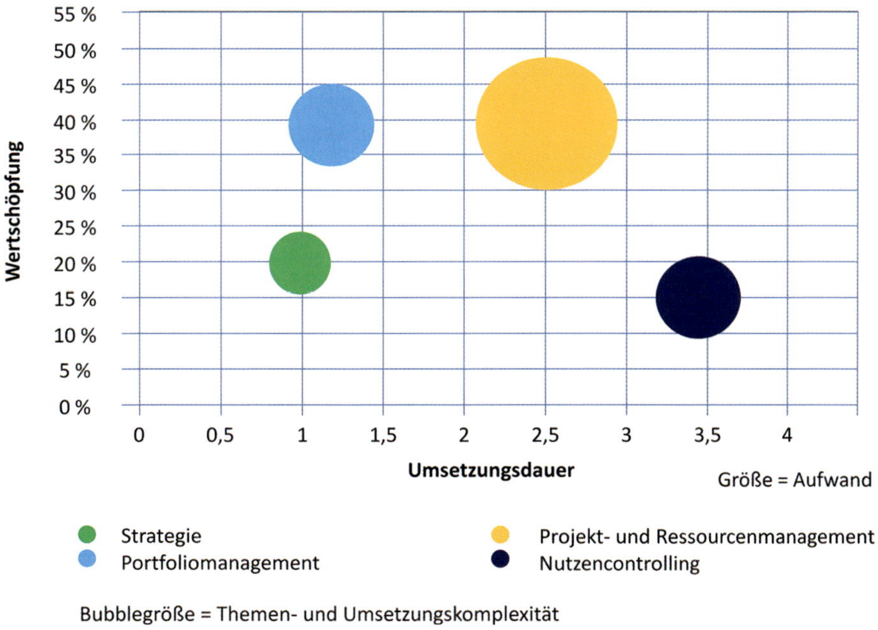

Abb. 71: Wertschöpfung und Umsetzungsdauer im Projekt- und Portfolio-Management

Gemeinsam mit Beraterkollegen haben wir diese Themen sehr intensiv diskutiert und sind uns sicher, dass sich im Laufe von ein bis zwei Jahren ca. 50 % der vorhandenen Schwachstellen verbessern lassen. Es bedarf dann weiterer ein bis drei Jahre, um den vollen Reifegrad zu erreichen.

Nehmen Sie sich nicht zu viel vor. Das ist die Kernaussage der Grafik. Gehen Sie alle Haupt- und Teilaufgaben gleichzeitig an, besteht die Gefahr sich zu verzetteln. Die Komplexität der Themen wird gerne unterschätzt und das Risiko, dass weder die Ergebnisse noch die Akzeptanz der Implementierung zeitnah erzielt werden, ist sehr hoch. In diesem Fall ist mit Frustrationen aber auch steigenden Widerständen auf allen Ebenen zu rechnen.

Es hat sich bewährt, in vernünftigen Zeiträumen (drei bis sechs Monate) immer Zwischenergebnisse zu liefern, sie zu etablieren und dann den nächsten Schritt anzugehen.

14.5.1 Vorgehen bei der Implementierung

Die folgende Grafik gibt Ihnen einen Überblick drüber, wie Sie bei der Impelmentierung eines Portfolio-Managements vorgehen sollten:

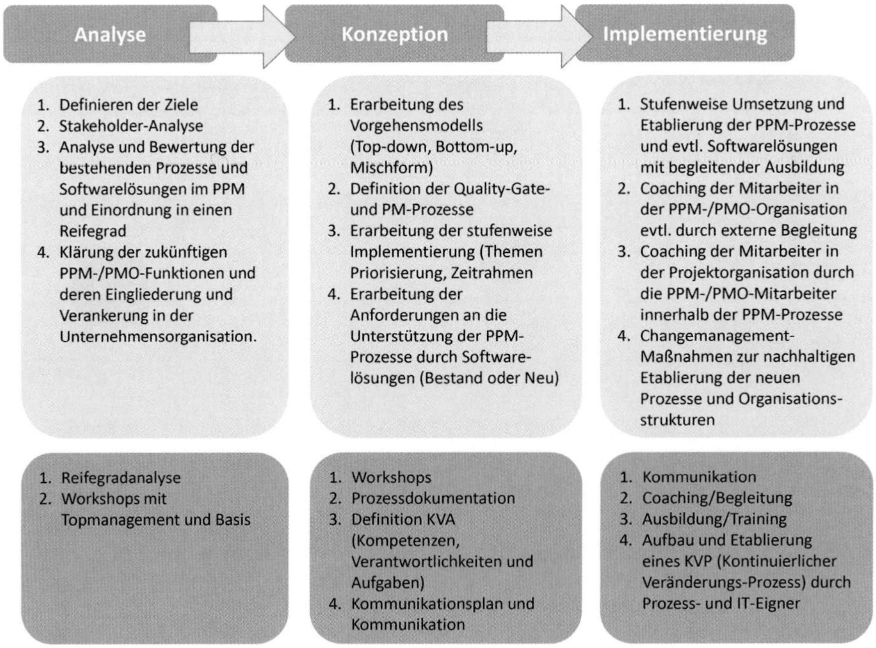

Abb. 72: Vorgehen bei der Implementierung des Portfolio-Managements

14.5.2 Stufen/Iterationen der Implementierung

Verfolgen Sie beim Implementieren des Projekt- und Portfolio-Management einen iterativen Ansatz. Wie bereits angesprochen, sollten Sie sich überschaubare Teilziele setzen und diese umsetzen. Wenden Sie das Erreichte an und lernen Sie aktiv aus Ihren Erfahrungen.

Die folgende Grafik veranschaulicht dies:

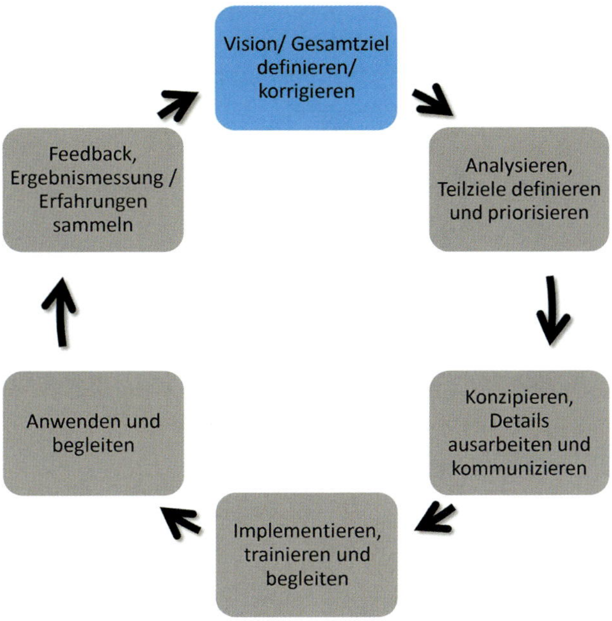

Abb. 73: Iterativer Implementierungsansatz

Portfolio-Management ist aus meiner Sicht ein Prozess, der regelmäßig hinterfragt werden darf. Fügen Sie nicht immer noch mehr Neues oder Verändertes hinzu, sondern verzichten Sie auch ganz bewusst auf Themen oder Inhalte, die nicht funktionieren oder in Ihrem Umfeld trotz aller Bemühungen nicht auf Akzeptanz oder Verständnis stoßen.

Portfolio-Management-QM-Team

Das Portfolio-Management-QM-Team muss sich aus meiner Sicht aus verantwortlichen Mitarbeitern aus der Portfolio-Management-/Projektportfolio-Management-Organisation zusammensetzen. Diese kommen zwei bis drei Mal im Jahr zusammen. Sie sind Ansprechpartner und „Sammelstelle" für Anforderungen und Änderungswünsche, die im Rahmen der Portfolio-Management-Abwicklung entstehen. Sie beleuchten diese aus der Perspektive ihrer Erfahrungen und leben aktiv den Veränderungsprozess. Das bedeutet, dass nicht funktionierende Vorhaben zum einen auf ihre Machbarkeit hin überprüft werden und zum anderen nach Möglichkeiten der Unterstützung gesucht wird. Bei Bedarf wird auf nicht funktionierende Vorhaben und/oder Kennzahlen verzichtet. Neue Themen werden besprochen, priorisiert und ihre Umsetzung wird geplant und eingeleitet.

15 Optimierungsmöglichkeiten durch Softwareeinsatz

Beim Thema Software scheiden sich die Geister. Ich möchte hier nicht im Detail auf einzelne Softwareprodukte eingehen. Alle heute verbreiteten Lösungen haben ihre Stärken und Schwächen.

Ich selbst bin Überzeugungstäter. Ab einem gewissen Datenvolumen ist es uns nicht mehr möglich, die Datenqualität und -aktualität im gewünschten Umfang und vor allem in den gewünschten Zeiträumen vorzuhalten.

Seit dem Jahr 2000 beschäftige ich mich sehr intensiv mit der Implementierung von Multiprojekt-Management und Portfolio-Management-Lösungen. Dabei durfte ich gerade in den ersten Jahren feststellen, dass wir die Pflichten- bzw. Lastenhefte meist vollumfänglich realisieren konnten. Technisch waren wir also sehr erfolgreich. Im Rahmen der Implementierung hatte ich aber oft das Gefühl, dass wir den „roten Faden" verlieren.

In die Auswahl der Software-Produkte ist sehr oft das Topmanagement mit seinen Anforderungen involviert. Während der Ausarbeitung der Pflichtenhefte und der technischen Umsetzung standen dann entweder die operativen Anforderungen sehr stark im Vordergrund oder umgekehrt, der Fokus lag auf den Managementthemen und die operativen Anforderungen (Bedienbarkeit, Nutzen für die Projektleiter etc.) wurden vernachlässigt.

In der Konsequenz — ich kenne das aus meinen anfänglichen eigenen Erfahrungen — passieren zwei Dinge:

1. Für die Erfüllung der Ansprüche aus dem Management und Controlling müssen viele Informationen, Prozesse und Inhalte abgebildet werden.
2. Für die Erfüllung der Ansprüche aus der operativen Ebene (Projektmanager, Ressourcenmanager) kommen zusätzliche andere Anforderungen dazu.

Die daraus resultierenden Lasten- und Pflichtenhefte sind sehr umfangreich und mit Prozessen, Datenfeldern, Kennzahlen, Planungsoptionen, Variantenbildungen, Auswertungen, Workflows etc. überfrachtet. Diese Gesamtkomplexität sorgt häufig dafür, dass wir ein hoch komplexes System implementieren, das zu guter Letzt kaum noch bedienbar ist und den tatsächlichen Bedarf der beteiligten Mitarbeiter — die tägliche Arbeit zu unterstützen und wenigsten teilweise zu vereinfachen — nicht mehr berücksichtigt. Der erwünschte Nutzen kommt nicht oder nur teilweise zustande.

BEISPIEL

Erst kürzlich habe ich im Rahmen meines Lehrauftrags an der Dualen Hochschule in Lörrach die Studenten eine Softwareauswahl im Bereich Projektportfolio-Management durchführen lassen.
Auf Basis der im Seminar erarbeiteten Prozesse und Kennzahlenmodelle sollten passende Softwarelösungen evaluiert und anhand der in den Projektteams definierten Bewertungskriterien ausgewählt werden.
Ich gehe jetzt nicht näher auf die Details ein. Einen Satz aus der Ergebnispräsentation darf ich zitieren:
„Wir haben uns von der Funktionsvielfalt der Softwarelösungen beeindrucken lassen und dabei vollkommen unsere erarbeiteten Prozesse und Kennzahlen aus den Augen verloren."
Einer der wichtigsten Lerneffekte war, dass die eigenen Prozesse und Anforderungen im Vordergrund stehen sollten und nicht die Begeisterung für diverse technische Funktionalitäten.
Ein „möchte ich unbedingt auch noch haben"-Effekt ist zu vermeiden. Natürlich sind die angebotenen Möglichkeiten alle toll und meist auch sinnvoll. Die Frage ist aber immer: Können wir das im Tagesgeschäft auch leisten?

Zum Einstieg soll folgende Grafik — ich verwende sie schon lange Zeit als Diskussionsbasis — die einzelnen Themen, die ein umfangreiches Projektportfolio-Management beinhaltet, darstellen. Sie bildet ferner die Komplexität und die in der Organisation zu erwartenden Widerstände ab.

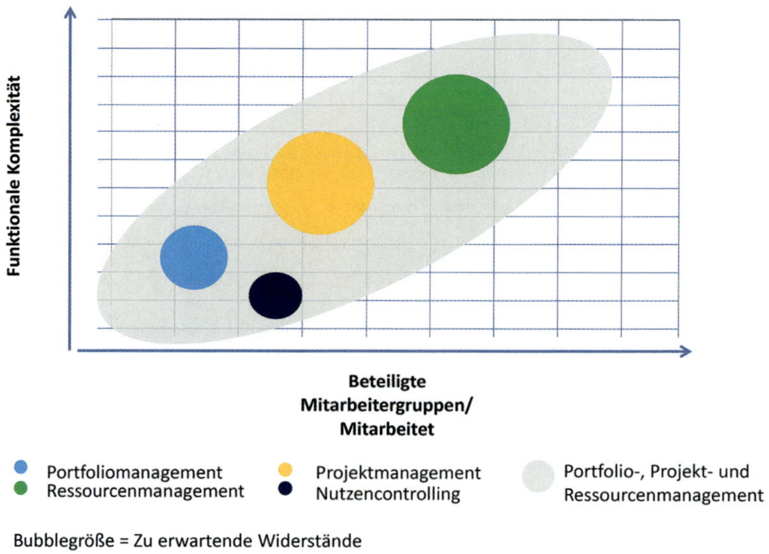

Abb. 74: Welche Themen ein umfangreiches Projektportfolio-Management beinhaltet

Ich kann diese Darstellung nicht statistisch beweisen. Sie beruht alleine auf der Erfahrung, die ich in vielen Projekten machen durfte und hier gesammelt zum Ausdruck bringe. Selbstverständlich gibt es immer positive Ausnahmen. Ich nehme diese Grafik gerne als Gesprächsbasis und lasse meine Kunden selbst einschätzen, wie sie die einzelnen Themen betrachten. Gerade in schon stark projektorientierten Organisationen hat man nicht zwingend Widerstände gegen die Einführung von Projekt-Management-Lösungen. Oftmals fordert die Basis diese sogar ein. Erkennen sich die Projektleiter dann in dieser Lösung nicht und sehen sie, dass die Anforderungen aus dem Controlling umgesetzt werden und ihre Arbeit nicht einfacher wird, können Sie davon ausgehen, dass der Softwareeinsatz an vielen Stellen boykottiert wird.

Wenn eine bereichsübergreifende Kapazitäts- und Auslastungsplanung gleichzeitig mit einer projektorientierten Zeiterfassung eingeführt wird, stoßen Sie gerade in den nicht projektorientierten Fachbereichen aller Voraussicht nach auf massive Widerstände.

Die Darstellung dient nicht dazu, Angst zu machen, sie will stattdessen sensibilisieren. Wird das Thema strukturiert und professionell angegangen, steigt die Erfolgswahrscheinlichkeit.

Die wichtigen Punkte für eine erfolgreiche Softwareeinführung sind:

!

Wichtige Punkte für die Softwareeinführung

1. Eine Software alleine löst keine inhaltlichen Probleme. Lösen Sie also zu allererst die in diesem Buch angesprochenen organisatorischen und prozessualen Themen, bevor Sie sich mit einer Software beschäftigen. Im besten Fall lässt sich die prozessuale und organisatorische Implementierung des Portfolio-Management im Unternehmen sehr früh mit einer Software begleiten.
   Auch die von mir beschriebene Projektinventarisierung, die ich selbst gerne mit einer Software mache, kann nur ein erster Schritt sein und erlöst uns nicht davon, unsere Hausaufgaben zu machen.
2. Fokussierung: Erarbeiten Sie ganz genau, welche Kernthemen umgesetzt werden sollen und wer die jeweilige Zielgruppe ist.
   - Liegt der Fokus auf dem Portfolio-Management, benötigen Sie auch eine Software, die eine starke Ausrichtung auf den Projekteinsteuerungsprozess und die Portfoliobetrachtungen hat.
   - Liegt der Fokus auf dem Multiprojekt-Management (Operative Umsetzung des Portfolios), werden Sie Multiprojektsichten mit Abhängigkeiten und insbesondere der Ressourcen- und Kapazitätsplanung benötigen.

- Liegt der Fokus auf dem Projekt-Management, sollten Sie heutzutage nicht nur darauf achten, dass Sie Gantt-Diagramme malen können und Zeiten auf die Projekte gebucht werden können, sondern dass die tatsächliche Arbeit des Projektleiters optimal unterstützt wird. Hierzu zählt aus meiner Sicht die Kommunikation im Projekt und ein optimales Projekt-Controlling.
  Das sind für mich drei wichtige Punkte, wenn ich mich auf die Suche nach einer Software mache. Es ist meist sehr hilfreich, zu sehen, woher die Softwarehersteller ursprünglich kommen und in welche Richtung sie sich weiterentwickelt haben. Kurzgesagt: Sehe ich mir ein Produkt an, das ganz klar aus dem Einzelprojekt-Management kommt, kann ich davon ausgehen, dass es im Multiprojekt-Management und spätestens im Portfolio-Management einiges an Optimierungspotenzial gibt (und umgekehrt).

3. Auswertungsmöglichkeiten: Ein aus meiner Sicht immer wieder vernachlässigtes oder komplett unterschätztes Thema. Es ist zwar toll, wenn ich Daten auf einfache und hochergonomische Weise in die Software bekomme. Wie aber kann ich sie zeitnah und auch bedarfsgerecht zusammenstellen und auswerten? Muss für jede Auswertung ein Programmierer herangezogen werden, wird es schon schwierig. Das Management hat immer wieder neue Fragen an das Portfolio-Management und somit müssen wir schnell und flexibel auswerten können. Unterschätzt ist das Thema deshalb, da ein „schönes" Reporting sehr zeitaufwendig ist. Wichtig ist aus meiner Sicht, die Daten schnell und flexibel zusammenstellen. Danach kümmern wir uns um die Optik. Zwischenzeitlich bin ich so weit, dass ich je nach Strukturierung der Projekte ca. 30 % des Dienstleistungsbudgets in die optimierte Auswertung einrechne.
4. Flexibilität. Portfolio-Management ist etwas Dynamisches und verändert sich auf Basis der Gegebenheiten. Daher muss auch die Software in diesem Bereich sehr flexibel sein. Bin ich in der Lage, neue Informationen hinzuzufügen, alte Informationen und Strukturen, die wir heute nicht mehr brauchen, zu entfernen und somit ein schlankes System vorzuhalten? Managementsitzungen bringen es so mit sich, dass der Portfoliomanager oft mit neuen Fragen zurückkommt und diese mithilfe der Software beantworten muss. Wie schnell können neue Kombinationen (Szenarien) und Informationen zusammengestellt, analysiert, bewertet und dargestellt werden?
5. Der Betriebsrat: Bitte beziehen Sie Ihren Betriebsrat ganz früh mit ein, wenn es um die Messbarkeit von Leistungen geht. Das betrifft das vergleichende Controlling und damit die Messbarkeit der Projektleiterleistungen, aber insbesondere die Kapazitäts- und Auslastungsplanung von Mitarbeitergruppen und Mitarbeitern. Spätestens mit der Einführung von Zeitbuchungen auf Projekte ist zu klären, ob im Rahmen der Aufgabenstellung für das Projektportfolio die optimale Auslastung der Mitarbeiter unter Berück-

sichtigung der Tarifverträge und natürlich der gesetzlichen Bestimmungen im Vordergrund steht. Es geht nicht darum, einzelne Tätigkeiten zwischen Mitarbeitern zu vergleichen und diese damit zu bewerten. Was aus meiner Sicht auch bei einem möglichst hohen Detaillierungsgrad nicht auf aussagekräftige Weise möglich ist.

6. Rein funktionale Betrachtung und Auswahl von Softwareprodukten: Sehen Sie sich Softwareprodukte nicht nur nach Funktionen an. Fast alle größeren Hersteller bieten auf der funktionalen Ebene den gleichen Umfang. Denken Sie an die oben dargestellte Komplexität der Themen und die erwarteten Widerstände. Schauen Sie, dass die Prozesse schlank bleiben, die Software bedienerfreundlich ist und die Anwender nur mit den für sie notwendigen Inhalten belastet werden.
7. Der Funktionsvielfalt widerstehen: Spätestens nach den ersten Präsentationen sind Sie begeistert von dem, was alles machbar ist. Widerstehen Sie der Versuchung, am Anfang möglichst viele der tollen Funktionen zu implementieren. Planen Sie sehr sorgfältig und sensibel. Implementieren Sie nach Ihren Prioritäten, geben Sie sich Zeit und tasten Sie sich mit Ihren Anwendern an weitere Funktionen heran. Es ist toll, wenn die Software weitere Optionen bietet. Sie müssen diese nicht gleich alle einführen (auch wenn der Anbieter das gerne vorschlägt und verspricht, wie einfach alles ist). Der „Faktor" Mensch lässt sich von der Technologie und der möglichen Komplexität nicht überlisten.
8. Begleitung bei der Auswahl und Implementierung: Haben Sie schon einmal eine Portfolio-Management-/Projektportfolio-Management-Software ausgewählt und implementiert? Wenn nein, weshalb möchten Sie alles alleine machen? Es gibt Unternehmen, die Ihnen dabei helfen.
   Achten Sie darauf, dass der ausgewählte Partner zu ihnen fachlich und auch zwischenmenschlich passt und nicht nur tolle Referenzen vorweisen kann. Ein erfolgreiches Projekt hängt auch davon ab, dass der Partner Ihr Unternehmen und Ihre Bedürfnisse versteht und aufnimmt. Haben Sie das Gefühl, dass Sie auch in einer schwierigen Phase gemeinsam Lösungen finden und das Projekt vorantreiben?
9. Ausbildung/Nachbetreuung und Coaching
   Es bleibt dabei, ein Software-Implementierungsprojekt ist ebenfalls ein Change Projekt. Sorgen Sie dafür, dass alle Beteiligten optimal ausgebildet werden (Prozesse, Inhalte und deren Anwendung in der Software). In der Rollout-Phase hat sich eine Task Force (Feuerwehr) bewährt, die kombiniert aus Key Usern (Hauptbetreuer beim Kunden) und Mitarbeitern des Dienstleisters zeitnah und kompetent den Anwendern für eine Übergangzeit zur Seite steht. Probleme und Fragen werden zeitnah (am Arbeitsplatz oder per Fernbetreuung) beantwortet und im Nachgang in einem Wissensspeicher, auf den alle Anwender zugreifen können, abgelegt.

10. Change Board: Genau wie bei den Prozessen, Methoden und Kennzahlen muss auch für die Software ein Change Board gebildet werden, das zentral alle Änderungswünsche an die Software aufnimmt, bewertet und bei Notwendigkeit für deren Umsetzung sorgt.
11. Vermeidung des Datenfriedhofs: Beim Thema Informationen und Kennzahlen bin ich schon ansatzweise auf das Thema eingegangen. Mit einer großen Datenvielfalt und Kennzahlenkomplexität treffen wir nicht zwingend bessere Entscheidungen. Auch bei der Konfiguration der Software gilt „Weniger ist mehr“. Wenn es das Software-Produkt zulässt, können wir jederzeit komplexer werden. Steigen wir zu komplex ein, werden die Ergebnisse nicht verstanden oder es ist gar nicht möglich, alles in seiner Komplexität zu befüllen und auszuwerten. Zusätzlich müssen die beteiligten Personen in der Lage sein, zum entsprechenden Zeitpunkt (z. B. Quality Gate) die erforderlichen Informationen liefern zu können. Wir sollten nicht nur einen Datenfriedhof vermeiden, sondern auch Informationen, die wir zwar einfordern, aber nicht geliefert bekommen.
12. Vermeiden der Schattenbuchhaltung: Es ist wichtig, von Anfang an nicht standardisierte Auswertungen/Reports und frei definierte Power Points als Informations- bzw. Entscheidungsquelle gar nicht mehr zuzulassen. Nur wenn auch das Management die definierten Standardreports einfordert und andere ablehnt, wird mit der Software konsequent gearbeitet. Falls nicht, beleben wir die Schattenbuchhaltung und den damit verbundenen Software-Boykott.

Hier noch eine kleine Lektion aus meiner fast 10-jährigen beruflichen Tätigkeit in der Schweiz. Ich versuche, diese Liste auch in meinen deutschen und internationalen Projekten zur Sprache zu bringen und einzusetzen.

- Kunde und Lieferant (Berater und/oder Softwarepartner) entscheiden sich **gemeinsam** ein Projekt durchzurühren. Wir sind „ein“ Team.

- Ein Projekt ist ein Projekt und hat die Eigenschaft, dass viele Dinge gut gehen und auch einmal Abweichungen auftreten.

- Bei Abweichungen kommen wir nicht darum herum, Lösungen **gemeinsam** zu erarbeiten und unter Umständen Kompromisse zu schließen. Blockadehaltungen und das Pochen auf das Recht (angebliche Versprechungen, Details im Pflichten- und Lastenheft, Interpretation von Aussagen) führen nur zu weiteren Verzögerungen und zu Reibungsverlusten in der Projektarbeit.

- Gemeinsam arbeiten und lernen. Jede Seite hat Wissen und Kompetenzen in das Projekt einzubringen. Nur wenn beide Seiten bereit sind zuzuhören und anzunehmen und im Sinne der Gesamtlösung den bestmöglichen Weg zu finden, wird alles gut.
  Für den Kunden bedeutet das auch, einmal auf die Erfahrungswerte bzw. in der Software verankerte Lösungswege einzugehen. Für den Lieferanten bedeutet das, auch ganz genau zuzuhören und die Bedürfnisse, Notwendigkeiten und Nöte des Kunden aufzunehmen.

Das soll jetzt kein Freibrief für Softwareanbieter und Berater sein, leere Versprechungen zu machen. Jede Seite hat vertraglich vereinbarte Leistungen zu erbringen.

Es soll aber auch den Kunden dazu auffordern, aktiv mitzuarbeiten, Fehler einzugestehen und lösungsorientiert zu arbeiten.

Fazit:

Bei allem Druck und den hohen Anforderungen seitens der Projekte hat die teamorientierte Zusammenarbeit immer dazu geführt, dass gute und akzeptierte Lösungen erarbeitet wurden.

Wird der Druck zu hoch bzw. entsteht eine Kultur der „Vorwürfe“, ist das Projekt schon stark belastet und es lässt sich oftmals nur unter hohen Anstrengungen, nervenaufreibenden Situationen und finanziellen Einbußen für meist beide Seiten zu Ende bringen.

Das Projekt muss also optimal vorbereitet werden, die Rahmenbedingungen sind zu klären, mögliche Interpretationsspielräume zu identifizieren und aufzulösen. Definieren Sie die „Spielregeln“ und Eskalationsstufen im Projekt und geben Sie Raum für Lösungsvarianten.

15.1 Grundlegendes zum Softwareeinsatz im Portfolio-Management

Hier finden Sie einige für mich wichtige Kriterien für die Auswahl einer Portfolio-Management-Software. Das Thema Projekt-Management habe ich hier absichtlich weggelassen.

Mögliche Gründe für die Trennung von Portfolio-Management- und Projekt-Management-Lösungen

Wenn wir eine Portfolio-Management-Implementierung begleiten, finde wir im Unternehmen oft die Situation vor, dass schon Projekt-Management-Lösungen vorhanden sind. Die Betonung liegt in diesem Fall auf Lösung**en**.

Neben Excel und Power Point gibt es oftmals Microsoft Project oder immer öfter Cloud basierte Project-Management-Lösungen mit dem Fokus auf Kommunikation (Collaboration).

Eine der ersten Fragen, die ich noch vor Beginn des Projekts stelle, lautet, ob wir es schaffen werden, alle bestehenden Projekt-Management-Software-Lösungen abzulösen. Das ist wünschenswert, aber nicht immer realistisch. So gibt es z. B. bei großen Mittelständlern und auch bei Großunternehmen unterschiedlichste Unternehmensbereiche mit sehr spezifischen Anforderungen. Da werden z. B. in der Entwicklungsabteilung sehr spezifische Lösungen für große und komplexe Projekte eingesetzt. Die IT-Abteilung kommt damit nicht zurecht. Sie richtet ihren Fokus viel stärker auf eine schlanke Projektplanung mit einer komplexen Personalauslastungsplanung.

Es ist also zu prüfen, ob wir Synergieeffekte durch die komplette oder teilweise Ablösung bestehender Systeme generieren oder, ob wir uns damit neue Probleme schaffen, da sich die unterschiedlichen Bereiche auf einen gemeinsamen Nenner für die Projektabwicklung einigen müssen.

Neben einer vollintegrierten Lösung kann eine mögliche Variante wie folgt aussehen:

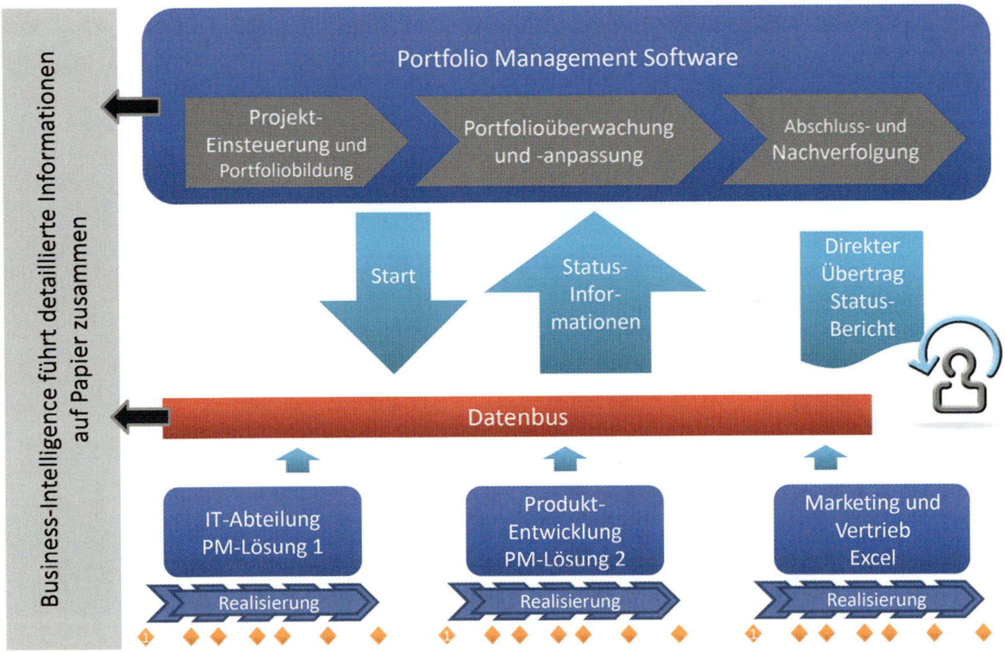

Abb. 75: Variante zu einer vollintegrierten Softwarelösung

Die Fachbereiche behalten (wenigstens im ersten Schritt) ihre Lösungen und liefern während der Projektrealisierung einen einheitlichen Datenstrom (Projektstatus, Änderungsanträge etc.) mit dem definierten „gemeinsamen Nenner" an die Portfolio-Management-Lösung. Kleinere Unternehmensbereiche, hier beispielhaft das Marketing und der Vertrieb, verzichten komplett auf komplexe Projekt-Management-Lösungen und füllen periodisch den Statusbericht direkt in der Portfolio-Management-Software aus.

Auswertungen (Reports), die Daten aus beiden „Welten" zusammenführen sollen (sofern notwendig), können über moderne Business Intelligence-Lösungen erstellt werden.

Die wesentlichen Vorteile eines solchen Ansatzes:

- Reduktion der Gesamtkomplexität der Software-Lösung und ihrer Einführung
- Reduktion von Widerständen
- Reduktion von Implementierungszeiten
- Jede Lösung wird entsprechend seiner Kernfunktionen und Stärken eingesetzt und unterstützt die beteiligten Personengruppen optimal in ihren Aufgaben

Die folgenden Nachteile gibt es:

- Ein komplettes, die Projekt- und Organisationseinheiten übergreifendes Ressourcen-Management ist nicht möglich. Evtl. kann das durch den Einsatz einer BI-Lösung optimiert werden.
- Es müssen Schnittstellen für den Datentransfer definiert und implementiert werden, was zu einer erhöhten Fehleranfälligkeit der Gesamtlösung führen kann.
- Der Einfluss aus dem Portfolio-Management auf die Projekt-Management-Lösung ist nicht gegeben.
- Bei weiterem Schnittstellenbedarf z. B. zu Finanzsystemen muss genau definiert werden, wie der Datenfluss ist und welche Systeme für welche Informationen führend sind.

15.2 Pflichtenheft „Light“ für Portfolio-Management-Software

Die folgende Übersicht fasst die wichtigste Kriterien für die Bewertung von Softwarelösungen aus der Portfolio-Management-Perspektive zusammen:

Kriterium	Kurzbeschreibung	Priorisierung
Prozesse/Datenerhebung		
Top-Down-Ansatz	Top-down-Ansatz auf allen Ebenen: Auf Basis der unterschiedlichen Gruppierung von Projekten bzw. Projektanträgen muss es möglich sein, Top-Down-Vorgaben (Budget, Soll-Kennzahlen Benefit-Vorgaben, Kapazitäten etc.) auf allen Portfoliostrukturen zu hinterlegen. Dies können beispielsweise Organisationseinheiten, Strategien, Produktkategorien, Kundengruppen etc. sein.	

Kriterium	Kurzbeschreibung	Priorisierung
Verteilung	Liefert die Software eine Web-Oberfläche, die es uns problemlos erlaubt, aus allen Unternehmensbereichen ohne weitere Installationen auf sie zuzugreifen?	
Workflows	Workflow/Prozessunterstützung: Unterstützt uns die Software in unseren Prozessen durch automatische Nachrichten und Workflows z. B. für Genehmigungsprozesse von Projektanträgen und Änderungsanträgen? Die Prozesse/Workflows sind nicht vorgegeben sondern können frei definiert werden.	
Kennzahlen (KPIs)	Unterstützt die Software frei definierbare Kriterien und Kennzahlen; die die individuellen Bedürfnisse unseres Unternehmens unterstützen? Ist es möglich diese jederzeit anzupassen? Besonders bei der Priorisierung ist es wichtig, sie individuell zu gestalten und auch auf Basis der Erfahrungen verändern zu können. Ist es möglich, unterschiedlichen Organisations- bzw. Planungseinheiten verschiedene Scoringmodelle anzubieten und nur den kleinsten gemeinsamen Nenner über das gesamte Unternehmen hinweg zu verdichten (absolut und/oder prozentual)? Es sollte möglich sein, unterschiedliche Strategieansätze und die damit verbunden unterschiedlichen Bewertungen (z. B. Unternehmensstrategie, IT-Strategie, Kundenstrategie etc.) abzubilden.	
Priorisierung	Priorisierung: Wie findet die Priorisierung im Projektanforderungs-/-genehmigungsprozess statt? Ist dieser festgeschrieben bzw. kann er an die unternehmensspezifischen Abläufe angepasst werden? Lassen sich frei definierbare Gesamtprioritäten auf Basis unserer Kennzahlen definieren?	

Kriterium	Kurzbeschreibung	Priorisierung
Trends/Historisierung	Im Rahmen der Bewertungs- und Genehmigungsprozesse muss es möglich sein, Veränderungen einzelner Daten (z. B. Reduktion des versprochenen Nutzens, Veränderung der Baselines) etc. nachzuvollziehen. Das bedeutet, es muss ersichtlich sein – wer, wann, welche Daten geändert hat. Grundsätzlich besteht der Bedarf, unterschiedliche Daten zum Zeitpunkt x zu betrachten. Können Trends bzw. Veränderungen auch auf Ebene des Portfolios (Gruppierungen) historisiert und nachvollzogen werden? Beispiel: Wie entwickeln sich der versprochene Gesamtnutzen, die Baseline und die aktuellen Daten auf dem laufenden Portfolio?	
Einfrieren entscheidungsgebundener Portfolios	Die zu einem Zeitpunkt x festgelegten bzw. zur Umsetzung freigegebenen Projekte müssen festgehalten werden, sodass auch die Veränderung in der Zusammensetzung einzelner Portfolios (Repriorisierung) erkennbar und dokumentierbar sind. Entscheidungen (Prozess, Freigabekriterien, beschriebene Entscheidungen) müssen auf einem Portfolio festgehalten werden.	
Eskalationen	Unterstützt das System Eskalationen bei besonderen Abweichungen bzw. Engpässen. Wie werden notleitende Projekte erkannt?	
Investitionsportfolien	Ist es in einer weiteren Ausbaustufe denkbar, neben Projekten auch andere Investitionen (Produkte, IT-Applikationen, Immobilieninvestitionen etc.) abzubilden?	
Szenariobildung/Auswertbarkeit		
Szenariobildung	Können unterschiedliche Portfoliovarianten/- szenarien aufgebaut werden? Das bedeutet, dass im Rahmen eines Entscheidungsprozesses ein Projekt in mehreren Szenarien (1:n Zuordnung) eingebunden werden kann.	
Top-Down-Szenario und Gegenbewertung	Können Vorgabewerte (Top-Down) und Planwerte (Bottom-Up) in allen Szenarien dargestellt werden?	

Kriterium	Kurzbeschreibung	Priorisierung
Szenariovergleiche	Mit welchen Mitteln können Szenarien analysiert und ausgewertet werden (Vergleich von Daten wie Gesamt-Benefit/-Risiko/-Priorität etc.)?	
Szenariodetails	Können einzelne Daten auf Projektanträgen bzw. Projekten im Rahmen der Szenariobildung verändert werden? Teilweise ist es z. B. notwendig, Budgets zu kürzen bzw. zwischen Projekten zu verschieben. Durch nicht genehmigte Projekte wird aber auch Budget frei, das wir notleidenden Projekten zur Verfügung stellen können.	
Auswertbarkeit	Wie einfach ist es für den Portfoliomanager, die im System vorhandenen Daten auszuwerten und auf Basis sich verändernder Fragen und Anforderungen ad hoc zusammenzustellen?	
Portfoliobildung		
Portfoliobildung	Bündelung von Projektanträgen und Projekten: Wie können diese zu Portfolien zusammengeführt werden? Ist es möglich, nach der Zusammenführung das Portfolio durch den restlichen Prozess zu führen und entsprechend neu zu bewerten? Ist es möglich, mehrere Projektanträge zu einem Projekt zusammenzuführen und im Portfolioprozess weiter zu bearbeiten?	
Strukturtiefen in der Portfoliobildung	Abbildung unterschiedlicher Strukturtiefen: Es ist nicht immer gewährleistet, dass alle Portfolien einer bestimmten Strukturtiefe bzw. einheitlichen Organisationsstruktur unterliegen. Wie flexibel ist das System in Bezug auf den Aufbau und die Auswertung unterschiedlicher Strukturtiefen? Was bedeutet es, wenn sich in einem sich wandelnden Unternehmen die Strukturtiefen auf Basis von Fusionen, organisatorischen Anpassungen verändern bzw. Organisationseinheiten verschoben werden? Können in einer solchen Phase neue und alte Organisationsstrukturen parallel geführt werden?	

Kriterium	Kurzbeschreibung	Priorisierung
Portfolioerstellung	Ist es möglich, das Portfolio auf Basis von Kriterien automatisiert zusammenzustellen und für Analysen zu nutzen?	
Schnittstellen/Datentransfer/Technik		
	Budgetierung/Planung: Ist es möglich, die Budgetierung und Planung hinsichtlich Kostenarten, Betrag und Kommentar in der Software abzubilden? Idealerweise lassen sich solche Daten auch aus dem Finanzsystem importieren. Einbindung von Fremdsystemen: Wie offen ist die Applikation auf technischer Seite für die Einbindung anderer Systeme? Stehen API's, Web-Services etc. zur Verfügung? Einbindung von Projekt-Management Systemen: Im Rahmen der Implementierung ist oftmals zu erwarten, dass im Gesamtunternehmen nicht nur ein Projekt- und Ressourcen-Management-System im Einsatz sein wird. Wie können aus dem Portfolio-Management-Ansatz unterschiedliche Projekt-Management-Systeme und Eigenentwicklungen oder sogar Excel integriert werden (Bi-direktionale Schnittstelle)?	
Berechtigungen	Können unterschiedliche Rollen- und Berechtigungskonzepte definiert und implementiert werden?	
Anpassungen	Wie leicht kann das Datenmodell erweitert bzw. angepasst werden? Ist es möglich aus dem Datenmodell Informationen und Daten wieder zu entfernen? Portfolio-Management lebt von Veränderungen und muss zwingend auf sich verändernde Rahmenbedingungen angepasst werden können. Damit das System übersichtlich bleibt, müssen nicht mehr benötigte Informationsfelder auch wieder entfernbar sein.	

Ressourcen-Management im Portfolio-Management

Aktuelle ist Ressourcen-Management wieder ein wichtiges Thema. Das resultiert zum einen aus der Situation, dass wir immer stärker einem Fachkräftemangel unterliegen und zum anderen, dass auch der Kostendruck einen optimierten Einsatz unserer Ressourcen erfordert, bevor wir weiter Personal aufbauen.

Ein großer Teil der Softwareprodukte bietet hier umfangreiche und optimale Lösungen an. Ich stelle hier zwei extreme Aussagen gegenüber, anhand derer es möglich ist, den eigenen Bedarf auszuarbeiten.

1. „Aus Portfoliosicht reicht es, zu wissen, welche Anzahl von Personentagen im jeweils geplanten Jahr und pro Organisationseinheit für Projekte zur Verfügung stehen. Unsere Erfahrungswerte zeigen genau auf, wie viele Personentage wir in Projekten abarbeiten können. Den Rest überlassen wir der Planung in den Teams. In der Portfoliorealisierung reicht uns aus Portfoliosicht die Entwicklung der Ist-Stunden und Baselines.“
2. „Wir benötigten schon zum Zeitpunkt der Projekteinsteuerung die detaillierte Auslastung von Mitarbeiterteams auf Monatsbasis. Es ist uns wichtig, auch Schlüsselpersonen direkt einzuplanen. Ein besonderes Augenmerk liegt auch in der Betrachtung laufender Projekte. Wir müssen sogar sehr früh in der Lage sein, ganze Projekte und sogar Teilprojekte und das projektübergreifende Personal auf der Zeitachse zu betrachten. Im Rahmen der Projektabwicklung benötigen wir die detaillierte Aktualisierung der Personalplanung in den Projekten.“

Szenario 2 ist das absolute Wunschszenario, liefert es uns doch zu jedem erdenklichen Zeitpunkt die optimale Aussage über unsere Ressourcenauslastung. Die für mich entscheidende Frage dabei ist die Verkraftbarkeit für die Organisation. Eine vollintegrierte Lösung mit der detaillierten Verteilung der Personalplanung auf die Zeitachse bedingt auch die laufende, zeitnahe und korrekte Anpassung dieser Informationen. Der damit verbundene Verwaltungsaufwand kann nicht von allen Organisationen geliefert werden.

Meine Empfehlung ist es (wenn Szenario 1 nicht ausreicht), sich dem Thema langsam anzunähern. Vom Groben zum Detail. Fangen Sie beim Ressourcen-Management auf der möglichst hohen Ebene an. Wenn die Daten qualitativ hochwertig und konsistent vorliegen und aktualisiert werden, können Sie dort, wo es hilfreich ist, Stück für Stück verfeinern.

Management Summary — Softwareeinführung

Ich erinnere mich immer noch gerne an den Vortrag beim Kundentag eines Softwareherstellers. Mit den folgenden vier Punkten wurde der Kundenvortrag zusammengefasst:

1. Zuerst haben wir die Daten des Portfolio-Managements erhoben und zusammengeführt.
2. Dann haben wir festgestellt, dass die Daten nicht der gewünschten Qualität entsprechen und waren intensiv damit beschäftigt, die Datenqualität zu optimieren.
3. Jetzt sind wir in der Lage, mit den Daten zu arbeiten, sie zu analysieren und für die optimale Portfolioausrichtung zu interpretieren und einzusetzen.
4. Im nächsten Schritt werden wir die Prozesse und Kennzahlen überprüfen und in den Verbesserungsprozess einsteigen

Diese vier Punkte fassen die wesentlichen Phasen — sowohl bei der Software- als auch der Prozesseinführung — zusammen.

Für mich hat das seit vielen Jahren Bestand. Auch wenn es abgedroschen klingen mag: Implementieren Sie so wenig wie möglich und so viel wie notwendig. Lassen Sie am Anfang die Finger von verlockenden Funktionen und deren unendlichen Möglichkeiten zur optimalen Steuerung des Projektportfolios und Multiprojekt-Managements.

Entscheiden Sie sich für eine Software, die Ihren Weg zu einem höheren Reifegrad begleitet und ohne komplexe und nicht mehr rückgängig machbare Modifikation Veränderungen und Erweiterungen zulässt. Suchen Sie sich einen vertrauensvollen Partner, der Ihr Unternehmen und Ihre Bedürfnisse versteht, der Ihnen zuhört, Sie begleitet und unterstützt. Erarbeiten Sie ein Projektvorgehen der kleinen Schritte, die zeitnah immer wieder zu Erfolgen führen. Projektlangläufer über einen Zeitraum von zwei und drei Jahren, die in dieser Zeit keine Ergebnisse liefern, sind aus meiner persönlichen Sicht wenig hilfreich — auch dann, wenn das Gesamtergebnis vollintegriert und vollautomatisch alle Ebenen unserer Projektorganisation unterstützt.

16 Erfolgsfaktoren für ein erfolgreiches Portfolio-Management

In diesem Kapitel fasse ich nochmals alle Erfolgsfaktoren für die Einführung, Etablierung und den Erhalt eines erfolgreichen Portfolio-Managements zusammen.

Die vier wesentlichen Faktoren für ein erfolgreiches Portfolio-Management sind:

1. Menschen (Ausbildung und Einbindung in Organisationsstrukturen)
2. Methoden
3. Prozesse
4. Technologie/Softwareeinsatz

Über Erfolg und Misserfolg entscheidet letztendlich der „Reifegrad". Es reicht nicht aus, lediglich die Rahmenbedingungen zu erarbeiten und zu schaffen. Nur wenn alle Aspekte aktiv verankert werden, einen permanenten Verbesserungsprozess durchlaufen und damit ein hoher Reifegrad erreicht wird, kann Portfolio-Management erfolgreich sein.

16.1 Erfolgsfaktor Menschen

Der Mensch gehört zu den wichtigen Faktoren für ein erfolgreiches Portfolio-Management und wird oftmals zu wenig gewürdigt. Gerade die „Investition" in die Menschen wird zu gerne als vernachlässigbar angesehen, wenn wir zu sehr auf Softwarelösungen und Prozesse alleine vertrauen.

Organisationsstrukturen

Die Organisationsstruktur muss den Unternehmensbedürfnissen angepasst sein. Es ist sicherzustellen, dass das Portfolio-Management so aufgestellt ist, dass es von Einflüssen diverser „Königreiche" befreit ist und die notwendige Unterstützung vonseiten des Managements gewährleistet ist.

Verantwortlichkeiten

Es muss allen Beteiligten klar sein, dass das Portfolio-Management im Auftrag der Geschäftsleitung handelt. Das bedeutet, es ist mit den notwendigen Befugnissen ausgestattet und allen Beteiligten ist klar, dass das Portfolio-Management berechtigt ist, jederzeit Informationen rund um das Portfolio-Management einzufordern und Vorgaben zu geben, wie Informationen zu strukturieren sind. Gleichzeitig muss allen Beteiligten bewusst sein, dass das Portfolio-Management auch beratend zur Verfügung steht.

Reifegrad der Prozessbeteiligten

Nur wenn alle Prozessbeteiligten dort, wo es notwendig ist, mit entsprechenden Maßnahmen gefördert werden, wenn größtmögliche Transparenz im Hinblick auf Entscheidungen und Notwendigkeiten gegeben ist und wenn die Beteiligten zielgerichtet eingebunden werden, entsteht das Umfeld für einen hohen Projektportfolio-Management-Reifegrad. Nur dann werden Portfolio-entscheidungen im Sinne des Unternehmens getroffen und Maßnahmen zielgerichtet umgesetzt.

Einzelne Königreiche werden positiv aufgelöst bzw. orientieren sich stärker an den klaren Vorgaben und somit an den Interessen des Gesamtunternehmens.

Aufgaben und Selbstverständnis der Portfoliomanager

Der Portfoliomanager ist Berater, Mediator und Analyst. Er ist eine starke, aber kommunikative Persönlichkeit mit hoher sozialer Kompetenz und sieht sich als Drehscheibe zwischen Management und Projektorganisation sowie als neutraler „Bewacher“ der Unternehmensziele.

Kommunikation

Kommunikation ist alles. Kommunizieren Sie bereits beim Auf- und Ausbau der Projektportfolio-Management-Organisation mit allen Beteiligten sehr intensiv. Beziehen Sie die wichtigen Stakeholder in die Entscheidungen mit ein. Damit können Sie später auch das gemeinsam Entschiedene einfordern.

Achten Sie darauf, dass die Kommunikation im gesamten Prozess immer stattfindet, dass angenehme und unangenehme Themen auf den Tisch gebracht und gemeinsam Entscheidungen herbeigeführt werden.

16.2 Erfolgsfaktor Methoden

Die Methode im Portfolio-Management ist entscheidend, damit wir wissen, auf Basis welcher Informationen Entscheidungen getroffen werden, wie priorisiert wird und wie wir Strategien und andere Kennzahlen definieren und messbar machen.

Methoden definieren

Die Projektportfolio-Management-Methoden müssen klar definiert und für alle Beteiligten transparent und verständlich dargestellt sein. Hierzu zählen Kennzahlen- und Bewertungsmodelle sowie deren Zusammenspiel im Gesamtprozess.

Die transparente Definition und Herkunft unserer Kennzahlen und deren Verwendung im Prozess für Priorisierungen und Entscheidungen ist allen Beteiligten kommunizert und für diese im Detail nachvollziehbar.

Methoden einhalten

Es ist zwingend erforderlich, dass die definierten Methoden (auch die Prozesse) von Anfang an eingehalten werden. Abweichungen sind nicht (oder nur in äußerst dringenden Fällen) erlaubt.

Das klappt nur mit einem unabhängigen und entsprechend autorisierten Projektportfolio-Management-Organ, das die volle Unterstützung der Geschäftsleitung erhält.

16.3 Erfolgsfaktor Prozesse

Prozesse sind der Dreh- und Angelpunkt in der Projektportfolio-Management-Organisation und definieren die Abläufe und Spielregeln. In der Regel gibt ein Quality Gates Prozess den Rahmen für alle Projektarten und ist in die Planungsprozesse des Unternehmens eingebunden.

Verankerung der Projektportfolio-Management-Prozesse

Die Projektportfolio-Management-Prozesse müssen durch verschiedene Maßnahmen verankert werden. Hierzu zählen insbesondere die Definition der Schnittstellen und somit auch die aktive Einbindung in die Planungsprozesse des Unternehmens. Damit wird Projektportfolio-Management als wichtiger Lieferant im Planungsprozess eingebunden und wahrgenommen… Weiterhin sollte es klare Vorgaben dahin gehend geben, wer, wann an Projektportfolio-Management-Prozessen teilnehmen muss bzw. kann. Es muss allen Beteiligten klar sein, welche Vorbereitungen sie selbst treffen müssen und welche Inhalte bzw. Entscheidungen in den einzelnen Prozessschritten gefordert sind.

Prozesse müssen gelebt werden. Alle Beteiligten sind aufgefordert, hierfür ihren Beitrag zu leisten. Das bedeutet, dass die Prozessbeteiligten je nach Rolle ihren Teil aktiv einfordern bzw. aktiv liefern.

Wichtige Ereignisse, die im Rahmen der Prozesse stattfinden, sollten bereits für das ganze Jahr von allen Beteiligten in den Kalender eingetragen werden.

Die Projektportfolio-Management-Prozesse sind ein Teil der täglichen Arbeit aller an der Projektportfolio-Management-Organisation Beteiligten.

16.4 Erfolgsfaktor Technologie

Die im Projektportfolio-Management eingesetzten Softwareprodukte müssen die Beteiligten unterstützen und die Arbeit erleichtert. Das ist meist ein Spannungsfeld in Bezug auf den Wunsch, den höchst möglichen Detaillierungsgrad aller Informationen im Gesamtprozess zu erhalten. Ohne Kompromisse und den geschickten Einsatz von Schnittstellen zu anderen Softwareprodukten klappt das meist nicht.

Der maßvolle Einsatz von Technologien

Die eingesetzten Softwareprodukte müssen rollengerecht unterstützen. Es gibt immer wieder Situationen, in denen für einzelne Personen gegenüber einer nicht softwaregestützten Projektportfolio-Management-Organisation ein leichter Mehraufwand entsteht. Grundsätzlich aber soll und muss der Einsatz von Softwarelösungen allen Beteiligten wenigstens in Teilprozessen bzw. -aufgaben einen Vorteil und eine Erleichterung verschaffen.

Überfrachten Sie auf keinen Fall die Organisation mit hochkomplexen und verschachtelten Lösungen, die nicht bedienbar sind bzw. bei notwendigen Anpassungen und auch bei Updates einen massiven Aufwand verursachen und daher eher behindern als unterstützen.

Geschwindigkeit und Transparenz ist wichtiger als absoluter Perfektionismus. Im Projektportfolio-Management ist dies ein entscheidender Erfolgsfaktor. Wir wollen und müssen Entscheidungen treffen und dürfen uns nicht in der Komplexität verlieren.

Management Summary — warum vorhandene Innovations- und Wertschöpfungspotenziale nicht umfassend genutzt werden

Was sind die Kernthemen des Portfolio-Managements — von der strategischen Planung bis zur Nutzenrealisierung? Was sind die klassischen Probleme und Hemmschwellen? Dieses Summary fasst diese Themen nochmals zusammen und zeigt auf, auf welcher Ebene sie sich auswirken.
Die nachfolgende Matrix bringt die wesentlichen Ursachen für die mangelnde Nutzung vorhandener Innovations- und Wertschöpfungspotenziale. Sie richtet sich entlang der vier Faktoren, die im vorherigen Kapitel beschrieben wurden, aus: Menschen, Methoden, Prozesse und Technologie.

		Projektportfolio-Management		
		Strategie	Propose/Plan	
Projektkultur	Mensch	☹ Fehlende oder geringe Interaktion zwischen Strategen und Maßnahmenverantwortlichen ☹ Keine Nachhaltigkeit der Strategie ☹ Einbruch bei Konflikten ☹ Fehlende Transparenz bei strategischen Veränderungen ☹ Fehlende Erkenntnis, dass PPM ein Führungsinstrument ist	☹ Fehlende und/oder uneinheitliche Qualifikation und Erfahrung bei der Projektportfolio-Planung ☹ Fehlendes Steuern und Controlling der Portfolios ☹ Keine Nachhaltigkeit bei der Portfolioplanung ☹ Persönliche Präferenzen vor unternehmerischer Notwendigkeit	30–40 %
	Prozess	☹ Fehlende oder nur manuelle Schnittstelle zwischen Strategie und PPM ☹ Prozesse werden nicht eingehalten und/oder nachhaltig verfolgt ☹ Prozesse sind nicht bei Mitarbeitern bekannt und/oder geschult; kein Changemanagement ☹ Prozesse zur Strategieeinhaltung fehlen ☹ Fehlende Schnittstelle zwischen strategischer und Unternehmensplanung	☹ Fehlende Standardisierung der Planungsprozesse führen zu hohem Abstimmungsaufwand ☹ Maßnahmenauswahl häufig nicht an Strategie und Wertschöpfung ausgerichtet ☹ Keine Synchronisation der Ergebnisse aus der Projektumsetzung zum Portfolio ☹ Portfolioplanung nicht durgängig bekannt ☹ Portfolioprozess als Unterstützungs-prozess zur Unternehmensplanung	30–40 %
	Technologie	☹ Fehlende Werkzeuge zur durch-gängigen Darstellung des PPM von der Strategie bis zum Nutzencontrolling ☹ Bestehende Werkzeuge häufig nur manuell verknüpfbar ☹ Werkzeuge werden nicht oder nur teilweise genutzt Zu viele Werkzeuge mit gleicher/ähnlicher Aussage ☹ Zu viel manuelle Zusammenführung mit Excel und PowerPoint	☹ Keine automatisierte Übernahme von strategischen Maßnahmen in die Portfolioplanung ☹ Keine Synchronisation der Ergebnisse aus der Projektumsetzung zum Portfolio ☹ Kein durgängiges System für Portfolio und Projektabwicklung integriert ☹ Keine Integration unterschiedlicher Datenquellen und viel manuelle, fehleranfällige Arbeit mit Excel und PowerPoint	20–40 %
	Methode	☹ Häufig keine einheitliche Methodik im Einsatz, insbesondere zur Überleitung von strategischen Zielen in Umsetzungsmaßnahmen ☹ Fehlender oder nicht durchgängiger Roll-out der Methoden ☹ Kein Controlling der Methoden ☹ Business-/IT-Alignment	☹ Kein Einsatz einheitlicher Methoden ☹ PPM-Methode von Methode zur Strategieentwicklung und Projektmanagementmethode entkoppelt (Methodenbrüche) ☹ Kein Roll-out der Methoden für PPM ☹ Methoden nicht verankert und daher oftmals Unterwanderung (siehe Mensch)	10–30 %
		20–30 %	30–50 %	

Abb. 76: Wieso vorhandene Innovations- und Wertschöpfungspotenziale mangelhaft genutzt werden

Projektportfolio-Management

Projektkultur		Control	Benefit	
	Mensch	☹ Fehlende und/oder uneinheitliche Qualifikation und Erfahrung im Projektmanagement ☹ Fehlende Kompetenz bei der Übersetzung strategischer Ziele in Projektziele und der Definition des Projektumfangs ☹ Fehlende oder geringe Streitkultur ☹ Fehlende Akzeptanz der Ist-situation ☹ Fehlende Kompetenz zur Erkennung und Gegensteuereung bei Konflikten	☹ Häufig kein Know-how vorhanden, da kein Nutzen-controlling durchgeführt wird ☹ Hohe Transparenz nicht gewünscht da Leistung dann messbar wird ☹ Fehlende Erkenntnis, dass Controlling ein Hilfsmittel ist um Konflikte rechtzeitig zu erkennen ☹ Fehlende Lerneffekte zur Ableitung zukünftiger Planung und Zielerreichung	30–40 %
	Prozess	☹ Projektmanagementprozesse häufig nicht standardisiert, nicht oder nur teilweise etabliert ☹ Fehlende Projekttransparenz und -steuerungsmöglichkeiten ☹ Fehlende Durchgängigkeit der Prozesse ☹ Keine Nachhaltigkeit der Prozesse	☹ Prozesse meist nicht etabliert ☹ Häufig nicht möglich, da Aufwand zur retrograden Informationserhebung zu hoch wäre (muss zu Beginn bereits mit etabliert werden) ☹ Kein Prozess zum PM-Qualitäts-management implementiert	30–40 %
	Technologie	☹ Uneinheitliche und vielfältige Projektmanagementwerkzeuge im Einsatz (vom Projektleiter abhängig) ☹ Keine oder nur manuelle Integration in PPM möglich Keine Durchgängigkeit der Systeme ☹ Systeme werden oft als zu Komplex angesehen aufgrund fehlender Systemkenntnisse Kein Nutzen für PL da meist Report-inganforderungen bedient werden	☹ Vorhandene Controllingwerkzeuge nicht auf Nutzencontrolling ausgerichtet ☹ Tools sind dem Nutzer nicht bekannt ☹ Fehlender Roll-out der Tools ☹ Technische Herausforderung , da Nutzen nicht zwingen direkt den Projekten zuordenbar ist.	20–40 %
	Methode	☹ Uneinheitliche und vielfältige Projektmanagementmethoden im Einsatz ☹ Fehlende Entscheidungsrichtlilien warum welche Methode wann einzusetzen ist ☹ Kein Controlling der Methoden	☹ Fehlende Methodik aufgrund fehlender Notwendigkeit zum Nutzencontrolling	10–30 %
		30–50 %	20–30 %	

17 Wertschöpfung des Portfolio-Managements

Das Portfolio-Management ist eine (ergänzende) Methode zur Unternehmensführung. Sie spielt ihren Mehrwert bzw. ihren Nutzen dann aus, wenn sie vollumfänglich implementiert, etabliert und akzeptiert ist.

Was genau ist also der Nutzen und wo liegt die Wertschöpfung für das Unternehmen?

17.1 Ausgangssituation/Fakten

Um den Nutzen, den man aus dem Portfolio-Management ziehen kann, näher zu beschreiben, möchte ich nochmals auf verschiedene Statistiken über erfolgreiche Projekte zurückgreifen.

Letzendlich bestätigen alle Studien weitgehend dieselbe Situation.

Wir können inzwischen sehr viel Zeit mit zahlreich erschienenen Studien und den aus deren Ergebnissen abgeleiteten Notwendigkeiten für ein Portfolio-Management verbringen. Der Trend ist ziemlich klar. Die Notwendigkeit eines professionellen Portfolio-Managements steigt und auch die Einsicht, es zu implementieren, ist in immer mehr Unternehmen vorhanden.

Trotzdem steigt der Portfolioerfolg noch nicht. Ganz im Gegenteil, noch immer scheitert ein großer prozentualer Teil der eingesteuerten Projekte im Unternehmen. Das deutet darauf hin, dass die Methode Portfolio-Management noch nicht oder nicht vollumfänglich eingesetzt wird.

Wer sich näher mit den Studien auseinandersetzen möchte, dem kann ich folgende vertiefende Literatur empfehlen:

1. Multiprojekt-Management Studie der TU Berlin
2. Die von der alphabet AG in Auftrag gegebene Studie der IDG Business Research Studie von IT-Entscheidern in Großunternehmen
3. Klassische Prozessowner dominant im Portfolioprozess[20]

[20] Quelle: http://www.bearingpoint.com/de-de/7-3052/governance-und-strategische-steuerung-der-produktentwicklung/?&p=353

17.2 Wertschöpfung und Nutzenfaktoren im Portfolio-Management

In diesem Abschnitt beschreibe ich, welche Wertschöpfungspotenziale im Portfolio-Management stecken.

17.2.1 Wertschöpfungspotenziale im Detail

Da die Wertschöpfungspotenziale auch vom individuellen Umfeld abhängen, kann die folgende Beschreibung nicht vollständig sein. Möglicherweise finden Sie selbst noch ganz andere Potenziale für Ihr Unternehmen.

Reduktion externer Kosten für Unterstützungsleistung und Projektleitung

Externe Dienstleistung kann nicht unendlich eingekauft werden. Unsere Projektorganisation verträgt nur einen gewissen Prozentsatz an externer Leistung, da auch diese koordiniert und sinnvoll in unsere Multiprojektlandschaft eingebunden werden muss.

Somit reduzieren sich durch ein effektives Portfolio-Management, also durch eine optimale Planung und Verschlankung bzw. Fokussierung unserer Projektlandschaft, automatisch die externen Dienstleistungskosten.

Reduktion „falscher" Projekte

Falsche Projekte können z. B. hoch risikobehaftete Projekte sein, die bisher ohne nähere Betrachtung gestartet wurden oder auch Projekte, die unbedingt gewünscht werden, ohne dass die Projektorganisation im entsprechenden Zeitraum die Kapazitäten hatte, sie umzusetzen.

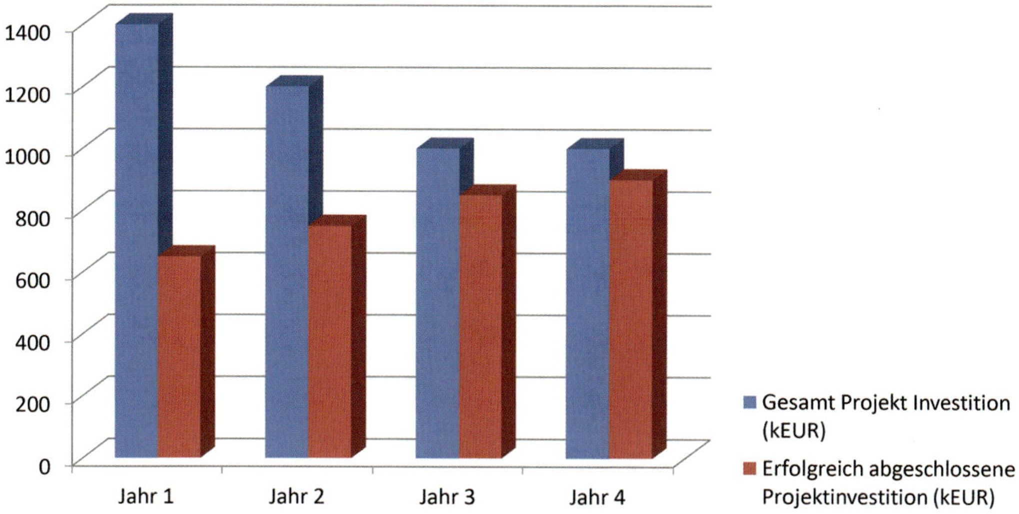

Abb. 77: Zielgerichteter investieren und „falsche" Projekte reduzieren

Die Optimierung bringt zwei Effekte:

- Da unsere Investitionen zielgerichteter und besser an die vorhandenen Kapazitäten angepasst sind, investieren wir weniger als ursprünglich geplant
- Da wir die „falschen" Projekte streichen, schließen wir mehr Projekte erfolgreich ab.

Fehlinvestitionen werden vermieden und notleidende Projekte werden frühzeitig abgebrochen.

Optimierung der Projektlandschaft als Mittel zur Strategieumsetzung

Die Veränderung der Projektlandschaft durch gezielte Selektion und Priorisierung optimiert das Investitionsvolumen.

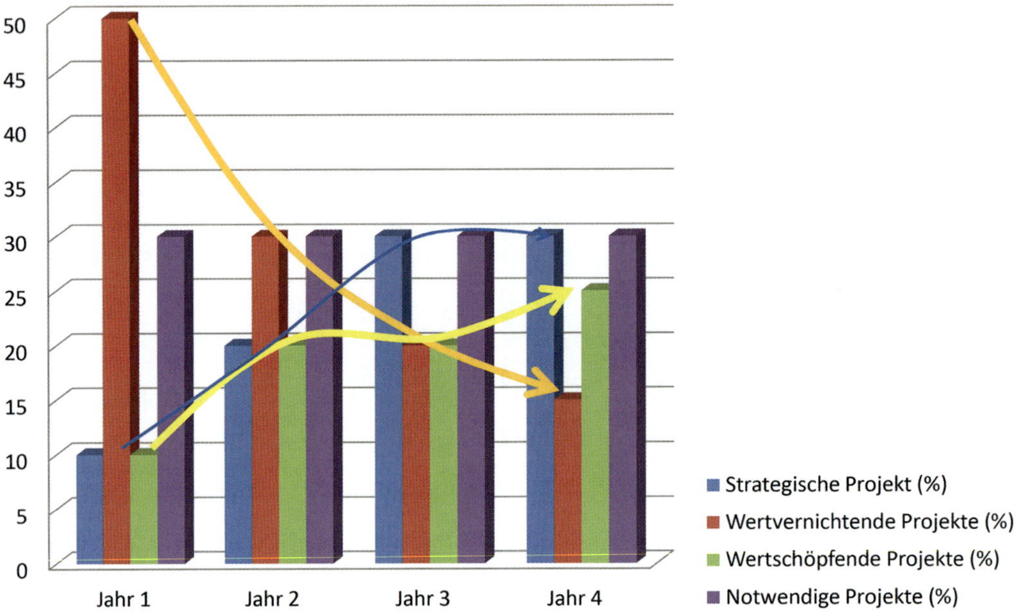

Abb. 78: Projektlandschaft optimieren

Die Grafik zeigt, dass es möglich ist, den Anteil an strategischen und wertschöpfenden Projekten über den Zeitverlauf zu steigern und die wertvernichtenden zu reduzieren. Die notwendigen (z. B gesetzlich vorgeschriebenen) Investitionen bleiben unverändert. Auf diese haben wir wenig Einfluss. Oftmals zählen sie zumindest indirekt zu den wertvernichtenden Projekten, was die Notwendigkeit unterstreicht, das Portfolio im Rahmen unserer Einflussmöglichkeiten zu optimieren.

Durch diese Umverteilung steigt die durchschnittliche Rendite unserer Projekte bzw. unseres Projektportfolios über den Zeithorizont.

Mindereinnahmen durch Projektverzögerungen vermeiden

Projekte werden oftmals auch durchgeführt, um sich von Mitbewerbern abzugrenzen oder um weitere Kunden- und Verkaufspotenziale zu erschließen.

Durch konsequentes Portfolio-Management sind Sie in der Lage, sich auf die strategisch und wirtschaftlich attraktiven Projekte zu konzentrieren und diese durch Entlastung der Projektlandschaft und zeitnahe Verfügbarkeit der notwendigen Ressourcen optimal zu unterstützen.

Sie reduzieren damit die Verzögerung in diesen Projekten und können die geplanten Einnahmen frühzeitig einholen. Mindereinnahmen aufgrund von Projektverzögerungen bewegen sich sehr schnell im mehrstelligen Millionenbereich.

Prozessoptimierung und Kosteneinsparung durch gesteigerte Effizienz

Ein hoher Reifegrad im Portfolio-Management und daraus abgeleitet im Projekt-Management reduziert die Prozesskosten, da die Besprechungskulturen strukturierter, die Reibungsverluste geringer und die Informationswege klarer werden. Zudem lassen sich fehlende Informationen vervollständigen.

Zu den wichtigen Kostenfaktoren zählen aus meiner Sicht die Rüstkosten in der Projektarbeit. Unklare Priorisierungen und nicht vorhandene Regeln hinsichtlich des Abarbeitens der angeblich „wichtigen" Projekte sorgen für unregelmäßige oder sogar regelmäßige Veränderung der Prioritäten bei der Abwicklung. Der Effekt ist das „Projekthopping". Die Mitarbeiter können die Projekte nicht konzentriert abarbeiten, sondern werden je nach Priorität abgezogen, dann wieder in das Projekt zurück geholt und so weiter.

Die Zeitverzögerung und die damit verbundene Kostensteigerung aufgrund des permanenten Einarbeitens in eigentlich bereits gestartete, dann verzögerte und wieder aufgenommene Projekte, ist immens.

Werden dann noch Mitarbeiter in das Projekt aufgenommen, die bisher nichts damit zu tun hatten, steigt der Aufwand für die Einarbeitung zusätzlich. Bestehende Ergebnisse müssen gesichtet werden und es entsteht oftmals Doppelarbeit.

Rettungsleistungen für notleidende Projekte sinken, da sie viel früher identifiziert werden. Die Unterstützung solcher Projekte erfolgt früher als bisher, was in der Regel die damit verbundenen Kosten reduziert.

Prozessoptimierung durch Softwareeinführung: Eine gut eingeführte Software amortisiert sich schon nach ein bis zwei Jahren. Das liegt neben den bisher beschriebenen Transparenz- und Entscheidungsoptimierungen vor allem an der Optimierung der Arbeitsabläufe. Zudem sinkt der mit dem manuellen Zusammenführen der Daten für das Projekt- und Portfoliocontrolling verbundene Aufwand.

17.2.2 Nutzenkriterien für das Portfolio-Management im Überblick

Am Ende dieses Kapitels möchte ich noch einmal die wichtigsten Nutzenkriterien zusammenfassen:

- Im Rahmen unserer Investitions- und Planungsprozesse initiieren wir, bezogen auf die Strategien, wirtschaftlichen Rahmenbedingungen sowie gesetzlichen und technischen Notwendigkeiten, die „richtigen" Projekte.
- Wir erkennen die Chancen und Risiken, die in unseren Portfolien stecken.
- Wir steigern die Transparenz und stärken die Entscheidungskraft über den gesamten Projekt- und Portfoliolebenszyklus hinweg.
- Wir steigern die Wirtschaftlichkeit des bestehenden Projektvolumens.
- Indem wir zusätzliche Leistungspotenziale generieren, optimieren wir die Projektabwicklung.
- Die aus Redundanzen, Kommunikationsproblemen und fehlender Transparenz über die Projektlandschaft resultierenden Überlastungen verringern sich.
- Wir steigern die Mitarbeiterzufriedenheit, indem wir Verantwortung an sie übertragen, ihre Leistungen anerkennen und sie im Eskalationsfall aktiv unterstützen.
- Eine gut verankerte Projektkultur leistet ihren Beitrag zur Unternehmenskultur und steigert die Arbeitsplatzattraktivität des Unternehmens. Wir werden in Zeiten des Personalmangels attraktiver.
- Die Transparenzlücke zwischen strategischen Entscheidungen, den finanziellen Rahmenbedingungen und dem Projekt-Management wird geschlossen.
- Wir zeigen, wie sich Entscheidungen, die in der Projektlandschaft getroffen werden, auf die Mittel- und Langfristplanung auswirken.
- Wir sind in der Lage, bei Änderung der Rahmenbedingungen kurzfristig entscheidungsrelevante Informationen zur Verfügung zu stellen.
- Bei allen Entscheidungen berücksichtigen wir die wichtigsten Rahmenbedingungen:
  - Kosten/Nutzen
  - Chancen
  - Risiken
  - Finanzielle Rahmenbedingungen
  - Personelle Rahmenbedingungen
  - Belastung durch operative Kosten und laufende Projekte
  - Erfahrungen aus vergangenen Perioden
- Wir steigern den Benefit, der mit den Investitionssummen erzeugt wird.

Management Summary — Wertschöpfung

Wenn Sie heute bereits erfolgreich sind, ist das kein Argument dafür, dass Sie Portfolio-Management **nicht** benötigen. Die Frage ist: Können Sie durch den Einsatz der Methode Portfolio-Management noch besser werden? Hilft es, kritische Situationen frühzeitig zu erkennen und zukünftig zu vermeiden?
Jedes Unternehmen durchläuft auch einmal schwierige Zeiten. Spätestens dann ist man froh, wenn das Portfolio-Management Antworten auf Fragen zur Investitions- und Kostenreduktion liefern kann.
Daher sollte das Portfolio-Management **idealerweise** zu Zeiten aufgebaut werden, in denen es uns gut geht und nicht erst unter negativem Leistungsdruck.

18 Wertschöpfung von zentralen Projekt-Management-Organisationen

Praxisbeitrag von Johannes Felchlin

Der Beitrag setzt sich mit der Wertschöpfung zentraler Projekt-Management-Organisationen aus der praxisbezogenen, langjährigen Erfahrung und Sichtweise auseinander.

18.1 Ausgangslage

Zentrale Projekt-Management-Organisationen (PMO/Projektportolio-Management/...) müssen sich gegenüber der Geschäftsleitung oder anderen Interessensvertretern und Entscheidungsgremien stetig von Neuem rechtfertigen. Der Balanceakt zwischen Dienstleistung und Governance-Funktion ist nicht einfach und verlangt viel Fingerspitzengefühl.Das mögliche negative Projektportfolio-Management-Image ist oft geprägt von Vorurteilen wie

- überflüssigem Reporting
- unnützer Administration oder Mehrarbeit für Projektleitungen
- unbegründeter Überwachung und Einmischung in Geschäftsbereiche

Wertorientiertes Projektportfolio-Management und nachhaltige Wertrealisierung wird immer mehr gefordert, doch Wertschöpfung/Nutzenstiftung ist schwierig nachzuweisen und einzufordern.

18.2 Generelle, übergeordnete Aufgaben einer zentralen Projekt-Management-Organisation

Die generellen, projektübergeordneten Aufgaben lassen sich wie folgt zusammenfassen:

- Führung der strategischen Projektportfolioplanung und -steuerung
- Führung des operativen Projektportfolios mit (oder ohne) zentralem Investitionsbudget mit dem Ziel, ein strategiekonformes, nutzengenerierendes, betriebserhaltendes, redundanzfreies, abwicklungsfähiges und risikoarmes Projektportfolio zu gewährleisten
- Definition, Standardisierung, Optimierung, Schulung und Durchsetzung der-Projekt-Management- und Projektportfolio-Management-Prozesse, -Methoden und -Systeme
- Anlaufstelle, Kompetenzzentrum für Projekt- und Bereichsleitungen für jegliche Projekt-Management-Anliegen

18.3 Generelle, übergeordnete Ziele einer zentralen Projekt-Management-Organisation

Wichtig im Gesamtzusammenhang ist es, sich die Ziele der zentralen Projekt-Management-Organisation vor Augen zu führen bzw. mit allen Beteiligten abzustimmen. Diese sind im Idealfall:

- Die richtigen Projekte ins Portfolio aufzunehmen; mittels Priorisierung unter Berücksichtigung der Strategie sowie der betrieblichen und gesetzlichen Vorgaben und innerhalb der finanziellen und personellen Ressourcenverfügbarkeit
- Optimale Voraussetzungen schaffen, damit die richtigen Projekte dann auch richtig umgesetzt werden können
- Positive Beeinflussung oder stetige Weiterentwicklung der Projekt-Management-Kultur und -Reife

Damit diese Ziele erreicht werden können, sind drei Hauptaufgabenbereiche von besonderer Bedeutung, nämlich

Governance

- Durchsetzung von Standards (Prozesse, Methoden, Tools)
- Überprüfung der Qualität von Lieferergebnissen und Systemdaten
- Einhaltung des zentralen Investitionsbudgets (wenn vorhanden) via Controlling und Priorisierung

Consulting

- Beratung von Auftraggeberschaft, Bereichsleitungen, Geschäftsleitung
- Coaching von Projektleitungen

Service

- Unterstützung der Geschäftsleitung in der Strategieumsetzung(Mittel- und Langfristplanung, Jahresplanung: richtige Projekte, Ressourcen, Zeit)
- Dienstleistung an Unternehmung durch Priorisierung (Steigerung des Durchflusses)
- Kommunikation mit der Geschäftsleitung über Probleme, Risiken, Stati usw. und Information an die Projekt-Management-Community (Vorlagen, Checklisten etc., idealerweise via Projekt-Management-Portal im Intranet)
- Operative- oder administrative PL-Unterstützung: Wenn die zentrale PMO auch einen Pool von Projektleitern und Projekt-Office-Mitarbeitern hat, dann ist eine solche Unterstützung (body leasing) möglich, ansonsten sollte sie bewusst vermieden werden.

In der Folge werden einige Beispiele und Erfolgsfaktoren aufgeführt, die aus meiner Sicht Werte für die Organisation schaffen und zudem den Mehrwert respektive die Daseinsberechtigung von PMO aufzeigen. Die Themen werden allerdings nicht vertieft, sondern nur kurz angesprochen.

18.4 Wertorientierung

Eine Projektrealisierung „in Zeit“, „in Budget“ und „in Scope/Qualität“ reicht heute nicht mehr aus. Vielmehr sind nachhaltiger Nutzen und langfristiger Wert immer stärker gefragt. Dazu ist es notwendig, dass alle Projekte (auch gesetzlich oder betrieblich notwendige) mindestens einen Business Case (Kosten-/Nutzenberechnung und die Begründung, weshalb das Projekt benötigt wird, auch wenn keine klare klare Nutzenberechnung möglich ist) vorweisen können. Dieser kann auch „negativ“ ausfallen (reine Kostenbetrachtung und somit entspricht das einem negativen Nutzen) und sollte mindestens folgende Bereiche enthalten:

- eine grobe Gegenüberstellung von geplanten Kosten und erwartetem Nutzen (wenn nicht quantitativ möglich, dann zumindest qualitativ subjektiv)
- eine Begründung, wieso das Projekt gebraucht wird (Unterstützung der Strategie oder andere Notwendigkeit wie Betrieb oder Gesetz sollte ganz klar gegeben sein)
- eine Begründung, welchen Wert das Projekt der Organisation schafft

Mittlere und große Projekte benötigen zudem zwingend einen quantitativen Business Case mit einer

- Vollkostenbetrachtung mit vergleichbarer Kennzahl wie z. B. Pay Back, NPV etc.

Selbstverständlich sollte die Projektrendite höher liegen als die Opportunitätskosten des Eigenkapitals, doch es gibt immer gute Gründe, wieso dies nicht der Fall sein muss. Wichtig ist aber, dass diese Gründe transparent sind (im Projektauftrag).

Ein zentrales Investitionsbudget, das von der Geschäftsleitung jährlich definiert und von der PMO verwaltet wird, ist besonders zu empfehlen. Dieses Budget ermöglicht eine wertorientierte Steuerung des Projektportfolios. Es sollte also keine primären Bereichsbudgets für Projektinvestitionen geben, sondern nur eine sekundäre Abrechnung auf die definierten Kostenträger.

18.5 Wertrealisierung

Die Projektziele und der Nutzen müssen klar messbar sein; am besten quantitativ, objektiv oder mindestens subjektiv. Der Nutzen muss im Projektauftrag erfasst und visiert werden. Dieser könnte etwa wie in der folgenden Abbildung aussehen.

Nutzen-eintritts-datum	Nutzen (möglichst genaue Beschreibung)	Mess-metho-de	Messinstanz (Person oder Funktion)	Messtermin	Nutzen-verantwortlicher	Visum Nutzen-verantwortlicher

Abb. 79: Liste Werterealisierung

Nach Abschluss des Projektes sollte eine kurze Nachkalkulation durchgeführt und das Nutzeninkasso initiiert werden. Das Nutzeninkasso muss durch eine permanente Funktion (am besten im Finanzbereich, nicht Teil von PMO) wahrgenommen und via eines permanenten Wirkungscontrollings geführt werden.

18.6 Strategische Planung

Alle ein bis zwei Jahre machen strategische Überlegungen mit verschiedenen Szenarien für eine Periode von drei bis zehn Jahren Sinn. Darin könnte ein mögliches Projektportfolio simuliert werden. Maßgebende Faktoren könnten ein Bebauungsplan der IT sein, welcher die IT-Strategie und technologischen Veränderungen ebenso miteinbezieht, wie die Firmenstrategie respektive die Strategien der einzelnen Geschäftseinheiten, sowie übergeordnete Business-Pläne und ähnliches.

Diese Langfristplanung unterstützt die Priorisierung sinnvoll, da oftmals mittelfristige finanzielle Effekte anfänglich nicht so klar ersichtlich sind, und ermöglicht es der Geschäftsleitung, frühzeitig Maßnahmen einzuleiten (Personalrekrutierung, Budgetplanung, Kommunikation der Erwartungshaltung usw.) oder Entscheidungen zu fällen (siehe als Beispiel Abbildung2).

Diese Grundlagenarbeit und Weitsicht wird von der Geschäftsleitung mit großer Wahrscheinlichkeit als Mehrwert der Projekt-Management-Organisation bewertet.

Die Grafik zeigt die zukünftigen Überlegungen im z. B. IT-Bebauungsplan und die daraus resultierenden Kostenverlaufskurven. Diese Überlegungen können in die Portfolioplanung einbezogen werden, um die Kostenziele zu erreichen.

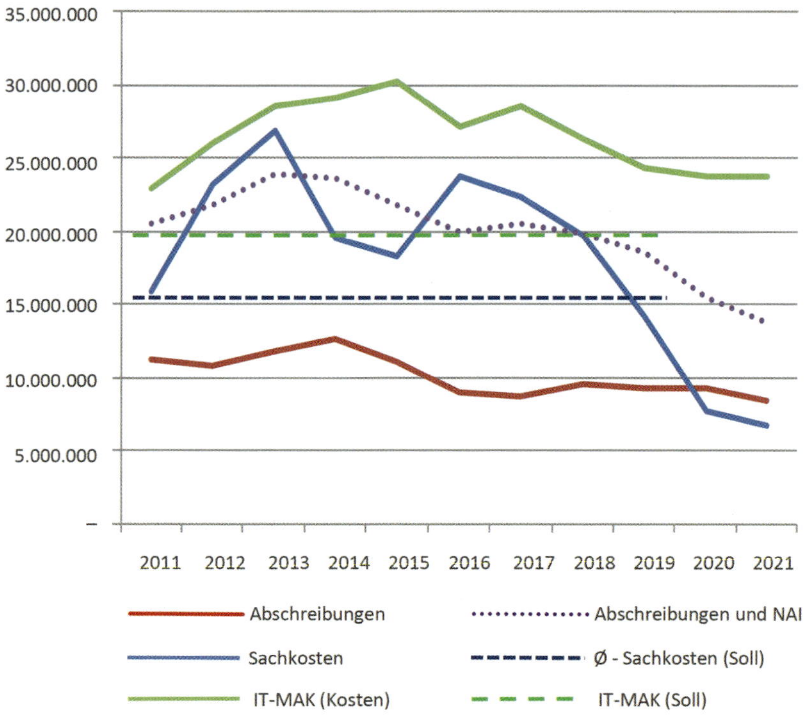

Abb. 80: Kostenverlaufkurven

18.7 Systemunterstützung

Die Nutzung eines vertikal (auf allen Ebenen, von Geschäftsleitung bis Mitarbeitende) und horizontal (für alle Funktionen: Projektportfolio-Management, PL, Projektmitglied, Team- und Bereichsleitung, Controlling usw.), integrierten Projekt-Management- und Projektportfolio-Management-Tools ist in den meisten Fällen sinnvoll. Der mögliche daraus resultierende Nutzen:

- Kostenreduktion durch Professionalisierung (Mittel, um Reifegrad anzuheben)
- Optimale Führung, Überwachung und Berichtswesen der Projekte durch Projektleitung
- Frühzeitiges Erkennen von Ressourcenengpässen und zeitgerechtes Handeln
- Zeitgerechte Überwachung von Sachkosten und Personalaufwand (inklusiv Fachbereiche)
- Wegfall von Mehrfacherfassungen (Planung und Aufwandsrapportierung in einem Tool)

- Rollende Planung der Projekte und des Projektportfolios
- Erkennen und konsequentes Ausnutzen von Synergien
- Aktive Steuerung des Projektportfolios durch Projektportfolio-Management, Portfolioboard und Geschäftsleitung
- Integration der Linienführung (Team, Abteilung, Bereich) in Tool und Prozesse

Die Einführung und Nutzung eines Systems hat viele Chancen, wie etwa:

- Automatisierung manueller Schnittstellen erhöht Datenqualität, Ressourcenkapazität sowie Systemakzeptanz
  - Weniger Double Entry
  - Weniger Erfassungsfehler durch Automatisierung
  - Durchgängige Kostenverrechnung und Transparenz
  - Aufwandsreduktion durch Anbindung von HR- und Finanzsystemen an das Projektportfolio-Management-System
  - Erhöhung der Benutzerakzeptanz (MA, PL, TL) durch konsistente Daten und weniger manuelle Prozessschritte
- Zentrale Daten und stringente, systemunterstützte Prozesse sind unabdingbar für nutzenbringendes Projektportfolio-Management
  - Erhöhung Management Attention/-Commitment durch professionelleres, zeitnahes Reporting
  - Allgemeingültige, übergreifende Methoden und Prozesse können einfacher durchgesetzt werden
  - Synergienfindung und frühzeitiges Erkennen von Ressourcenengpässen im Kontext einer rollenden Planung sind kaum ohne zentrales Tool möglich
- Kontinuierliches Fordern und Fördern der Mitarbeiter in Projekt-Management-Rollen (Aus- und Weiterbildung) sowie Durchsetzung der Vorgaben ist bedeutend einfacher

Eine Einführung birgt aber auch einige Risiken:

- Ziel der Einführung eines zentralen Projekt-Management-/Projektportfolio-Management-Tools ist nicht zuletzt, die Komplexität zu reduzieren, doch
  - für den Projektleiter ist es eine Komplexitätserhöhung; er würde lieber mit seinen individuellen Tools arbeiten, die er versteht und die ihm (subjektiv) mehr Nutzen bieten
  - die Abstimmungs- und Plausibilisierungsaufgaben (durch PL und Projektportfolio-Management) sind enorm und vielleicht sogar höher als das manuelle Zusammentragen von Einzelprojektdaten und die manuelle, periodische Portfolioanalyse
  - Größere Transparenz (kleinere Komplexität) ist nicht überall gewollt (Stichwort „Big Brother is watching you“ im mittleren Management)

  - Führung des zentralen Projekt-Management-Systems auf Stichtag (z. B. monatlich) wird von den Projektleitern als Bürde gesehen; Konsequenz: Gefahr der Konzentration auf Beschönigung der Zahlen (möglichst grün) statt Umsetzung von Konsequenzen und Maßnahmen (Nutzen für Projekt)
- Die Projektleiter sehen ein PM-Tool als Kommunikationsmittel, über das der persönliche Kontakt vergessen wird
- Individuelle (sinnvolle) Funktionsanpassungen sind schwierig und reduzieren den individuellen Nutzen bzw. führen dazu, dass parallel lokale Tools verwendet werden (MS Projekt, Excel usw.)

Daraus folgt die Empfehlung, ein System nur innerhalb gewisser Rahmenbedingungen einzuführen und jeweils sehr pragmatisch und in kleinen Schritten vorzugehen. Um Erfolg zu haben, ist es von Bedeutung, dass gewisse Voraussetzungen bei der Einführung eines zentralen Systems erfüllt werden:

- Voraussetzung/Erfolgsfaktoren
  - Ein zentrales Projekt-Management-/Projektportfolio-Management-System funktioniert nur innerhalb einer entwickelten Projekt-Management-Kultur mit verbreiteter Projekt-Management-Methodenkompetenz. Fühlen sich die Mitarbeiter überfordert, kann es zu einem „negativen Nutzen" kommen.
  - Projektportfolio-Management funktioniert nur, wenn die Projektportfolio-ManagementFunktion (Stelle, Team) hierarchisch hoch angesiedelt ist (CEO, CFO)
  - Projekt-Management-/Projektportfolio-Management-Prozesse müssen bereits vor der zentralen Systemeinführung definiert und gelebt werden, denn die zentrale Systemeinführung selbst löst keine Prozessprobleme
  - Es muss Klarheit über die Ziele herrschen und das Commitment von der Führung muss gegeben sein
  - Transparenz sowie ein nutzenbringendes Berichtswesen muss gewünscht (und in Deutschland, gerade, wenn es um personalbezogene Auswertungen geht, mit dem Betriebsrat abgestimmt) sein
  - Projektportfolio-Management kann nur optimalen Nutzen bringen, wenn sowohl „top down" (klare Strategie formulieren) als auch „bottom up" (Ideenmanagement) geplant wird
- Ein zentrales Projekt-Management-/Projektportfolio-Management-System mit Anbindung an das Personal- und Finanzsystem ist notwendig, um eine effiziente Projektportfolio-Management-Prozesskette zu gewährleisten
- Häufig ist die Erwartungshaltung an zentrales Projekt-Management-/Projektportfolio-Management-System zu groß. Die Planung einer „eierlegende Wollmilchsau" sollte vermieden werden — eine solche gibt es nicht — auch wenn dadurch Gefahr gelaufen wird, nicht alle Kundenwünsche realisieren zu können (Customizing der Standard-SW). Die Maxime sollte lauten: „Reduce to the max!"

18.8 Auswahl von Erfolgsfaktoren für zentrale PMO

In diesem Absatz sind einige der entscheidenden Erfolgsfaktoren für die Etablierung einer zentralen PMO zusammengefasst:

- Eine starke Dienstleistungsorientierung hilft, die nötige Governance durchzusetzen
- Es ist wichtig, als starkes und aktives Bindeglied zwischen Strategievorgabe und operativem Projekt-Management (umsetzen & steuern der Unternehmensstrategie) zu agieren
- Durch aktives Aufzeigen von Synergienutzung, Ressourcenoptimierung und GL-Facetime kann der Nutzen der Portfoliosteuerung für einzelne Projektleitungen und Auftraggeberschaften spürbar gemacht werden
- Die Geschäftsleitung sollte Entscheidungen für die Projektportfoliosteuerung und -priorisierung professionell vorbereiten, regelmässige Berichte über die „Gesundheit" des Portfolios verfassen und auch einmal neue Denkanstösse geben
- Die PMO sollte durch aktives und stetiges Überzeugen Kompetenzzentrum sein
- Eine kluge Priorisierung und Ressourcenplanung hilft, den Durchfluss zu optimieren
- Es ist wichtig, das Multiprojekt-Mangement bzw. Portfolio-Management stetig weiterzuentwickeln (Projekt-Management-Kultur, PL- und AG-Befähigung, Projektmarketing, Wirkungscontrolling, Optimierung und Standardisierung sowei Vereinfachung von Prozessen, Methoden und Systemen)
- Zentrale PL- und AG-Schulung (Rechte und Pflichten, Methoden, Prozesse, Tools)
- Karriereplanung von PL unterstützen

Zudem gibt es eine Reihe weiterer möglicher PMO-Maßnahmen, die dazu beitragen, Wertschöpfung und Nutzen zu generieren:

- Ein monatlicher qualitativer und quantitativer Projektportfolio-Management-Geschäftsleitungsreport erhöht nicht nur die Transparenz, sondern auch die Umsetzungsqualität sowie Wertorientierung
- Projektportfolio- und Projekt-Management-Risiken werden in halbjährlichen Risikoberichten beschrieben und bewertet
- Je nach Risikolage, Komplexität und Projektgröße kann das Projektportfolio-Management ein externes Projekt Assessment fordern und durchsetzen
- Ressourcenkonflikte proaktiv und frühzeitig aufzeigen, bilateral zu lösen versuchen. Ist dieser Lösungsweg nicht erfolgreich, muss die Situation an die entsprechenden Entscheider eskaliert werden. Diese initiieren eine entsprechende Priorisierung, resp. Umplanung.
- Ein hierarchisch möglichst hoch angesiedeltes Projektportfolio- und Priorisierungsboard (PPB) tagt monatlich, um die nötigen Priorisierungen zu treffen, Genehmigungen zu erteilen und weitere Entscheidungen zu fällen

Management Summary – Beitrag Johannes Fechlin

Auf die Frage, ob es für eine Firma leistbar ist, falsche Projekte richtig auszuführen, gibt es nur eine Antwort: „Nein, natürlich nicht!" Projektportfolio-Management ist deshalb zwingend notwendig und mithilfe strategieunterstützender Priorisierungen wertschöpfend! Auch auf die Frage, ob es leistbar ist, die richtigen Projekte falsch (nicht richtig) auszuführen, kann es nur die Antwort „Nein, natürlich auch nicht!" geben. Viele Studien belegen einen direkten, positiven Zusammenhang zwischen Unternehmungserfolg und Projekt-Management-Kultur und -Reife, sodass zentrale Projekt-Management-Organisationen in den meisten Fällen mithilfe von Governance, Dienstleitung und Beratung wertschöpfend sind.

19 Fallstudie: Strategische Investitionsprojekte – Implementierung eines Projektportfolio-Managements

Praxisbeitrag von Moritz Schumacher

Dieses Kapitel beschreibt entlang eines Praxisbeispiels, wie Projektportfolio-Management in einem Unternehmen implementiert wurde.

19.1 Das Referenzunternehmen

Die nachfolgend beschriebene Implementierung eines Projektportfolio-Managements erfolgte in einem innovativen Großunternehmen aus dem Bereich des Maschinenbaus. In diesem Unternehmen gibt es eine Vielzahl strategischer IT-Projekte wie zum Beispiel die Einführung von Planungs-, Engineering- und Produktionswerkzeugen. Aufgrund der Größe und den globalen Auswirkungen dieser IT-Projekte stellt die richtige Auswahl und interne Abstimmung jedoch häufig eine besondere Herausforderung dar.

Das Referenzunternehmen hat in fast allen Ländern der Welt eigene Vertriebsgesellschaften. Dazu kommt ein umfangreiches Produktions- und Entwicklungsnetzwerk. Der Hauptsitz des Unternehmens befindet sich in Deutschland.

Aufgrund der hohen Innovationskraft gibt es eine dementsprechend hohe Anzahl an internen IT-Investitionsprojekten. In der Vergangenheit wurden jedoch die meisten dieser Projekte nur mit einem lokalen Fokus umgesetzt. Dies führte dazu, dass der erforderliche Netzwerkgedanke außer Acht gelassen wurde und damit viele Projekte bei der Implementierung länger brauchten (ca. 1/3 mehr Zeit), Ressourcen im Verlauf knapper wurden, als ursprünglich angesetzt, externe Kosten für Berater in die Höhe schnellten und Projekte mit ähnlichen Anforderungen an verschiedenen Standorten doppelt bzw. unterschiedlich umgesetzt wurden.

Das Referenzunternehmen ist im Übrigen wie folgt aufgebaut:

Das Unternehmen, das gesellschaftsrechtlich als Aktiengesellschaft firmiert, beschäftigt mehrere hunderttausend Mitarbeiter. Auf Konzernebene gibt es einen Zentralvorstand und einen Aufsichtsrat. Das Unternehmen gliedert sich in eine Holding, eine Vielzahl von Geschäftseinheiten (Business Units) sowie weitere Untersegmente. Innerhalb der Geschäftseinheiten gibt es zudem segmentübergreifende Zentralabteilungen.

Die strategischen Geschäftseinheiten haben jeweils einen eigenen Leitungskreis und sind für das Geschäftsergebnis voll verantwortlich. Dazu haben alle diese Einheiten eigenständige strategische Pläne und sollen beispielsweise auch die dazugehörenden IT-Projekte selbst entwickeln und umsetzen.

Um den Geschäftsauftrag zu erfüllen, verfügen die Geschäftseinheiten über alle typischen Funktionsbereiche wie lokaler Einkauf, Entwicklung, Produktion, Order Management usw. Darüber hinaus gibt es verschiedenste Ausprägungen von Stäben wie beispielweise zentraler Einkauf, Business Excellence, Informationstechnology, Strategie etc.

19.2 Herausforderung

Die Geschäftseinheit, um die es nachfolgend geht, ist in den vergangenen Jahren durch Zukäufe bzw. Zusammenschlüsse stark gewachsen.

Damit einher gingen immens gestiegene globalen Anforderungen (z. B. im Hinblick auf die Prozessharmonisierung und den Kostendruck) an das Business (die Fachabteilungen) und die IT-Abteilungen.

Vor dem Einsatz der hier vorgestellten Projektportfolio-Managementlösung (Projektportfolio-Management) verfolgte die IT-Abteilung – wie bei vielen Unternehmen üblich – eher eine „Ad-hoc-Arbeitsweise“: Projektmanager und Sponsoren wurden nur teilweise vorab ausgewählt und offiziell benannt. Funktionale Beschreibungen (wie z. B. über ein Lasten- oder Pflichtenheft), Zeitpläne und Business Cases waren für ca. 85 Prozent der Projekte nicht vorhanden. Aus diesem Grund kam es häufig zu zeitlichen Projektverschiebungen, Ressourcenknappheit und höheren Kosten. Dies wiederum führte zu Schwierigkeiten bei der allgemeinen Budgetplanung und der Erstellung von strategischen Projekt-Roadmaps. Eine Einzelplanung mit unterschiedlichem Detailierungsgrad erfolgte nur für die wichtigsten IT-Projekte (ca. 15 Prozent). Konkret fehlte also ein Gesamtüberblick, was den Ablauf im Business und in der IT vor große Herausforderungen stellte.

In der Ausgangssituation war die IT für die Auswahl der IT-Applikationen inklusive der benötigten Infrastruktur zuständig und unterstützte das Business bei der Implementierung eines IT-Projekts. Dabei stellte jedoch das Business den Projektleiter und war somit zuständig für die erfolgreiche Implementierung des IT-Projekts. Zudem musste das Business das IT-Budget bereitstellen und in diesem Rahmen für Projekttransparenz sorgen.

Vor diesem Hintergrund entschied das Management des Referenzunternehmens, einen einheitlichen Prozess für das IT-Projektportfolio-Managements einschließlich der erforderlichen IT-Unterstützung zu entwickeln und einzuführen.

19.3 Die Lösung

Nach ersten Überlegungen und Rücksprachen mit dem Business wurde dem Topmanagement klar, dass eine Projektportfolio-Management-Lösung einschließlich eines Reportings gefunden werden musste, die den gesamten Prozess (von der Idee über die Projektentwicklung bis hin zur erfolgreichen Implementierung) abdecken kann. Dabei sollten alle segmentinternen und -externen Schnittstellen (IT, Strategie, Einkauf, Business Controlling etc.) berücksichtigt werden.

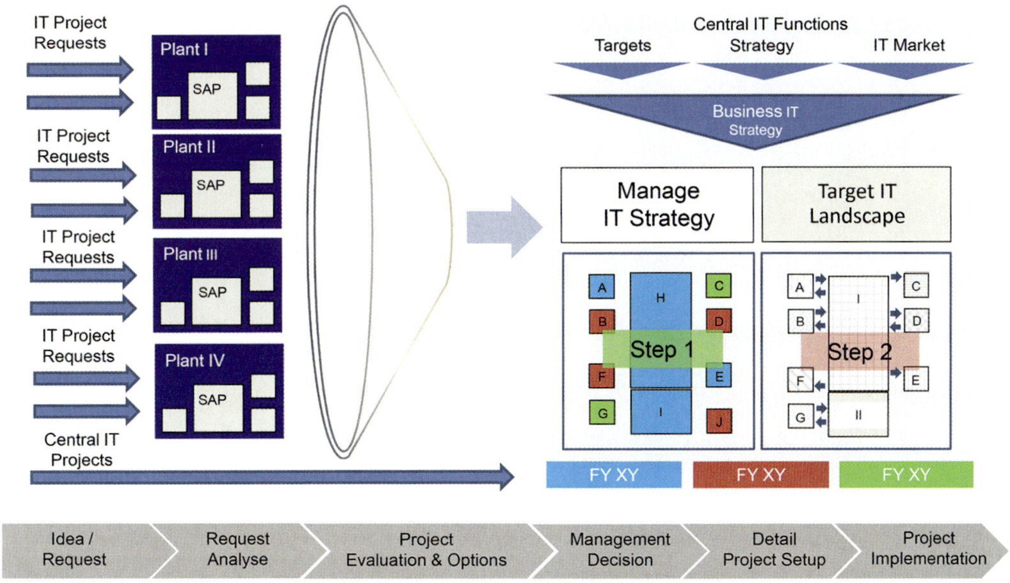

Abb. 81: High Level Prozessbeschreibung Grafik 1.0

Um eine größtmögliche Akzeptanz im Unternehmen zu erzielen, sollte die Anwendung der Projektportfolio-Management-Lösung zudem intuitiv und ressourcenschonend sein. Des Weiteren war es wichtig, dass die Applikation flexibel ist und den jeweils gewünschten entwickelten Prozess abbilden kann. Auch auf zukünftige Veränderungen und Weiterentwicklungen innerhalb des Unternehmens sollte reagiert werden können.

Bei dem Auswahlprozess für eine geeignete Projektportfolio-Management-Lösung wurde im ersten Schritt auf Gartner Studien und auf eine Pilot Phase gesetzt. Dieser erste Schritt bestätigte das beschriebene Anforderungsprofil.

Vor diesem Hintergrund wurde dann entschieden, zunächst eine Pilotprojekt mit dem Projektportfolio-Management-Werkzeug aus dem Hause Oracle zu starten, um abschätzen zu können, ob Prozess und Applikation zusammen passen würden.

19.4 Pilotierung

Für die Pilotierung wurde ein Budget von ca. 5.000 EUR bereitgestellt und ein Zeitrahmen auf zwei bis drei Monate, wobei verschiedene Tests eingeplant waren. Die Applikation benötigte im ersten Ansatz keine spezielle Infrastruktur; hier konnte auf eine Stand-Alone Version der Firma adensio GmbH zurückgegriffen werden. Implementiert wurde ein zuvor besprochener Referenzprozess (siehe Grafik High Level Prozessbeschreibung 1.0).

Diese zeigt den Weg von den Projektanträgen (die unterschiedlichen Projekttypen zugeordnet werden) bis zur Durchführung und zum Abschluss der Projekte. Zusätzlich wird aufgezeigt, wie diese mit der IT-Strategie und der Ziellandkarte der Applikationslandschaft abgeglichen wird.

Die Implementierung erfolgte innerhalb von zwei Tagen, wobei dies eine bemerkenswert kurze Umsetzungsdauer ist.

Während der Pilotphase wurde relativ schnell klar, dass die Testapplikation die in sie gesetzten hohen Erwartungen bestens erfüllen würde. Lediglich die Funktionalität eines Dashboards für das Projektportfolio musste auf ein BI Tool (Reporting und Dashboard) erweitert werden. Dies stellen jedoch keine größere Hürde dar, da eine entsprechende Infrastruktur und die Applikation vorhanden waren.

Aufgrund dieser guten Erfahrungen wurde entschieden, den gesamten IT-Businessprozess des Projektportfolio-Managements mit dieser Applikation abzubilden.

19.5 Aufbau klarer Entscheidungswege

Zunächst wurde eine Business Administration Data Management-Abteilung neu geschaffen, die die Schnittstelle zwischen IT und den produzierenden Einheiten darstellt. Die Abteilung umfasst zwei Mitarbeiter und ist für das IT-Budget und alle IT-Investitionsvorhaben zuständig. Die vom Management freigegebenen IT-Projekte werden von den Projektleitern an den jeweiligen Standorten implementiert und diversen Reviews unterzogen. Unterstützt werden die IT-Projekte von der IT-Organisation und von externen Dienstleistern in den Bereichen Applikationsauswahl, Infrastruktur, Security, Programmierung und IT Consulting (Konzeptionierung & Projekt-Management).

19.6 Projektplanung

Die Roadmap für die Implementierung des Projektportfolio-Management-Prozesses wurde auf einen Drei-Jahres-Horizont ausgelegt und bildet den kompletten Total Cost of Ownership-Ansatz ab. Konzeptionell wurde die Prozess-Roadmap in einem Workshop mit den jeweiligen Stakeholdern aus dem Business und der IT aufgesetzt und abgestimmt. In der Roadmap wurden folgende Phasen abgebildet: Idea und Concept, Development, Implementation und Stabilisation. Diese Phasen sind mit den detaillierten Zwischenelementen in der nachfolgend eingeblendeten Grafik High Level Roadmap 2.0. abgebildet.

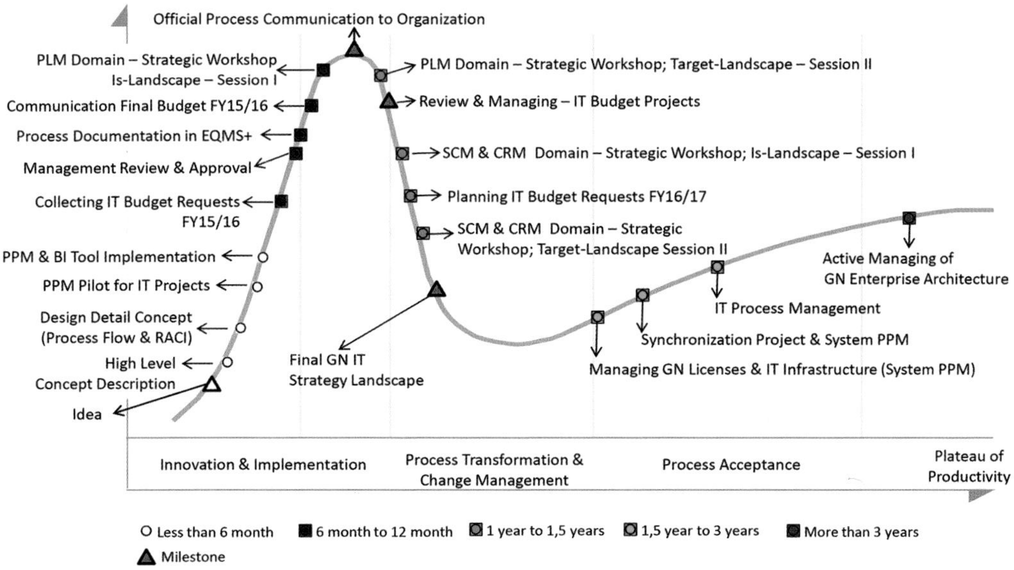

Abb. 82: High Level Roadmap Grafik 2.0

Die Planung der erforderlichen Ressourcen erfolgte in Abstimmung mit den externen Dienstleistern und der zuständigen IT-Abteilung. Das Business stellte einen Projektleiter, der für die Projektkoordination, den Know-how-Transfer zwischen Business, der IT und dem externen Dienstleister, das Training und den Change Management-Prozess zuständig war. Die Installation der Software und das Customizing erfolgten durch den externen Dienstleister. Dazu wurde eine Person für mehrere Tage eingeplant. Die verschiedenen Infrastruktur-hemen wie z. B. die Bereitstellung von Servern für die Applikation und die Einrichtung der benötigten Datenbanken wurden von der internen IT übernommen. Hierzu wurde punktuell auf externe Spezialisten zurückgegriffen, welche stundenweise beziehungsweise tageweise eingesetzt wurden.

Für die Implementierung wurde ein Budget von ca. 50.000 EUR eingeplant. Diese Budget umfasste insbesondere die Positionen externer Support, Lizenzen und Infrastruktur. Der interne Aufwand für das Business und die IT wurden dabei nicht gesondert berücksichtigt.

19.7 Referenzprozess

Ein neuer Projektportfolio-Management-Prozess beginnt mit einer Idee bzw. einer Bedarfsäußerung, die im „Opportunity Log" eingestellt wird. Dieser Opportunity Log stellt einen Ideensammler dar, der grundsätzlich sämtlichen Mitarbeitern offen steht. Im Laufe des Prozesses wird die Idee bzw. der angemeldete Bedarf weiterentwickelt und dementsprechend in unterschiedlichen Zyklen detaillierter betrachtet.

Im ersten Schritt werden Stakeholder, Projektdetails, Necessary Contraints und interne Rahmenparameter im Netzwerk (wie z. B. gleiche Projektaktivitäten an den verschiedenen Fertigungsstandorten) berücksichtigt. Ziel ist dabei, gleiche Projektaktivitäten zusammenzuführen bzw. die erforderlichen Basisparameter auf Validität zu prüfen.

Darauf folgt eine strategische Phase, in der die High Level Risiken, Kosten, zeitliche Aspekte und die vorhandenen bzw. erforderlichen Ressourcen/Kapazitäten im Detail untersucht werden. Aus diesen Betrachtungen werden ein High Level ROI und ein strategischer Risikofaktor abgeleitet, die dann die Basis für eine Investor Map darstellen. Aus dieser High Level Investor Map erfolgt dann die Einschätzung, inwiefern die Idee zukünftige Produktziele unterstützen kann und inwieweit Potenzial für eine erfolgreiche Projektumsetzung vorhanden ist.

Am Ende der Einschätzung findet ein sogenanntes „Quality Gate Meeting" mit dem Management statt. Dort wird entschieden, ob die Idee umgesetzt und weitere Folgeaktivitäten gestartet werden sollen.

Der so geschilderte Ablauf wird auch in der nachfolgend eingeblendeten Grafik wiedergegeben:

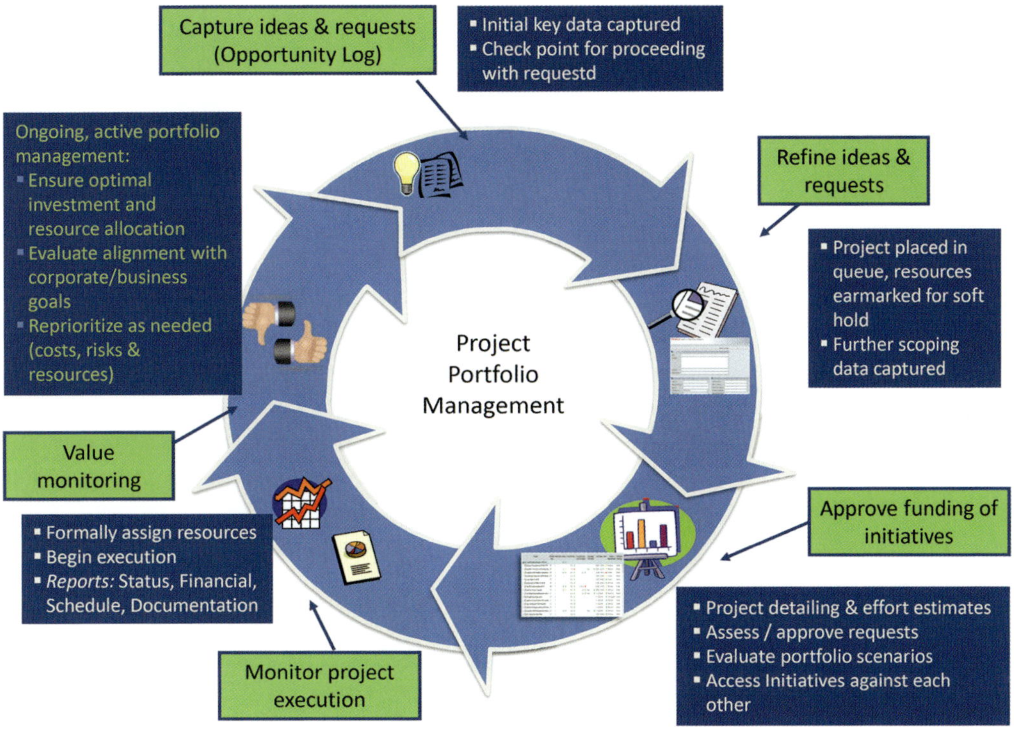

Abb. 83: High Level Referenz Prozess Grafik 3.0

Mit der positiven Entscheidung im Quality Gate Meeting wird aus der Idee dann ein konkretes IT-Projekt. Dies bedeutet, dass verschiedene Dokumente wie z. B. Pflichten- und Lastenhefte, ein Business Case und eine Timeline im Detail zu einem Review zusammengestellt werden müssen. Diese Phase wird auch Projektentwicklung genannt. Hier ist der Projektmanager in der Pflicht, alle Dokumente fristgerecht zu liefern.

In Vorbereitung für das nächste und letzte Management Quality Gate wird ein Priorisierungsfaktor aus den Einzelfaktoren Budget, Risiken, Ressourcenverfügbarkeit und technische Dokumentation errechnet. Dieser Priorisierungsfaktor ist maßgebend für eine finale Freigabe durch das Management und stellt damit einen Indikator für das ganze Projektportfolio dar.

Spätere Change Requests und Projektabweichungen werden dokumentiert und fließen in zukünftige Projektenscheidungen ein, wie z. B. die Freigabe von Anschlussprojekten und die Erweiterung oder Reduzierung von laufenden Aktivitäten (Budgets und/oder Ressourcen).

Abgerundet werden die Projektaktivitäten mit einem automatischen Reporting. Dazu werden zu fest definierten Zeitpunkten und für einen festgelegten Teilnehmerkreis (in der Regel bestehend aus Management/Workstreams und Projektmanager) Reports vom BI (BusinessIntelligence-Werkzeug) erzeugt und allen Beteiligten zur Verfügung gestellt.

Zusätzlich zu dem sich grundsätzlich ständig wiederholenden Projektportfolio-Management-Prozess (Grafik 3.0), der oben detailliert beschrieben wurde, gibt es noch diverse andere Methoden (z. B. Applikation Development-Prozess, Management Interviews etc.). Ein langfristiges Ziel ist dabei, für das gesamte Netzwerk eine aktiv gemanagte Target Enterprise- Architektur zu betreiben. Entscheidender Treiber für sämtliche Aktivitäten ist der Total Cost of Ownership-Ansatz. Darunter sind die direkten und indirekten Kosten für IT Aktivitäten (Prozess, Ressourcen, Applikationslizenzen, Infrastruktur, Hardware etc.) zu verstehen, die mit dem Applikation Development-Prozess sowie dem Projektportfolio-Management zusammengeführt werden und damit die Target Enterprise Architektur ergeben.

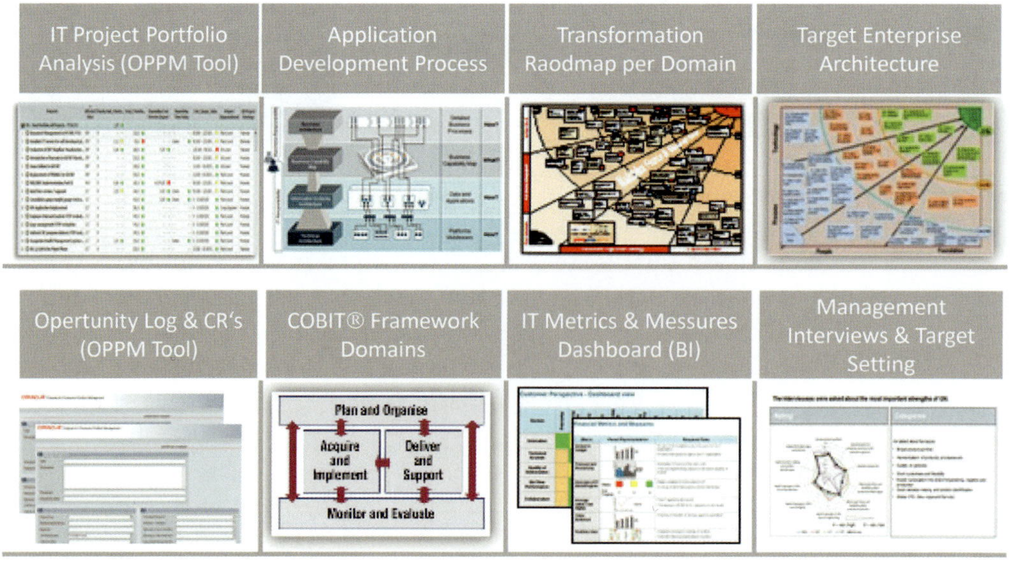

Abb. 84: Angewandte Tools und Methoden Grafik 4.0

19.8 Transparenz, Risiken und Projektkalkulation

Das Projektportfolio-Management und das BI Werkzeug bilden sämtliche fünf Phasen eines Projekts ab: Ideensammlung, Ideenanalyse und Freigabe, Projektentwicklung (High Level), Projektdetailplanung (Beschreibung, Pflichten & Lastenheft, Business Case, Timeline und Freigabe) sowie Projektstabilisierung und -reporting.

Anhand dieser Phasen kann dann die Idee bzw. der Fortschritt des Projekts gemessen werden. Jeden Monat wird mithilfe der Projektportfolio-Management-Lösung überprüft, wo die einzelnen Projekte stehen, indem Fortschritt, Budget und Risiken des Projekts mit den ursprünglich angesetzten Zielen abgeglichen werden. Dadurch können einerseits die Projekte unmittelbar kontrolliert werden und andererseits die sich aus eventuellen Abweichungen ergebenden Erkenntnisse in neue bzw. zukünftige Entscheidungen einfließen.

Das Projektportfolio-Management-Tool bietet einen weiteren entscheidenden Vorteil, indem es eine bessere Zusammenarbeit zwischen den einzelnen Verantwortlichen ermöglicht. Engpässe bzw. nicht vorhersehbare Situationen können direkt angegangen werden und laufende Projekte auf Schwachstellen überprüft werden. Interne Kunden wissen, dass eine gute Strukturierung vorhanden ist und die Verantwortlichkeiten sind klar geregelt.

19.9 Risiken von Projektabweichungen besser voraussehen

Die Projektkoordination wird vom Projektportfolio-Management-Administrator in wiederkehrenden Review-Zyklen überwacht. Die Aufgaben umfassen in Abstimmung mit den Projektmanagern die Überprüfung der Vollständigkeit und Aktualität der Dokumente und die Ausarbeitung von strategischen Entscheidungsvorlagen. Monatliche Kennzahlenübersichten (KPIs) werden vom BI erstellt und an die Geschäftsleitung bzw. die Workstreams übermittelt.

Neben der Erfassung von Projekten und deren Stammdaten unterstützt die Projektportfolio-Management-Lösung die Erstellung von Projektkalkulation, -planung und -vorschlägen. Das entscheidende Ziel für einen strategischen Planer liegt darin, eine verlässliche und realistische Roadmap zu erstellen, die für sämtliche Projektmanager und deren Teams mit all den vorhandenen Herausforderungen zusammenpasst.

19.10 Vor- und Nachteile eines Projektportfolio-Managements

Die Einführung eines Projektportfolio-Management-Tools bringt natürlich kulturelle Veränderungen mit sich und damit wird Change Management zu einem zentralen Thema. Neue Anforderungen werden insbesondere an die am Projekt-Management mitwirkenden Teams gestellt. Sie müssen plötzlich mehr Formalitäten erledigen, Projektlisten erarbeiten und ausführliche Datenblätter bzw. technische Dokumente für jedes Projekt erstellen. Dies bedeutet eine Veränderung ihrer Arbeitsgewohnheiten und schafft zusätzliche Aufgaben und Anforderungen.

Eine Projektportfolio-Management-Lösung legt Regeln fest, die für sämtliche Projekte und sämtliche Mitarbeiter gelten. Es kann sein, dass am Anfang der Eindruck entsteht, Flexibilität und Reaktionsfähigkeit einzubüßen. Tatsächlich wird aber sehr schnell an Effizienz (Kostenreduktion von ca. 20 Prozent) gewonnen. Dieser Change benötigt jedoch etwas Zeit, bis alle Änderungen akzeptiert und Vorteile erkannt werden.

Grundsätzlich ist anzumerken, dass ein Projektportfolio-Management-Werkzeug seine volle Stärke erst bei einer hohen Anzahl von Projekten mit globaler Komplexität (Prozesse und Stakeholder) entfaltet. In diesem Fall muss jedoch eine dementsprechende Infrastruktur vorhanden sein, sodass Projektportfolio-Management-Web-Applikationen, Datenbanken und BI-Werkzeuge effektiv betrieben werden können.

19.11 Fazit

Auf Basis der Projektportfolio-Management-Lösung kann ein „Strategischer Planer“ seine gesamte Projektorganisation und seine Teams optimal strukturieren und die Projektmanagementprozesse modellieren. Es wird ein Gesamtüberblick gewährleistet, um jederzeit den Fortschritt eines Projektes zu überwachen und darüber Rechenschaft ablegen zu können. Eine solche Lösung gibt Transparenz darüber, in welcher Phase sich die einzelnen Projekte befinden. Interne, immer wiederkehrende Fragen können auch für laufende IT Projekte beantwortet und neue IT-Projekte können qualitativ schneller gestartet bzw. abgeschlossen werden. Die Organisation weiß stets, wo sie steht und wo Anpassungen zu welcher Zeit erfolgen müssen.

20 Projektbegriffe innerhalb der Normen und Standards interpretiert

Beitrag von Christoph Jelitto

In diesem Kapitel sollen einige der grundlegenden Begriffe des Themenbereichs, mit dem sich dieses Buch beschäftigt, näher betrachtet werden

20.1 „Projekt", ein beliebtes Präfix

In den vergangenen Jahren sind die Projektlandschaften im unternehmerischen Kontext stärker in den Fokus geraten. Der starke Einfluss von Projektergebnissen am Unternehmenserfolg oder -misserfolg bringt den Wunsch und die Notwendigkeit mit sich, Transparenz darüber zu erlangen, wie sich laufende und geplante Projekte in die taktischen (kurzfristigen) und in die strategischen (mittel- und langfristigen) Zielsysteme des Unternehmens einbetten und einbetten werden. So erstreckt sich die Projektlandschaft nicht nur horizontal über das gesamte Unternehmen (Funktionen, Abteilungen ...), sondern auch vertikal. Dementsprechend vielfältig sind auch die kontextbezogenen Begrifflichkeiten und Definitionen. Erschwerend kommt hinzu, dass insbesondere in der praktischen Verwendung unterschiedliche Auffassungen oder Verwendungen zum Tragen kommen.

Für eine erfolgreiche Kommunikation ist es letztlich unerlässlich, dass ein grundsätzlicher Konsens bzw. hinsichtlich der verwendeten Vokabeln besteht bzw. die entsprechenden Informationen dazu vorhanden sind. So fällt zum Beispiel die Bedeutung der Begriffe Projektmanager und Projektleiter in vielen Unternehmen durchaus unterschiedlich aus. Nachfolgend soll versucht werden, einige der grundlegenden Begriffe des Themenbereichs etwas näher zu beleuchten.

20.2 Projekt

Über den Begriff „Projekt“ herrscht in der Literatur aus meiner Sicht weitgehende Einigkeit. So ist die Definition im Glossar der PMI möglicherweise etwas besser verständlich als die Definition nach DIN, beschreibt aber grundsätzlich dasselbe:

PMI-Lexikon: „A temporary endeavor undertaken to create a unique product, service, or result.“

DIN 69901-5: „Ein Projekt ist ein Vorhaben, das im Wesentlichen durch Einmaligkeit der Bedingungen in ihrer Gesamtheit gekennzeichnet ist, wie z. B. Zielvorgabe, zeitliche, finanzielle, personelle oder andere Begrenzungen, projektspezifische Organisation.“

Aufgrund der weitgehenden Einigkeit über den Begriff „Projekt“ konzentriert sich dieser Beitrag insbesondere auf Begrifflichkeiten, die das Wort „Projekt“ als Präfix enthalten.

20.3 Projekt-Management

Der Begriff Projekt-Management kann grundsätzlich in zwei unterschiedlichen Zielsetzungen Verwendung finden, als Klassifizierung einer bestimmten Personen- oder Funktionen- bzw. Aufgabengruppe. Allgemein versteht man als Funktionen des „Managements“ die Planung, Organisation, Führung und Kontrolle aller betroffenen Bereiche im Interesse der Gesamtunternehmung.

Dementsprechend sind alle Personen, die in Projekten leitende Aufgaben wahrnehmen, zum einen „**Projektmanager**“ im jeweiligen Projekt und zum anderen Teil der Personengruppe „Projektmanager“.

So können, sofern man unter „Leitung“ und „Management“ Ähnliches versteht, die Begriffe Projektmanager und **Projektleiter** synonym verwendet werden. In der praktischen Verwendung wird der Managementbegriff nach meiner Erfahrung häufiger zur Bezeichnung der (zeitlich unbefristet vorhandenen) Personengruppe mit entsprechen Kompetenzen verwendet und der „deutschsprachige“ Begriff „Projektleiter“ gleichzeitig im Sinne der Wahrnehmung einer (temporären) Tätigkeit/ Funktion in einem konkreten Projekt.

Sowohl PMI wie DIN stellen die funktionale Bedeutung des Begriffs „Projektmanager bzw. Leiter in den Vordergrund, bleiben mit der Begriffsdefinition aber nahe am oben Beschriebenen.

Die Aufgaben des Projektmanagers werden folgendermaßen beschrieben:

PMI-Lexikon: „The application of knowledge, skills, tools, and techniques to project activities to meet the project requirements."

DIN 69901-5: „Die Gesamtheit von Führungsaufgaben, -organisation, -techniken und -mitteln für die Initialisierung, Definition, Planung, Steuerung und den Abschluss von Projekten."

Im Vergleich zur klassischen Verwendung des Managementbegriffs ist bei beiden der Hinweis auf „Techniken" oder „Werkzeuge" auffällig. Während die DIN eher eine Gesamtheit von Projekten (Mehrzahl) anspricht, zielt die PMI mit der Definition deutlicher auf den Erfolg des Einzelprojektes.

Der Begriff „Projekt-Management" ist also eher (wenn auch nicht zwangsweise) im Zusammenhang mit Einzelprojekten zu sehen und umfasst auch die zur Durchführung der Aufgabe notwendigen Techniken und Methoden.

20.4 Multiprojekt-Management

Der Begriff Multiprojekt-Management findet sich vornehmlich im deutschen Sprachgebrauch und umfasst z. B. nach Definition der GPM „die Planung, übergreifende Steuerung und Überwachung von mehreren Projekten."

Laut DIN 69901-5 bildet „das Multiprojekt-Management den organisatorischen und prozessualen Rahmen für das Management mehrerer einzelner Projekte. Hierzu gehören insbesondere die Koordinierung mehrerer Projekte bezüglich der Zuordnung gemeinsamer Ressourcen zu den einzelnen Projekten."

Beides sind eher weitgreifende Definitionen und umfassen damit sowohl den Begriff des Projektportfolios als auch den des Programm-Managements.

Der Begriff des „Multiprojekt-Managements" kann in Abgrenzung zu den Begriffen Portfolio- und Programm-Management somit aus meiner Sicht in einem „weiteren Sinne" und in einem „engeren Sinne" verwendet werden. Letzterer – in Anlehnung an die Definition des Begriffs „Projekt-Management", thematisiert zentral die Methoden und Techniken zur gleichzeitigen „erfolgreichen Abwicklung" mehrerer/vieler Projekte, also eher im Sinne von Begriffen wie „Mehrprojekttechnik" o. Ä.

Damit lassen sich die Begriffe Projekt- und Multiprojekt-Management (im engeren Sinn) der kurz- bis mittelfristigen (horizontalen) Ebene zuordnen, während Programm- und Portfolio-Management ihren Schwerpunkt auf der mittel- bis langfristigen (vertikalen) Ebene finden.

20.5 (Projekt-)Programm-Management

Projekte, die im Zusammenhang stehen und einem gemeinsamen, übergreifenden Ziel dienen, werden unter dem Begriff „Programm" zusammengefasst. Programm-Management umfasst also die Führung, Steuerung, Koordination usw. einer klar definierten Gruppe von Projekten, welche gleichzeitig und/oder nacheinander durchgeführt werden. Der Programm-Manager ist verantwortlich für das Erreichen der übergeordneten Ziele. Programm-Management ist damit sachlich auf die Zielsetzung und zeitlich auf die Dauer des Programms begrenzt (sofern das Programm zeitlich begrenzt ist). In der Definition der PMI wird besonders deutlich, dass die Schnittstellen zwischen den einzelnen Projekten und deren Koordination Teil der Managementaufgabe sind und deren Steuerung einen kritischen Faktor für die Zielerreichung des Programms darstellt.

PMI-Lexikon: „The application of knowledge, skills, tools, and techniques to a program to meet the program requirements and to obtain benefits and control not available by managing projects individually."

20.6 Projektportfolio-Management

Unter einem Portfolio versteht man die Sammlung bzw. Klassifizierung von Objekten eines bestimmten Typs, wie z. B. Projekten. Sieht man Programme als „Projektansammlungen", so sind Programme eine Teilmenge der unternehmensweiten Projektportfolien bzw. des unternehmensweiten Gesamtprojektportfolios. Während ein Programm jedoch in der Regel zeitlich begrenzt ist, ist das unternehmensweite Projektportfolio eine zeitlich unbegrenzte Erscheinung. Innerhalb dieses Portfolios entstehen nicht nur neue Projekte, sondern es werden laufende Projekte bearbeitet oder abgeschlossen. Aufgabe des Projekt-Managements ist es, bestehende Projekte möglichst erfolgreich und effizient abzuwickeln, Aufgabe des Projektportfolio-Managements hingegen ist es, die vorhandenen Ressourcen in die „richtigen“ Projekte zu investieren, also für die Effektivität der unternehmensweiten Projektlandschaft zu sorgen.

Im Zusammenhang mit dem Begriff rückt die Interpretation des Wortteils „Management“ wieder näher in die gesamtunternehmerische Perspektive. So ist es laut GPM zum Beispiel Aufgabe des Portfolio-Managements, dafür zu sorgen, „dass die aus Sicht der Organisation richtigen Projekte gestartet und erfolgreich durchgeführt werden können“. Die PMI bezieht in einer Kurzdefinition explizit den Bezug zur strategischen Seite ein: „The centralized management of one or more portfolios to achieve strategic objectives.“

Es gilt also zwei „einfache“ Fragen zu beantworten:

1. Welche Projektideen sollen im Sinne der Interessensvorgaben realisiert werden?
2. Welche Projekte sollen im Sinne der Interessensvorgaben weitergeführt werden?

Die Beantwortung dieser Fragen fällt aber oftmals nicht leicht. Zum einen muss geklärt sein, wer auf welcher Ebene was und wann entscheidet, zum anderen müssen adäquate Informationen bereitstehen, um belastbare Entscheidungen treffen zu können. Zu guter Letzt müssen den Beteiligten aller Ebenen die Interessensvorgaben bekannt sein.

Es geht also um die anfangs erwähnte „erwünschte Transparenz“ hinsichtlich der unternehmerischen Projektlandschaft und deren Auswirkungen. Aus strategischer Sicht ist also die Information notwendig, welche Projekte in welchem Umfang welche Strategie stützen bzw. welche Auswirkungen es aus strategischer Sicht haben wird, wenn bestimmte Projekte durchgeführt oder nicht durchgeführt werden („Szenarien“).

Im Rahmen der „klassischen“ gesamtheitlichen unternehmerischen Strategieumsetzung spielt das Controlling die zentrale Rolle, wenn es um Informationsbeschaffung, -aufbereitung und Interpretation geht. Es geht darum, den Entscheidern belastbare Informationen für eine zielgerechte Entscheidungsfindung im Rahmen ihrer „Managementaufgaben“ zu liefern.

20.7 (Multi-)Projekt-Controlling

Wie im letzten Absatz angesprochen, ist es Teil der Aufgabe des Controllings, den „Entscheidern" das richtige Informationsmaterial zum richtigen Zeitpunkt zu liefern. Aus Projekt-Management-Sicht handelt es sich beim Begriff „Controlling" um einen ebenso vielschichten Begriff wie beim Begriff „Management" — auch „Controlling" kann aus vielen verschiedenen Perspektiven betrachtet werden.

Der Begriff „Projekt-Controlling" (im engeren Sinne) kann folgendermaßen beschrieben werden: Die Bereitstellung entscheidungsrelevanter Informationen bezüglich eines Projekts (Dienstleister des Projektleiters).

Multiprojekt-Controlling hingegen bezeichnet die Bereitstellung entscheidungsrelevanter Informationen bezüglich bestimmter Projektportfolios (Strategien, Programme, Abteilungen, Produkte ...) je nach Adressat (Unternehmensmanagement, Programm-Management ...).

Die im Projektkontext wesentlichen Adressaten für das (Multi-)Projekt-Controlling sind demnach die

- Projektmanager
- Programm-Manager
- Portfoliomanager (incl. Geschäftsführung)

Damit auf all diesen verschiedenen Ebenen verwend- und vergleichbare Informationen bereitgestellt werden können, müssen diese (analog zu nicht projektbezogenen Prozessen) strukturiert und regelmäßig bereitgestellt bzw. erfasst werden. Hierzu bedarf es der Entwicklung und Einführung adäquater Methoden und Techniken (Standards).

Es gilt dabei, passende „Key Performance Indicators" zu entwickeln und zu publizieren, also Kennzahlen, welche die entscheidungsrelevanten Informationen klar und aktuell widerspiegeln. Ebenso wichtig ist es, die strukturellen Voraussetzungen zu schaffen bzw. zu optimieren. Hierzu müssen alle Betroffenen informiert sein sowie unterstützt oder ausgebildet werden.

Die beschriebene Aufgabe übersteigt die „klassische" Interpretation der Aufgabe des „Controllings". Als Lückenschließer bietet sich auch das „Projekt-Management-Office" an.

20.8 Projekt-Management-Office

Damit das Multiprojekt-Management (im weiteren Sinne) auf belastbaren Informationen begründet sein kann, bedarf es der Entwicklung, Einführung, Überwachung und Weiterentwicklung entsprechender Standards und Prozesse. Im Vordergrund eines PMO steht also die Entwicklung und Überwachung von Methoden und Techniken zur Erfassung und Steuerung der unternehmensweiten Projektaktivitäten. In seinem ursprünglichen Sinn bildet ein PMO somit die Schnittstelle zwischen den verschiedenen Ebenen der unternehmensweiten Projektlandschaft (funktional, regional, hierarchisch ...).

Das PMO hat damit aus meiner Sicht mehr „Service-“ als „Entscheidungscharakter“. Es spielt für das Projektportfolio-Management sicher eine entscheidende Rolle, entschieden wird aber letzten Endes doch auf Managementebene.

Je größer der Bedarf an projektrelevanten Informationen auf der oberen Managementebene wird, desto mehr verlagern/erweitern sich die geforderten Kompetenzen gegenüber den PMOs weg vom Thema „Projekt-Management“ in Richtung „Projektportfolio-Management“.

Projekt-Controlling und das PMO bilden gemeinsam die übergreifende Infra- und Informationsstruktur, damit die unterschiedlichen Managementebenen abgestimmt und im Gesamtinteresse des Unternehmens zielgerichtet arbeiten können und koordinieren die notwendigen horizontalen und vertikalen Schnittstellen zwischen Unternehmen und Projekten.

Dieser Zusammenhang lässt sich etwas vereinfacht wie folgt darstellen:

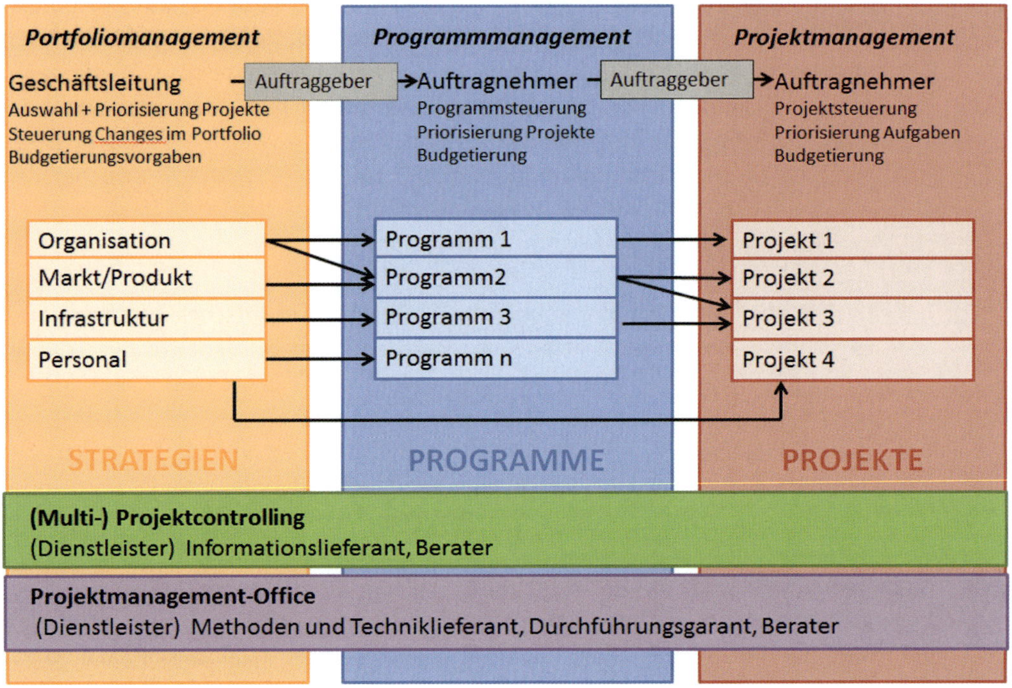

Abb. 85: Projektbegriffe

21 Portfolio-Management – Gesamtfazit

Die Notwendigkeit und der Nutzen einer Projektportfolio-Management-Organisation ist unbestritten — was auch in den bereits erwähnten Studien überprüft werden kann.

Welch großen tatsächlichen Nutzen man aus dem Projektportfolio-Management gewinnen kann, ist noch nicht überall vollumfänglich bekannt. In der Folge wird der Mehrwert für das Unternehmen aus dem Portfolio-Management nicht oder nicht vollständig ausgeschöpft. Noch immer liegt der Fokus zu oft auf der operativen Umsetzung und parallelen Steuerung der Projekte und der beteiligten Ressourcen (dem Projekt- und Ressourcenmanagement). Die Ressourcenknappheit wird gerne als Hauptproblem identifiziert. Portfolio-Management bietet Lösungsansätze, um schon einzugreifen, bevor die Ressourcenknappheit eintritt bzw. Ressourcenkonflikte für Probleme bei der Portfolioumsetzung sorgen. Mit dem Portfolio-Management werden die für das Unternehmen wichtigen und wertvollen Projekte identifiziert und priorisiert. Mit dieser Priorisierung fällt es dann unter dem Gesichtspunkt der Ressourcenknappheit leichter, auf etwas zu verzichten und somit den optimalen Nutzen für das Unternehmen zu generieren.

Portfolio-Management sehe ich als ergänzende Methode zur (strategischen) Unternehmensführung. Wir können viele wertvolle Informationen aus dem Portfolio-Management entnehmen und für unsere Planung/Umplanung sowie die strategische oder wirtschaftliche Optimierung und Neuausrichtung des Unternehmens heranziehen.

Die Aufgabe ist es, Wertschöpfungspotenziale zu erkennen und mittels der Methode Portfolio-Management und der zugehörigen Projektportfolio-Management-Organisation freizusetzen.

22 Glossar

Dieses Glossar erklärt abschließend noch einmal die zentralen Begriffe, die in Verbindung mit dem Projekt- bzw. Projektportfolio-Management eine Rolle spielen.

Agiles Projekt-Management

„Agiles Projekt-Management" ist ein Oberbegriff für verschiedene Vorgehensmodelle, die bisher überwiegend in der Software-Entwicklung eingesetzt werden. Hierzu zählen z. B. Scrum oder Extreme Programming. Zunehmend werden agile Methoden im Projekt-Management als Gegensatz zum traditionellen, planungsorientierten Projekt-Management verwendet.[21]

Auftraggeber/Sponsor

Der Auftraggeber eines Projektes möchte das Projekt für seinen Aufgaben-/Verantwortungsbereich haben und ist in der Regel der Geldgeber (aus seinem Gesamtbudget) für dieses Projekt. Aus Gründen der Vereinfachung verzichte ich in diesem Buch auf die Aufschlüsselung von Projektkosten auf unterschiedliche Unternehmensbereiche.

Konzeptspeicher/Concept-Bank

Zwischenspeicher für Projekte, die für das Unternehmen interessant sind, aber in der aktuellen Planungsperiode nicht berücksichtigt werden sollen bzw. können.

Meilenstein

Ein Meilenstein ist ein Ereignis innerhalb eines Projektes. Auch wenn alle Projekte im Unternehmen einem einheitlichen Quality-Gate-Prozess unterliegen, kann jedes Projekt unterschiedliche Meilensteine haben.

[21] Quelle: www.projektmagazin.de

Multiprojekt-Management (MPM)

Das MPM ist für mich der Teil, der die parallele Abwicklung aller laufenden Projekte in der Organisation unter Berücksichtigung der zur Verfügung stehenden Ressourcen (Engpass-Planung) sicherstellt. Es ist für die zeitliche Koordination und gleichmäßige Auslastung der zugeordneten Mitarbeiter (Organisationseinheiten und Fachkompetenzen) und finanziellen Mittel (finanzielle Ressourcen) zuständig. Weiterhin ist die gegenseitige Abhängigkeit der Projekte ein wichtiger Faktor bei der Koordination der Projekte.

Gerade bei diesem Begriff scheiden sich die Geister und Gelehrten. Für die einen ist Multiprojekt-Management die gesamte und umfangreiche Projektorganisation und das Portfolio-Management und Projekt-Management eine Teilmenge davon.

Für die anderen ist es genau das, was auch ich darunter verstehe. Das MPM ist eine Teilmenge der gesamten Portfolio- und Projekt-Management-Organisation (vereinfacht Projektorganisation).

Eine mögliche Interpretation des Multiprojekt-Managements ist also die parallele Steuerung laufender Projekte.

Portfolio-Management (PfM)

Das Portfolio-Management ist für mich eine eigenständige und doch die Unternehmensplanung ergänzende Methode für die strategische, wirtschaftliche Ausrichtung und Steuerung des Unternehmens unter Berücksichtigung der zur Verfügung stehenden Ressourcen und der damit verbundenen Risiken. Ganz allgemein kann man die Methode Portfolio-Management für alle Investitionen im Unternehmen einsetzen. Unabhängig davon, ob sie als Projekt umgesetzt werden oder nicht.

Programm-Management

Programme sind für mich Projektgruppen. In der Regel verfolgen die Programme ein gemeinsames Ziel. Bei dem Aufbau eines neuen Standortes werden z. B. mehrere Projekte (Bauprojekte, Infrastrukturprojekte, Regulatorische Maßnahmen, Personalprojekte, IT-Projekte, etc. etc.) zu einem Programm zusammengeführt.

Projekt-Management

Ist das Management eines Projektes und betrifft somit seine Durchführung. Hier halte ich mich auf jeden Fall an die allgemeinen Standards.

Projektphase

Die Projektphase ist die Phase, in der sich das Projekt befindet. Diese liegt zwischen den Quality Gates.

Projektportfolio-Management (PPM)

Das Projektportfolio-Management ist der Teil des Portfolio-Managements, der sich nur auf die Projektinvestitionen bezieht. Im Allgemeinen bezieht sich der Begriff Projektportfolio-Management auf alle Methoden und Prozesse im Projekt- und Portfolio- Management. Gem. Normen wie IPMA, PMI ist auch das Projekt-Management ein Teil des Projektportfolio-Managements.

Resilienz

Der Begriff Resilienz leitet sich von Widerstandsfähigkeit ab.

Er begleitet mich in letzter Zeit immer öfter in der Projektwelt. Ich greife ihn auf, da er ziemlich genau beschreibt, weshalb ein projektorientiertes Unternehmen aus meiner Sicht das Portfolio-Management als wichtigen Resilienzfaktor benötigt.

„Resilienz ist die Fähigkeit eines Systems, mit Veränderungen umgehen zu können.“[22]

Systeme bzw. Unternehmen müssen marktwirtschaftliche, strategische, organisatorische oder strukturelle Einflüsse und Veränderungen unter Aufrechterhaltung ihres Betriebes und Ihrer Wettbewerbs- und Handlungsfähigkeit ertragen können.

[22] Wieland, A. & Wallenburg, C.M. (2013): The influence of relational competencies on supply chain resilience: a relational view. International Journal of Physical Distribution & Logistics Management. Vol. 43, No. 4, pp. 300–320. Im englischen Original lautet die Definition: „the ability of a [system] to cope with change“

Damit wir resilient sein können, benötigen wir eine hohe Transparenz und die damit verbundene Flexibilität, auf Veränderungen zu reagieren.

Für diese Flexibilität benötigt ein Unternehmen die passenden Methoden. Eine Methode zu agieren und nicht nur zu reagieren ist das Portfolio-Management. Es liefert permanent die notwendige Transparenz und damit verbundene Entscheidungsinformationen ohne den (Projekt-)Betrieb zum Stillstand zu bringen.

Resiliente Unternehmen sind also jederzeit bereit, auf Veränderungen zu reagieren und haben sowohl Ihre Prozesse und Methoden als auch ihre Denkweise darauf ausgerichtet.

Ein entscheidender Faktor ist die Projekt- bzw. Unternehmenskultur, in der die Mitarbeiter das Vertrauen in das Unternehmen und die Führungskräfte haben, um in Krisensituationen zu reagieren und notwendige (strategische) Veränderungen so früh wie möglich herbeizuführen.

Ressourcenmanagement

Ressourcen-Management besteht aus zwei Ebenen

1. Die Projektebene: Sie entspricht der Beschaffung und Zuordnung der für das Projekt notwendigen Mitarbeiter entsprechend Ihrer Kenntnisse und der benötigten Kapazitäten.
2. Die Personal-/Multiprojektebene: Sie entspricht der Kapazitäts- und Auslastungsplanung auf Fachbereichs-/Team- und Mitarbeiterebene, evtl. erweitert auf Fachkenntnisse (Skills) über alle Projekte hinweg.

Stage Gate/Quality Gate

Ich benutze in diesem Buch den Begriff Quality Gate, andre verwenden den Begriff Stage Gate. Für mich vermittelt Quality Gate klar die Kernidee des Projektportfolio-Managements. Letztendlich ist es nur wichtig, sich im Unternehmen auf einheitliche Begriffe zu einigen und diese für alle klar zu beschreiben.

Steering Committee (STC) oder Lenkungsausschuss

Der Lenkungsausschuss ist das Entscheidungsgremium, das zu wichtigen Projektsitzungen zusammenkommt und auf Basis der Statusinformationen und Gespräche projektunterstützende Entscheidungen aber auch den Stopp kritischer Projekte herbeiführt.

Strategisches Projektportfolio-Management (SPPM)

Das strategische Projektportfolio-Management ist er Teil des Portfolio-Managements, der sich auf die strategisch wichtigen Projektinvestitionen konzentriert. Methodisch ist es mit dem Projektportfolio-Management gleich zu setzen. In einigen Fällen kann es hilfreich sein, gerade bei der Einführung und Verankerung der Portfolio-Management-Methoden und -Prozesse nicht sämtliche Projekte zu berücksichtigen oder nur die strategisch wichtigen Projekte dem unternehmensweiten Portfolio-Management-Prozess zu unterwerfen. Gerade in großen Organisationen kann es hilfreich sein, an zentraler Stelle (Unternehmenszentrale, Holding etc.) alle strategischen Projektinvestitionen zusammenzuführen und das vollständige Projektportfolio-Management den einzelnen Teilorganisationen zu überlassen.

Management Summary — Begriffe

Es ist nicht wichtig, wie Sie die einzelnen Themen im Unternehmen benennen. Es ist wichtig, dass allen bewusst ist, was hinter den Begriffen steht und was jeder im Unternehmen damit verbindet.
Es ist hilfreich, sich an allgemeingültigen Begrifflichkeiten zu orientieren. Das erleichtert es neu eintretenden Mitarbeitern, sich in unserer Projektorganisation zu bewegen.

Die Autoren

Uwe Degel

Uwe Degel (51 Jahre), lebt mit seiner Familie in Anwil (BL). Derzeit bekleidet er die Funktion des „Head ICT Asia Pacific Region" für CNH Industrial. Davor bekleidete er mehrere internationale und regionale Führungspositionen als CIO, IT-Direktor und Abteilungsleiter in verschiedenen Industriezweigen. All seine bisherigen Tätigkeiten haben einen stark projektbezogenen Hintergrund, weshalb er nach 20-jähriger Berufslaufbahn auf einen reichhaltigen „Real World"-Erfahrungsschatz aufbauen kann.

Johannes Felchlin

Johannes Felchlin, MBA, PMP, ist 46 Jahre alt, wohnt in Arlesheim (Schweiz) und leitet seit 2007 das Projektportfolio-Management der Basler Versicherungen in Basel. Neben seinen Betriebswirtschaftsstudien in der Schweiz, den USA und Niederlanden konnte er 16 Jahre lang Erfahrung sammeln im Aufbau von PMO/MPM/Projektportfolio-Management bei globalen Unternehmen wie der Swiss Re und als Geschäftsleitungsmitglied von Datalynx AG, einer IT-Dienstleistungs- und Beratungsfirma.

Christoph Jelitto

Christoph Jelitto (47 Jahre), lebt mit seiner Familie in Freiburg. Nach dem Studium zum Diplom-Volkswirt war er sechs Jahre als wissenschaftlicher Angestellter an der Albert-Ludiwig Universität in Freiburg tätig. Seine Erfahrungen im Projekt- und Portfolio-Management sowie im Multiprojekt-Controlling sammelte er als Consultant in einem Softwarehaus für Projekt-Controlling Software sowie in einer Unternehmensberatung mit den Beratungsschwerpunkten Projekt- und Portfolio-Management und Einführung geeigneter Softwarelösungen. Er ist Partner bei der adensio GmbH — Wege zur Projektkultur in Freiburg und dort für die Themen Beratung, Aus- und Weiterbildung der Kunden und speziell für die Einführung der Projektportfolio-Management-Lösungen der strategischen Softwarepartner zuständig. Bis heute hat er verschiedene Lehraufträge an Hochschulen, Fachhochschulen und Technischen Akademien.

Moritz Schumacher

Moritz Schumacher ist als Strategic Consultant/Projektportfolio-Manager in einem Großunternehmen tätig. Nach einer elektrotechnischen Ausbildung und dem Studium zum Diplom Betriebswirt arbeitet er nun seit zehn Jahren in diversen Branchen (Medizintechnik, Beratung und Maschinenbau) sowie in verschiedenen Management Positionen (Key Account Vertrieb Europa, Senior Consultant, Leiter Innovationsmanagement etc.). Moritz Schumacher ist verheiratet und hat ein Kind.

Max Zuber

Max Zuber (49 Jahre), lebt mit seiner Familie in Winterthur. Gegenwärtig ist er bei Allianz Global Assistance als Head of Organizational Management angestellt. Davor arbeitete er rund 13 Jahren für die AXA Gruppe (früher Winterthur) weltweit auf dem Gebiet des Projekt- und Projektportfolio-Managements.

Jörg Rietsch

Jörg Rietsch ist (45 Jahre), lebt mit seiner Familie im Elsass (Frankreich) und führt als geschäftsführender Gesellschafter die adensio GmbH — Wege zur Projektkultur in Freiburg (D). Adensio ist ein Beratungsunternehmen mit den Schwerpunkten Projekt- und Portfolio-Management. Die ganzheitliche Beratung (Menschen, Methoden, Prozesse) beinhaltet unter dem Stichwort „Technologie" auch die Suche und Auswahl geeigneter Softwarelösung sowie die Implementierung von Softwareprodukten strategischer Softwarepartner.

Seit über 14 Jahren darf er als Senior Consultant, Manager Professional Services und Geschäftsführer in Software- und Beratungsunternehmen (ansässig in Deutschland und der Schweiz) Erfahrungen in der Softwareeinführung, der Prozess- und Methodenberatung bis hin zur Einführung von Projektportfolio-Management/PMO/MPM Organisationen sammeln und aufbauen. Die Projekte hatten und haben sowohl nationalen als auch internationalen Charakter. Davor war er nach seiner IT-Ausbildung und dem berufsbegleitendem Studium zum Betriebswirt 10 Jahre als Softwareentwickler und Berater in einem national und international agierenden ERP Softwarehaus tätig.

Jörg Rietsch hat weiterhin einen Lehrauftrag für Projekt-Management an der Dualen Hochschule Lörrach und engagiert sich seit vielen Jahren bei der IHK Freiburg als Prüfer für die IT-Ausbildungsberufe.

Abbildungsverzeichnis

Abb. 1: Entscheidungs-, Umsetzungs- und Steuerungskompetenz 24

Abb. 2: Interaktion auf 4 Ebenen 27

Abb. 3: Übersicht Portfolio-Management-Prozess 32

Abb. 4: Veränderung des Investitions-Portfolios 35

Abb. 5: Beispiel für die Zusammenstellung des Projektportfolios 37

Abb. 6: Kosten- und agilitätsorientierte Portfoliozusammenstellung 39

Abb. 7: Typische Verteilung von IT-Investitionen 40

Abb. 8: Planung, Kontrolle, Realisation (Quelle: adensio/Oracle Primavera) 45

Abb. 9: Top-Down/Bottom-Up Planung 48

Abb. 10: Strategie-, Unternehmens- und Portfolioplanung auf 5 Ebenen 54

Abb. 11: Gesamtlebenszyklus Projekt 57

Abb. 12: Vollständiger Quality-Gate-Prozess 63

Abb. 13: Unterjährige Repriorisierung 68

Abb. 14: Unterjähriger Portfolioprozess mit Portfoliostatus 69

Abb. 15: Laufendes Projekt- und Ressourcenmanagement 70

Abb. 16: Organisation des Portfolio-Managements 74

Abb. 17: Wo das PMO organisatorisch angesiedelt ist 77

Abb. 18: Organisation in Unternehmen mit Informatikschwerpunkten 79

Abb. 19: Internationale Projektportfolio-Management-Organisation 81

Abb. 20: Organisation des PPG 82

Abb. 21: Zusammenspiel Unternehmensführung, Linie, Portfolio-Management, PMO und Projekt-Management 86

Abb. 22: Eisbergtheorie 103

Abb. 23: Befähigungsziele 118

Abb. 24: Segmentierung der Projektlandschaft 143

Abb. 25: Interpretation Finanzdaten nach Segmenten und Zeit 144

Abb. 26: Strategische Portfoliobetrachtung (Top-Down und Bottom-Up) 145

Abb. 27: Investitionsverteilung auf Segmente 146

Abb. 28: Ressourcenplanung im Portfolio 147

Abb. 29: Projektselektion nach Nutzen- und Risikobewertung 148

Abb. 30: Gruppierte Portfoliobetrachtung 149

Abb. 31: Projektrisiken im Portfolio 150

Abb. 32: Budgetverteilung auf Risiken und Bewertung (Puffer) 151

Abb. 33: Bewertung der Projektkomplexität 152

Abb. 34: Komplexitäts- und Risikobewertung 153

Abb. 35: Priosrisierungsindex 154

Abb. 36: Drei Ebenen Risikomanagement 156

Abb. 37: Wirtschaftliches Risiko 158

Abb. 38: Portfoliorisiken am Beispiel eines Produktportfolios 159

Abb. 39: Projektstatusbericht 171

Abb. 40: Darstellung und Verfolgung von Finanzinformationen 172

Abb. 41: Finanzdaten im Rahmen der Portfolioumsetzung 174

Abb. 42: Baseline/Erwartete Baseline 175

Abb. 43: Finanzielle Bewertung nach Projektstatus 176

Abb. 44: Projekte nach Projektstatus 176

Abb. 45: Projekte nach Quality Gates 177

Abb. 46: Finanzkennzahlen im Quality-Gate-Prozess 178

Abb. 47: KPIs im Projektportfolio-Management 182

Abb. 48: Von der Geschäftsstrategie zum Projekt 183

Abb. 49: Portfolio Lifecycle (Max Zuber) 184

Abb. 50: Rahmenbedingungen für KPIs 186

Abb. 51: Quality Gates im Wasserfallmodell 187

Abb. 52: Kennzahlentypen 189

Abb. 53: Kennzahlentypen im Detail 190

Abb. 54: Möglicher Ablauf eines jährlichen Priorisierungprozesses 191

Abb. 55: BVI, SAI und Projektkosten 195

Abb. 56: Strategische Ausrichtung mittels Spinnendiagramm dargestellt 196

Abb. 57: SAI-Werte InsX 197

Abb. 58: Grafische Darstellung der SAI-Werte 198

Abb. 59: Normalisierte Werte auf einem Netzgrafen 198

Abb. 60: Kombination SAI und BVI 199

Abb. 61: Portfolio der Versicherung InsX 201

Abb. 62: Projektlaufzeiten bei InsX 203

Abb. 63: PRT versus TPC 204

Abb. 64: Betrachtung der verbrauchten Kosten zum Stichtag 1.7. 205

Abb. 65: Burned Ratio 205

Abb. 66: Burned Ratio 206

Abb. 67: Portfolio-Analyse nach BVI 208

Abb. 68: Portfolio-Value-Curve 209

Abb. 69: Reifegradmodell Portfolio-Management 218

Abb. 70: Lernprozess im Projektportfolio-Management 220

Abb. 71: Wertschöpfung und Umsetzungsdauer im Projekt- und Portfolio-Management 231

Abb. 72: Vorgehen bei der Implementierung des Portfolio-Managements 232

Abb. 73: Iterativer Implementierungsansatz 233

Abb. 74: Welche Themen ein umfangreiches Projektportfolio-Management beinhaltet 236

Abb. 75: Variante zu einer vollintegrierten Softwarelösung 243

Abb. 76: Wieso vorhandene Innovations- und Wertschöpfungspotenziale mangelhaft genutzt werden 256

Abb. 77: Zielgerichteter investieren und „falsche" Projekte reduzieren 261

Abb. 78: Projektlandschaft optimieren 262

Abb. 79: Liste Werterealisierung 271

Abb. 80: Kostenverlaufkurven 272

Abb. 81: High Level Prozessbeschreibung Grafik 1.0 279

Abb. 82: High Level Roadmap Grafik 2.0 281

Abb. 83: High Level Referenz Prozess Grafik 3.0 283

Abb. 84: Angewandte Tools und Methoden Grafik 4.0 284

Abb. 85: Projektbegriffe 294

Literaturverzeichnis

Berleb Media GmbH (2014): Projektmagazin-Das Fachportal für Projektmanagement. https://www.projektmagazin.de

ISACA (2014): ValIT Framework von ISACA. http://www.isaca.org/Knowledge-Center/Research/ResearchDeliverables/Pages/Val-IT-Framework-2.0.aspx

ISACA (2014): What is CobIT v5?. http://www.isaca.org/cobit/pages/default.aspx?cid=1003566&appeal=pr

Lomnitz, Gero (2004): Mulitprojektmanagement. Projekte erfolgreich planen, vernetzen und steuern. 2. Auflage.

Manfred Gröger (2004): Projektmanagement: Abenteuer Wertvernichtung. https://www.projektmagazin.de/artikel/projektmanagement-abenteuer-wertvernichtung_6859#strategische-wertvernichtung

Mc Kinsey & Company (2014): Insights and Publications. http://www.mckinsey.com/insights

PMI Project Management Institute (2014): PMBOK — Project Management Body of Knowledge. http://www.pmi.org/PMBOK-Guide-and-Standards.aspx

Project Management Institute (2014): PMI's Pulse of Profession. http://www.pmi.org/Learning/Pulse.aspx

Springer Gabler | Springer Fachmedien Wiesbaden GmbH (2014): Gabler Wirtschaftslexikon-Das Wissen der Experten. http://wirtschaftslexikon.gabler.de

Teller, J. (2013). Portfolio risk management and its contribution to project portfolio success: An investigation of organization, process, and culture. Project Management Journal, 44(2), 36–51.

Teller, J., Kock, A. (2013). An empirical investigation on how portfolio risk management influences project portfolio success. International Journal of Project Management, 31(6), 817–829.

Teller, J., Unger, B. N., Kock, A., & Gemünden, H. G. (2012). Formalization of project portfolio management: the moderating role of project portfolio complexity. International Journal of Project Management, 30(5), 596–607.

Wikipedia Deutschland — Gesellschaft zur Förderung Freien Wissens e.V. (2014): http://www.wikipedia.de

Quellen und Literaturempfehlungen Kapitel 12, Max Zuber:

Dezidierte Literatur zum Projektportfolio-Management gibt es nicht in großem Umfang. Hier aber ein paar Basisquellen, die ich immer wieder hinzuziehe und benutze:

CobIT v5: http://www.isaca.org/cobit/pages/default.aspx?cid=1003566&appeal=pr Von ISACA Framework zur Implementierung von IT-Projekten und Kontrollen

Mc Kinsey Publications http://www.mckinsey.com/insights. Gute Untersuchungen im Bereich Program Management und Governance

PMI's Pulse of Profession http://www.pmi.org/Learning/Pulse.aspx. Gute Artikel aus der Praxis zu Projekt Management und Projekt Portfolio Management

ValIT Framework von ISACA http://www.isaca.org/Knowledge-Center/Research/ResearchDeliverables/Pages/Val-IT-Framework-2.0.aspx. Meiner Meinung nach einer der besten Frameworks für Projekt Portfolio Management Implementierungen

Stichwortverzeichnis

A

Abhängigkeitsportfolio 159
Abteilungsleiter 106
Alibiprojekt 134
Als-ob-Szenarien 105
Analyst 112
Angst 103
Auftraggeber 121, 123
Ausbildung 117

B

Baseline 178
Befähigung 117, 119
Benefit 56, 178
Benefitreview 62
Benefit-Tracking 31
Berater 113
Berichtswesen 272
Bottom-Line-Projekt 36
Bottom-Up-Implementierung 229
Bottom-Up-Methode 229
Bottom-Up-Planung 74
Bottom-Up-Portfolio-Management 47
Budget 174, 178
Budgetverschiebung 76
BuR 204
Burned Ratio 204
Business Case 30, 133
Business Development 46
Business Value Index 194
BVI 194, 208

C

Change Management 102, 104
Chef-Projekte 67
Coaching 120
Consulting 269
Control 30, 56
Controlling 55

E

Einzelprojekt-Management 227
Eisberg-Theorie 103
Emotion 103
Entscheidungspunkt 56
Erfolgsfaktoren für
Portfolio-Management 251
EVA 206

F

Fachbereich 46
Fachkompetenz 93
Finanzdaten 174
Finanzinformationen 173
Finanzkennzahl 177, 194
Finanzrisiken 157
Forschung 21
Führungskraft 114

G

Gesamtkosten 201
Gesamtlebenszyklus Projekt 57
Geschäftsinitiativen 21
Governance 80, 88, 93, 106, 269
Governator 112

H

Hauptstrategie 192

I

ICR 202
Imageschaden 164

Implementierung 277
- Implementierung Iteration 233
- Implementierung Vorgehensweise 232

Informatik 21
Information 137
Inside-in 164
Inside-out 164
Interaktion auf 4 Ebenen 26
Internal Conversion Rate 202
Investition 19
- strategische Investition 20

Investitionsarten 21
IPMA 33
IT-Projektportfolio-Management-Organisation 79

K

Kennzahl 131, 135, 137
- Kennzahlen für Projekteinsteuerung 138
- Kennzahlen für Umsetzungsphase 168

Kennzahlensystem 221
Key Performance Indikatoren 181
Kill Gate 58
Kollege 113
Kommunikation 228, 252
Kompetenzmodell 24
Konflikt 42
Konfliktpotenzial 42
kontinuierlicher Verbesserungsprozess 220
Kontrolleur 112
Kosten 178
KPIs 181, 186
Kundenportfolio 159
KvP 220

L

Lebenszyklus eines Projekts 56
Linienorganisation 48

M

Manager 112
Marketing 21
Marketingportfolio 159
Mediator 113
Mehrfacherfassungen 273
Mensch 93, 115, 125, 251
- Mensch aktiv einbinden 101
- Mensch im Spannungsfeld 106

Methode 253
Milestone 206
Mitarbeiterbefähigung 119
Motivator 113
Multiprojekt-Management 26, 163, 289
Mutiger 114

N

Net Present Value 208
Neupriorisierung 76
notleidende Projekte 69
NPV 208
Nutzen 178
Nutzenindex 147
Nutzeninkasso 31
Nutzenkriterien 264
Nutzenmessung 62
Nutzenrealisierung 31, 206
- Nutzenrealisierung messen 207

O

operative Investition 35
operative KPIs 200
Organisation 21
Organisation des Portfolio-Managements 74
Organisationsprojekt 134
Organisationsstruktur 73
Outside-in 164

P
Performance Projekt 133
Personentage 202
Phasen im Portfolio-Management 31
Pilotierung 280
Plan 56
Planungsebenen 25
PMI 33
PMO 76, 77
Portfolioanalyse 97
Portfolioausschuss 59
Portfoliobewertung 221
Portfolio Build 188
Portfolio Control 188
Portfolio Lifecicle 184
Portfolio-Management 23, 298
- Kernaufgaben Portfolio-Management 23
- Phasen im Portfolio-Management 29
- Portfolio-Management Erfolgsfaktoren 251
- Portfolio-Management Pflichtenheft 244
- strategisches Portfolio-Management 89
Portfolio-Management-Governance 93, 106
Portfolio-Management-Prozess 32, 53
Portfolio-Management-QM-Team 234
Portfolio-Management-Zielkreuz 51
Portfoliomanager 107, 112, 252, 292
Portfoliomix 227
Portfolioorganisation 25
Portfoliorisiken 157, 158
Portfolio Value 199
PPV 199
Prestigeprojekt 134
Priorisierung 30
Priorisierungsindex 154
Priorisierungszyklus 184
Produktentwicklung 21
Produktportfolio 158
Profilierungsprojekt 134
Programm-Management 290
Programm-Manager 290, 292
Project Run Time 203
Projekt 288
- Projekte bewerten 193
- Projekt klassifizieren 21
Projektabwicklungsverfahren 230
Projektantrag 59
Projektbewertung 221
Projektcontrolling 292
Projekteinsteuerung 29
Projekt Hopping 67
Projektinvestition 19, 20
Projektkategorien 144
Projektklassifizierung 133
Projektkoordination 285
Projektkosten 157
Projektkultur 110
Projektleiter 120, 123, 288
Projekt-Management 288
Projekt-Management-Kultur 123
Projekt-Management-Office 33, 46, 77, 293
Projekt-Management-Organisationen 267
- zentrale Projekt-Management-Organisationen 267
Projekt-Management-Systemschulung 120
Projektmanager 108, 288, 292
Projektnutzen 157
Projektportfolio-Gremium 69, 80, 111
Projektportfolio-Management 41, 290, 299
- Projektportfolio-Management implementieren 223
Projektportfolio-Management-Kennzahlen 189
Projektportfolio-Management-Organsiation 83
Projektportfolio-Risikomanagement 163
Projektpriorisierung 153
Projekt-Quality-Gate 188
Projektrisiken 150, 161, 162
Projektrisiko-Management 163
Projektstatus 175
Projektverzögerung 262

Propose 29, 56
Prozess 253
PRT 203

Q
qualitative KPIs 201, 208
Quality Gate 56, 57, 88
Quality-Gate-Prozess 32, 58, 63, 64
quantitative KPIs 207

R
Referenzprozess 282
Reibungsverluste 90
Reifegrad 69, 71, 132
Reifegradanalyse 211
Reifegradmodell 218
Repriorisierung 66
- unterjährige Repriorisierung 68

Resilienz 22
Ressourcenauslastung 76
Ressourcen-Management 249
Ressourcenplanung 146
Risiko
- externes Risiko 164
- internes Risiko 164
- wirtschaftliches Risiko 158

Risikomanagement 155, 163
Roadmap 281
Rollen 25

S
SAI 191, 193
Service 269
Software 235, 255
- Software Pflichtenheft 242

Softwareauswahl 236
Softwarelösungen 236
Softwarepartner 240
Spezialist 114
Statusbericht 71
Statusreport 71, 100
Strategic Alignment Index 191
Strategie 25, 46
Strategieportfolio 158
strategische Investition 35
strategische Planung 49
Strategy Management 182
stufenweise Implementierung 231
Synergie 228

T
Tagessatz 202
TCO 203
TMD 202
Top-Down-Implementierung 229
Top-Down-Planung 70, 74
Top-Down-Portfolio-Management 47
Top-Line Projekt 36
Topmanagement 44, 75, 87
Total Cash-out 203
Total Man Days 202
Total Projekt Cost 201
TPC 201
Transparenz 300
Treiber 113
Trendanalysis 206

U
überwachen 30
U-Boot-Projekt 20, 134
unterjährige Planung 66
Unterlassungsrisiko 161
Unternehmenskultur 108, 110, 120
- Bedeutung Unternehmenskultur 109

Unternehmensleitung 75
Unternehmensplanung 25, 48, 66, 160
Unternehmensstrategie 25

V
Veränderungsprozess 103, 105
Verantwortlichkeiten 252
Verhaltensmuster 66

Vertriebb 21
Vertriebsportfolio 159
V-Modell 57

W

Wasserfallmodell 57, 187
Weiterbildung 117
Wertschöpfung 115, 133, 259, 267
Wertschöpfungspotenziale 260

Z

zentrale Projekt-Management-Organisationen 267
Zielkonflikt 44
Zielkreuzmethode 51

€ 39,95 [D]
ca. 320 Seiten
ISBN 978-3-648-04947-1
Bestell-Nr. E01069

Gegenwind macht stark

Resiliente Führung beruht auf mentaler Agilität, emotionaler Balance und bewusstem Handeln. So können Führungskräfte mit dem Team – trotz Druck und Widrigkeiten – beste Ergebnisse erzielen.

- Resilient Leadership: wirksamer Schutz vor Überbelastung, Burnout und Erfolgsdruck
- Faktoren individueller, gesellschaftlicher und organisationaler Resilienz
- Wie das organisatorische Umfeld die Resilienz von Teams beeinflusst
- Zahlreiche Modelle verständlich erklärt
- Inklusive eBook

Jetzt bestellen!
www.haufe.de/fachbuch (Bestellung versandkostenfrei),
0800/50 50 445 (Anruf kostenlos) oder in Ihrer Buchhandlung

HAUFE.

ca. 250 Seiten
Buch: € 29,95
eBook: € 25,99

Für eine optimale Work-Life-Balance

Mit diesem Fachbuch wagen Sie einen frischen Blick auf das Thema »erfolgreich Führen«: Es verbindet die Glücksforschung mit der Psychologie und der Unternehmensführung. Im Fokus stehen dabei Gesundheit, Mitarbeitermotivation und Steigerung der Produktivität.

> Erkenntnisse und Anregungen aus der Glücksforschung
> Möglichkeiten der betrieblichen Gesundheitsvorsorge
> Führungsziele für eine gute Work-Life-Balance
> Praxisbeispiele zur Mitarbeitermotivation

Jetzt bestellen!
www.haufe.de/fachbuch (Bestellung versandkostenfrei),
0800/50 50 445 (Anruf kostenlos) oder in Ihrer Buchhandlung

HAUFE.